先进航空材料与技术丛书

高效低成本复合材料及其制造技术

包建文　等著

国防工业出版社

·北京·

内 容 简 介

　　本书包含绪论、低温固化复合材料技术、复合材料固化过程模拟与优化技术、电子束固化复合材料技术、复合材料自动铺带技术、自动丝束铺放技术等6章。低温固化复合材料技术介绍了低温固化树脂及其复合材料的性能与应用;复合材料固化过程模拟与优化技术着重介绍了热固化复合材料的固化反应动力学、主要固化参数的优化及典型实施案例,以指导复合材料固化工艺的优化,提高复合材料制造效率、降低制造成本;电子束固化复合材料全面介绍了电子束固化树脂及其固化机理、动力学,电子束固化复合材料及其成形工艺等;复合材料自动铺带技术主要介绍了自动铺带工艺技术的主要技术特点、自动铺带设备及国内外的发展应用现状;自动丝束铺放技术介绍了自动丝束铺放工艺技术的国内外发展历程,工艺特性及其应用现状等,以提高复杂外形复合材料制件的生产效率和性能,降低复杂外形复合材料制件的综合制造成本。

　　本书主要供从事复合材料研究的相关人员参考,也可供从事复合材料生产开发的工程技术人员和高校师生参考。

图书在版编目(CIP)数据

　　高效低成本复合材料及其制造技术／包建文等著.
—北京:国防工业出版社,2012.2
　　(先进航空材料与技术丛书)
　　ISBN 978 - 7 - 118 - 07875 - 6

　　Ⅰ.①高... Ⅱ.①包... Ⅲ.①航空材料:复合材料 Ⅳ.①V25

　　中国版本图书馆 CIP 数据核字(2012)第 011898 号

※

*国防工业出版社*出版发行

(北京市海淀区紫竹院南路23号　邮政编码100048)
北京嘉恒彩色印刷有限责任公司
新华书店经售

*

开本710×960　1/16　印张21¼　字数468千字
2012年2月第1版第1次印刷　印数1—3000册　定价63.00元

(本书如有印装错误,我社负责调换)

国防书店:(010)88540777　　　发行邮购:(010)88540776
发行传真:(010)88540755　　　发行业务:(010)88540717

序

一部人类文明史从某种意义上说就是一部使用和发展材料的历史。材料技术与信息技术、生物技术、能源技术一起被公认为是当今社会及今后相当长时间内总揽人类发展全局的技术，也是一个国家科技发展和经济建设最重要的物质基础。

航空工业领域从来就是先进材料技术展现风采、争奇斗艳的大舞台，自美国莱特兄弟的第一架飞机问世后的100多年以来，材料与飞机一直在相互推动不断发展，各种新材料的出现和热加工工艺、测试技术的进步，促进了新型飞机设计方案的实现，同时飞机的每一代结构重量系数的降低和寿命的延长，发动机推重比量级的每一次提高，无不强烈地依赖于材料科学技术的进步。"一代材料，一代飞机"就是对材料技术在航空工业发展中所起的先导性和基础性作用的真实写照。

回顾中国航空工业建立60周年的历程，我国航空材料经历了从无到有、从小到大的发展过程，也经历了从跟踪仿制、改进改型到自主创新研制的不同发展阶段。新世纪以来，航空材料科技工作者围绕国防，特别是航空先进装备的需求，通过国家各类基金和项目，开展了大量的先进航空材料应用基础和工程化研究，取得了许多关键性技术的突破和可喜的研究成果，《先进航空材料与技术丛书》就是这些创新性成果的系统展示和总结。

本套丛书的编写是由北京航空材料研究院组织完成的。19 个分册从先进航空材料设计与制造、加工成形工艺技术以及材料检测与评价技术三方面入手，使各分册相辅相成，从不同侧面丰富了这套丛书的整体，是一套较为全面系统的大型系列工程技术专著。丛书凝聚了北京航空材料研究院几代专家和科技人员的辛勤劳动和智慧，也是我国航空材料科技进步的结晶。

当前，我国航空工业正处于历史上难得的发展机遇期。应该看到，和国际航空材料先进水平相比，我们尚存在一定的差距。为此，国家提出"探索一代，预研一代，研制一代，生产一代"的划代发展思想，航空材料科学技术作为这四个"一代"发展的技术引领者和技术推动者，应该更加强化创新，超前部署，厚积薄发。衷心希望此套丛书的出版能成为我国航空材料技术进步的助推器。可以相信，随着国民经济的进一步发展，我国航空材料科学技术一定会迎来一个蓬勃发展的春天。

李克凡

2011 年 3 月

前　言

　　先进复合材料以其优异的物理力学性能和可设计性在航空航天、兵器、舰船及汽车等工业领域得到了越来越广泛的应用。尤其是经过 30 年的使用经验的积累，进入 21 世纪以后，先进复合材料在航空航天飞行器中的结构用量逐渐超过钢铝钛等金属材料，成为使用量最大的结构材料。例如，波音 787 的先进复合材料的用量达到机体结构重量的 51%，复合材料几乎覆盖了飞机大部分的表面，其中包括了机翼、机身和尾翼等机体主要结构，空中客车公司也计划在 A350 飞机上将复合材料的用量再次提高到 52%，NH90 直升机复合材料用量占机体结构重量的 80% 以上。但是，先进复合材料高昂的成本制约了它在航空航天领域更广泛的应用，汽车等领域更是难以接受其高昂的制造成本和生产效率。因此，降低先进复合材料的综合制造成本和提高其生产效率是扩大其使用范围和提高其应用效能的首要条件。

　　先进复合材料成本主要包括材料成本、设计制造成本和使用维护成本等。近 20 年来发展比较成熟的高效低成本复合材料制造技术包括非热压罐成形工艺、低温固化高温使用复合材料及其成形技术、辐射固化复合材料技术、复合材料自动化制造技术、虚拟制造技术、液体成形复合材料技术等。本书着重介绍低温固化复合材料技术、复合材料固化过程模拟与优化技术、电子束固化复合材料技术、复合材料自动铺带技术、自动丝束铺放技术。本书第 1、4 章由包建文撰写，第 2 章由张宝艳撰写，第 3 章由邢丽英撰写，第 5 章由李敏撰写，第 6 章由钟翔屿撰写。

　　限于作者水平，书中错误及不妥之处难免，衷心期望读者不吝指正。

作　者

2011 年 10 月

目　录

第1章 绪 论

1.1 概述

树脂基复合材料是由有机高分子基体材料与高性能纤维增强材料经过特殊成形工艺复合而成的具有两相或两相以上结构的材料。20 世纪 60 年代中期,随着碳纤维(CF)的诞生,以碳纤维为主要增强材料的先进复合材料也随之问世,70 年代初即开始应用于飞机结构上,并以其高比强度、高比刚度、可设计性强、疲劳性能好、耐腐蚀、多功能兼容性、材料与构件制造的同步性和便于大面积整体成形等特点,在航空航天领域的应用日益广泛,继铝、钢、钛之后已迅速发展成 4 大航空结构材料之一,并逐步发展成最重要的结构材料[1]。国外新一代先进战斗机复合材料用量已达结构重量 34% 以上,甚至接近 50%,直升机复合材料用量则达 80% 以上,新一代大型民用飞机(如波音 787、A350 和 A400M)复合材料的用量达到 40% ~ 50%(见图 1 – 1)。

在先进复合材料应用初期,以主要注重性能的各种军用飞机为主,随着复合材料在军用飞机用量的扩大以及在既注重性能又强调经济性和安全性的各种民用飞机上的大量应用,先进复合材料需求市场对提高复合材料的生产制造效率和降低综合制造成本提出了更高的要求。在此背景下逐步发展完善了先进复合材料高效低成本制造技术[2]。高效低成本复合材料制造技术大致可分为六个主要方向:

(1)复合材料自动化制造技术,包括自动铺带技术、自动铺丝技术、自动下料和激光辅助定位铺叠技术、拉挤成形技术和缠绕成形技术等;

(2)复合材料液态成形技术,主要包括树脂传递模塑成形工艺(RTM)及其演变而形成的真空辅助传递模塑(VARTM 或 VARI)、热膨胀树脂传递模塑(TERTM)、树脂膜浸透成形(RFI)、连续树脂传递模塑(CRTM)、共注射传递模塑(RIRTM)、Seeman 复合材料树脂渗透模塑(SCRIMP)等;

(3)低温固化复合材料技术,以实现低温固化高温使用的应用目的,以降低复合材料制造过程中的高能耗和高模具要求等形成的复合材料制造成本;

(4)非热固化制造技术,如采用电子束、微波、超声波、X 射线、紫外线等辐射固化,提高固化能量的使用效率和提高复合材料制造效率,降低复合材料制造成本;

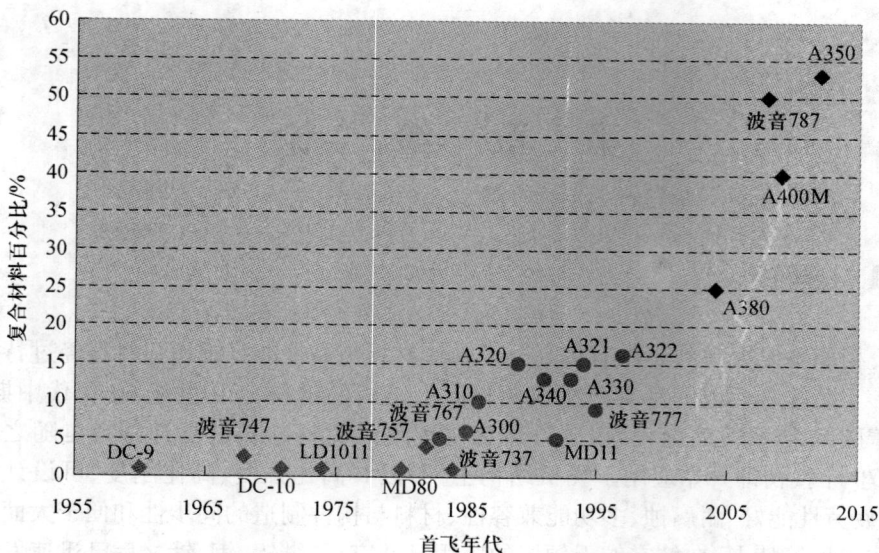

图 1-1 先进复合材料在大型民用飞机中的用量情况

（5）非热压罐成形技术，主要指采用真空袋成形技术（Vacuum Bag Only，VBO），以避免使用设备投资大、使用维护费用昂贵的热压罐，以降低复合材料制造成本；

（6）复合材料制造工艺过程模拟与优化技术，以提高复合材料产品质量和成品率，并提高其生产效率，从而降低制造成本。

1.2　低温固化复合材料

先进复合材料低温固化技术是当前降低复合材料制造成本的主要途径之一。低温固化高性能复合材料技术具有如下优点：

（1）制备构件时可以使用低成本工装模具；

（2）适于制备大尺寸复合材料构件，尤其是低温真空压力成形体系，无需使用热压罐，复合材料构件的尺寸可以不受热压罐大小的限制；

（3）固化温度低，复合材料构件尺寸变形小，可明显提高复合材料构件的尺寸精度，使与之相关的装配所产生的费用也大大降低；

（4）低能耗。由于固化温度低，尤其是低温真空压力成形复合材料，不使用热压罐，能耗降低。

因此，低温固化复合材料技术可显著降低复合材料的综合制造成本[3-6]。

2

从材料技术的发展趋势来看,低温固化高性能复合材料在军民两用领域将具有良好的应用前景。

国外从 20 世纪 70 年代开始进行低温固化环氧树脂体系的开发。1975 年美国 ACG 开发出第一个低温固化环氧树脂体系 LTM10。经过 20 多年的发展,目前国内外已有多个牌号的低温固化环氧树脂体系,低温固化高性能环氧复合材料目前已经初步形成系列,并已从非承力结构应用发展到承力结构应用。表 1-1 为国内外部分低温固化高性能环氧复合材料的主要特性。

表 1-1　国内外部分低温固化高性能环氧复合材料的主要特性

材料系	固化条件	主要特性	应用	供应商
LTM20 系列 (LTM25)	固化:50℃; 后固化:125℃; 可真空袋固化	增韧环氧; 湿态使用温度:80℃	MUSTANG 汽车结构	ACG
LTM40 系列 (LTM45)	固化:60℃; 后固化:175℃; 可真空袋固化	湿态使用温度:150℃	X-34 复合材料机翼	ACG
Cycom X5215	固化:65℃; 后固化:177℃; 可真空袋固化	湿态使用温度:121℃	复合材料部件及复合材料修补	Cytec
Cycom X99	固化:85℃; 后固化:180℃; 可真空袋固化	湿态使用温度:130℃	复合材料部件及复合材料模具	Cytec
M34	固化:65℃	湿态使用温度:75℃	工业产品	Hexcel
M35	固化:80℃; 后固化:180℃	使用温度:120℃(湿态), 140℃(干态)	汽车结构	Hexcel
LT-01	固化:70℃; 后固化:140℃	使用温度:120℃(湿态)	飞机腹鳍	BIAM
LT-02	固化:75℃; 后固化:160℃	使用温度:150℃(湿态); 优异的耐疲劳性能	复合材料模具	BIAM
LT-03A	固化:70℃; 后固化:140℃; 可真空袋固化	使用温度:80℃(湿态);优异工艺性	无人机机翼	BIAM

耐高温复合材料在航空发动机、高超声速飞行器上具有广泛的应用前景。目前得到应用的耐高温复合材料主要是 PMR 聚酰亚胺复合材料。耐高温聚酰

亚胺复合材料存在的主要问题是固化温度高(300℃以上)、成形压力大和工艺窗口窄,因此耐高温聚酰亚胺复合材料构件成形必须在高温高压罐中进行,设备投资大、能耗高、合格率低。为了降低聚酰亚胺复合材料的固化温度,Gulf Oil公司研制了牌号为Thermid 600的乙炔封端聚酰亚胺。Thermid 600树脂基复合材料可以在较低的温度下固化,具有较好的力学性能,长期使用温度达到288℃。为了进一步改善复合材料的工艺性,在Thermid 600分子结构中引入异酰亚胺结构,商业化的树脂牌号为Thermid IP-600,其熔融温度和更低的熔体黏度,树脂的工艺窗口等均得到改善。国内研究机构为了进一步改善乙炔封端聚酰亚胺树脂和复合材料的工艺性与耐热性能,设计合成了以非对称联苯二酐和非对称二胺为单体的异酰亚胺低聚物LH300。LH300树脂在普通有机溶剂中具有良好的溶解性,熔融温度为120℃,120℃时的熔体黏度为2000mPa·s,固化温度为200℃,工艺性较Thermid IP-600乙炔封端聚酰亚胺有进一步的改善。

低温固化复合材料从20世纪80年代开始得到了推广应用,最初主要应用于复合材料工装和汽车领域,20世纪90年代早期,低温固化复合材料开始应用于航空结构件。1996年,NASA和麦道公司采用LTMIO低温固化复合材料制造了X-36无人战斗机蒙皮。1998年,AwV采用LTM45低温固化复合材料研制了X-34的机翼,机翼长度8.5m左右,构件面积超过20m²,质量达到680kg。SCHIEBEL公司分别采用MTM49和LTM212低温固化复合材料制造了COM-COPTERS-100 UAV的机身蒙皮和复合材料成形模具。AESIR公司使用MTM28中低温固化复合材料制备该公司的ODIN、HODER和VIDAR等垂直起落(VTOL)UAV的机身。美国加州的SWIFT Engineering Inc采用LTMl2低温固化复合材料制备KILLER BEE和FIRE SCOUT UAV构件。

2009年6月,美国空军研究实验室和洛克希德·马丁公司联合完成了"先进复合材料货运飞机"(ACCA)的首次验证飞行。ACCA是基于道尼尔328J飞机经过升级改造而来,采用先进低温固化非热压罐真空袋(OOA-VBO)成形MTM45-1复合材料制造驾驶舱之后的机身和垂尾[7]。道尼尔328J机身原本有3000个零部件和30000个紧固件,由于采用低成本先进复合材料制造,ACCA飞机机身只用了300个金属零件和不到4000个紧固件,零件数量减少了约90%(见图1-2)。

除了航空航天复合材料结构件和模具构件外,低温固化复合材料在汽车和舰船等领域也得到较广泛应用。如福特MUSTANG汽车50%的外部和内部结构采用低温固化LTM26EL预浸料制造,包括引擎盖、前格栅板、前后底裙、后尾灯板、顶部侧板等。RIBA、C-QUIP公司、JEREMY ROGERS游艇公司、TREND海上用品公司等多家单位应用低温固化复合材料制备了海上游艇的梯子、桅杆、

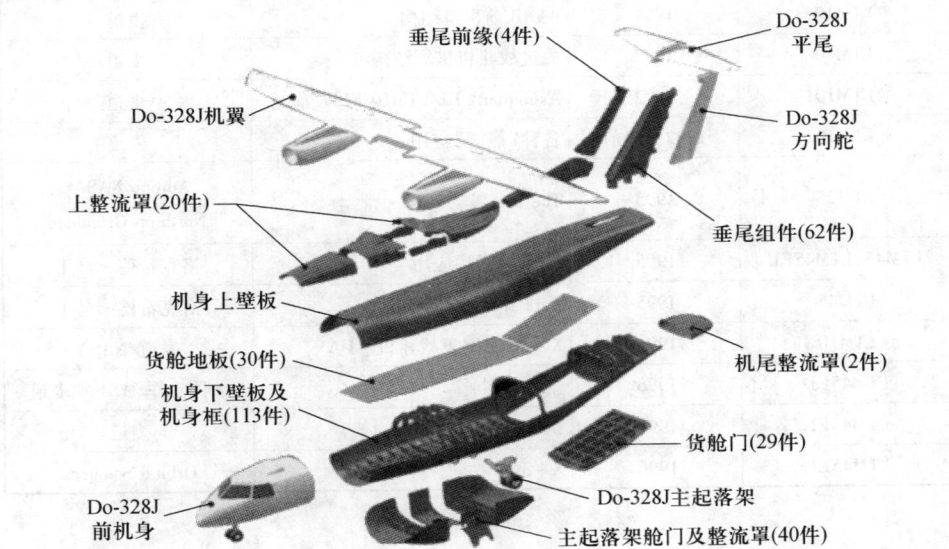

图 1-2　洛克希德·马丁公司研制的先进复合材料货运飞机(ACCA 或 X-55)

壳体等多种结构,应用十分广泛,如 ERICSSON3 和 ERICSSON4 赛艇以及 IRC60 轻舟就是采用 VTM264 预浸料制备桅杆、船体和甲板等。

国内低温固化复合材料同样得到一定的应用。LT-01 低温固化复合材料已经用于制造大型飞机复合材料腹鳍、歼击机 S 型蒙皮、卫星百叶窗和反射镜等。

LT-03A 低温固化复合材料已经应用于直升机和无人机构件。与采用中温固化复合材料相比,低温固化复合材料腹鳍制造成本降低 26%,低温固化无人机复合材料副翼制造成本降低 42%。LT – 02 低温固化模具材料成功应用于高结构效率的新型复合材料模具结构,成功制备了刚度高、质量小的无人机复合材料机翼盒段成形模具。

表 1 – 2 为低温固化环氧树脂体系的主要应用情况[8]。

表 1 – 2　低温固化环氧树脂体系的主要应用情况

树脂体系	年代	应用方向或部件	研制单位
LTM10	1975—1985	摩托赛车构件	ACG
LTM10	80 年代早期	Rapier 导弹结构 Martin Baker 弹射座椅	ACG
LTM20 系列	80 年代后期	天线罩	ACG
LTM10,LTM12,LTM16	1987	工装材料的大规模应用	ACG
LTM10	1991	AV8B 前机身结构	麦道
LTM10	1992	先进战斗机机翼结构	麦道
LTM10	1992	Astroquartz III/LTM10 F15A 前缘	麦道
LTM10	1992—目前	各种"黑洞"应用	麦道
LTM25	1995	Theseus 高空 UAV	Aurora/NASA/ Northrop Grumman
LTM45,LTM45EL	1995	各种"黑洞"应用	洛克希德·马丁
LTM45	1995	Dark star Tier III – UAV	洛克希德·马丁
LTM10	1996	X –36 无尾翼战斗机 – UAV	麦道/NASA
LTM45EL	1996	工装材料	美国空军/ARPA/麦道
LTM45EL	1996	Delta 3 运载火箭结构架	麦道
LTM45EL	1996	X – 34	Orbital Sciences

1.3　电子束固化复合材料

树脂基复合材料电子束固化成形就是应用高能电子束引发预浸料中的树脂基体发生交联反应,制造高交联密度的"热固性"树脂基复合材料。先进复合材料的电子束固化技术是最主要的非热固化低成本制造技术之一。电子加速器是电子束固化技术的主要设备。剂量、剂量率和穿透深度是电子束固化技术的三个最基本的概念。剂量就是单位质量的物质吸收的辐射能量,常用 D 表示,国际单位为 gray(Gy),1Gy = 1J/kg。在辐射固化中 Gy 是一个较小的单位,因此其常用的单位是 kGy,1kGy = 1000Gy。辐射剂量的另一个常用单位是 rad,100rad =

1Gy。剂量率(doserate)则是单位时间内的辐射剂量(用数学表达为 dD/dt),其国际单位为 Gy/s。穿透深度一般定义为辐射的强度(剂量)等于入射表面辐射强度的深度。电子束在材料中的辐射强度先随厚度的增加而增加,然后随厚度的增加而减小,因为电子在材料穿透时,一部分电子的能量在被消耗的同时,另一部分电子被反射或散射回去,从而增强了前面部分材料的电子束辐射强度。图 1 −3 是 4MeV 电子束辐射水时的电子束强度随水的深度变化曲线以及双面辐射时的情况[9]。对于 1MeV ~ 10MeV 能量的电子束,其穿透深度与电子束能量有如下函数关系:

$$d = \frac{0.4E - 1}{\rho}$$

式中:d 为电子束穿透深度(cm);E 为电子能量(MeV);ρ 为材料密度(g/cm^3)。

如果在材料的两面进行辐射,则电子束的穿透深度将是单面辐射的 2.4 倍(见图 1 −3)。图 1 −3 是不同能量的电子在单位密度材料(密度为 1g/cm^3)单面和双面辐射穿透深度。

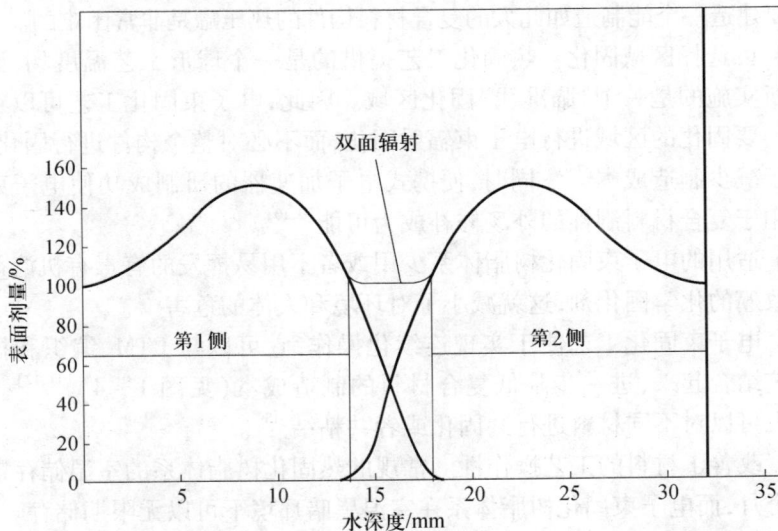

图 1 −3 4MeV 电子束穿透深度示意图

为了获得更大的穿透深度,可以将电子束通过钨靶或铅靶转化成 X 射线,X射线的穿透能力比相应的电子束的穿透能力提高 10 倍以上,相当于 60Co 产生的 γ 射线。但是,从电子束转化成 X 射线的效率很低,从而大大降低了电子束固化的固化效率。X 射线的转换效率与电子束的能量有关,例如,4.5MeV 电子束的转换效率仅为 7% ,10MeV 电子束的转换效率为 17% 。

相对复合材料的热固化成形工艺而言,电子束固化复合材料具有许多独特的优点[10-12]:

(1) 可以实现室温或者低温固化。由于能够进行室温/低温固化,使这种工艺具有许多优点:①材料的固化收缩率低,有利于制件的尺寸控制。②减小了固化复合材料的残余应力。制件中的残余应力会导致其装配困难,因此减小复合材料的残余应力能降低制件的工装成本,同时减小制件的残余应力也能提高复合材料热疲劳性能。③由于低的固化工艺温度,可以采用低成本的模具材料,如泡沫、石膏和木材等作为模具材料,以代替价格昂贵、加工困难的钢、殷钢和复合材料等[6]。

(2) 固化速度快,成形周期短。例如,一个 10MeV、50kW 的电子加速器每小时能生产 1800kg 复合材料,这是常规热压罐固化速度的若干倍[7,8]。

(3) 适于制造大型复合材料制件[12]。由于电子束固化工艺不需要热压罐,因此只要电子加速器的屏蔽室容许,可以用电子束固化很大的复合材料制件。目前,最大的电子束固化设备在法国的 Aerospatite,它可以制造 5m × 10m 的复合材料构件。而要建造一个能制造如此大的复合材料构件的热压罐是非常困难的。

(4) 可选择区域固化。热固化工艺提供的是一个球形工艺温度场,而电子束工艺所实施的是一个"瞄准线"固化区域。因此,电子束固化工艺可以在构件上选择需要固化的区域进行电子束辐射固化,而不必对整个构件进行固化处理,这有利于减少制造成本[7]。同时,便携式电子加速器的研制成功使电子束固化技术应用于复合材料制件的外场修补成为可能[9,10]。

(5) 适用的电子束固化树脂体系少用或者不用易挥发的有毒有机溶剂以及有毒和致癌的化学固化剂,这就减小了对环境和人体的危害[7]。

(6) 电子束固化工艺便于实现连续化操作,它可以与 RTM、编织和拉挤等成形工艺结合起来,进一步降低复合材料的制造成本(见图 1 - 4)[11,12]。电子束固化也可以对不同材料进行共固化或者共粘结[13]。

(7) 改善了材料的工艺操作性。常规的热固化树脂体系的室温储存期最多只有几个月,而电子束固化树脂体系在室温黑暗环境下可以无限期储存。

(8) 节约能源。复合材料电子束固化所需能量仅为热固化的 1/10 ~ 1/20。加拿大 AECL 公司的研究表明,采用电子束固化 1kg 复合材料仅需 0.1kW ~ 0.72kW 的能量,而热固化需要 1.76kW ~ 2.86kW。

电子束固化工艺实际上是辐射固化工艺的一种,而且它早已应用于涂料、油墨等行业,但是直到 20 世纪 80 年代末 90 年代初,电子束固化技术才开始在复合材料行业得到应用。首先是法国的 Franch Company Aerospational 研究人员在这方面进行了探索[13],然后加拿大的 Whiteshell Laboratories 较为深入地进行了

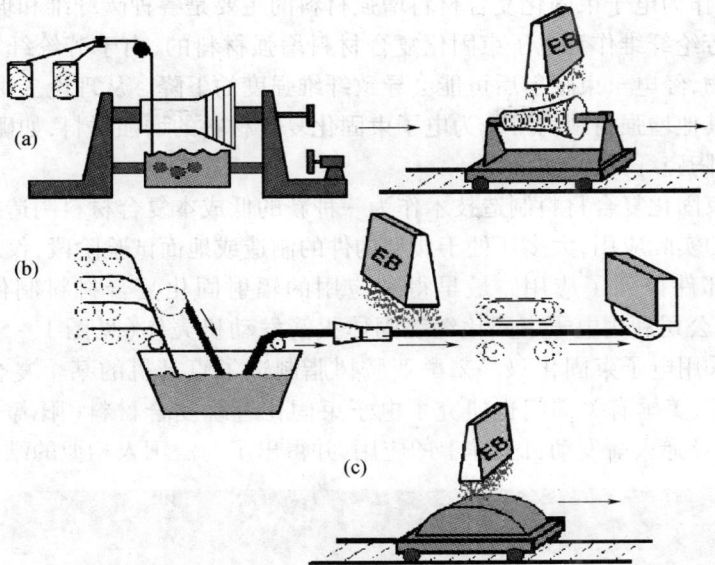

图 1-4　电子束固化工艺与复合材料成形工艺的结合
(a) 缠绕工艺；(b) 拉挤工艺；(c) 预浸料铺贴工艺或 RTM 工艺。

这方面的工作[14]。90 年代中期，电子束固化树脂基复合材料方面的两个计划在美国启动，一是 DARPA (Defense Advanced Research Projects Agency)，旨在提高航空航天结构材料电子束固化的工艺性和降低其制造成本；另一个是 Cooperative Research and Development Agreement (CRDA)，目的在于促进电子束固化复合材料的发展。

辐射固化有两种固化机理：一种是自由基聚合固化机理；另一种是离子聚合机理（包括阳离子聚合和阴离子聚合）。在聚合物辐射固化发展的初期，含双键的化合物单体的树脂体系（如不饱和聚酯、丙烯酸类、甲基丙烯酸类和乙烯基酯类）得到了广泛的研究，也是最早应用于电子束固化的复合材料树脂基体，尤其是不饱和聚酯树脂体系。但这类树脂存在氧阻聚、耐热性不高、固化收缩率大（8%~20%）、吸湿率大和断裂韧性差等缺点，很难应用于先进复合材料。阳离子聚合的环氧树脂体系综合性能最好，具有优异的储存稳定性、固化速度快、污染小、固化收缩率低等优点，而且其固化物耐热性好、吸湿率小。随着电子束固化树脂基复合材料的发展，人们也对双马来酰亚胺、氰酸酯、苯乙炔封端聚酰亚胺和炔丙基醚等先进复合材料树脂体系的电子束固化工艺进行了探索性的研究。但这些树脂的结构特征决定了它们的电子束辐射反应活性很低，在通常情况下基本不能反应形成聚合物，自然会导致其复合材料的力学性能很低。

目前,作为电子束固化复合材料增强材料的主要是各种碳纤维和玻璃纤维。也有研究芳纶纤维作为电子束固化复合材料增强材料的,由于芳纶纤维为聚酰胺类聚合物,经电子束辐射后可能会导致纤维强度的下降。从理论上讲,任何无机纤维或其他增强材料均可作为电子束固化复合材料的增强材料,如硼纤维、碳化硅纤维、陶瓷纤维、金属纤维。

电子束固化复合材料制造技术作为一种新的低成本复合材料制造技术尚未得到广泛的实际应用,大多还处于典型构件的制造或地面试验阶段,仅有少数电子束固化部件得到了应用。最早得到应用的辐射固化复合材料制件是法国Aerospatite公司利用电子束固化缠绕固体火箭发动机壳体(见图1-5)。随后法国人又采用电子束固化双马来酰亚胺树脂制造了直升机的某个复合材料制件。近两年,美国有关部门也研究了电子束固化缠绕复合材料(阳离子环氧树脂)在战术导弹火箭发动机壳体上的应用,并得出了与法国人相似的结论。

图1-5　Aerospatite公司电子束固化缠绕成形固体火箭发动机壳体

美国相关计划采用多种成形工艺与电子束固化技术结合制造了机身结构并进行了相关的验证试验。USAF先进复合材料项目应用电子束固化复合材料制造了T38教练飞机的风挡骨架并进行了鸟撞试验[15](见图1-6)。图1-7为Integrated Airframe Technology for Affordability（IATA）program成形的电子束固化机身弱墙演示验证件[16]。NASA资助的"原位电子束固化自动铺带工艺"项目已采用该技术制造了一个C17飞机的水平安定面[17]。美国空军也计划用电子束固化复合材料制造空天飞机的液氢储槽,并已进行了液氢渗漏试验[18]。美

10

国陆军已应用电子束固化工艺成功制造了远程光纤制导导弹（Longfog）的整体燃料箱及其发动机进气道的典型件。加拿大利用电子束固化技术修补了 A320 飞机的整流罩，显示了比热固化修补更为优异的修补效果[19]。

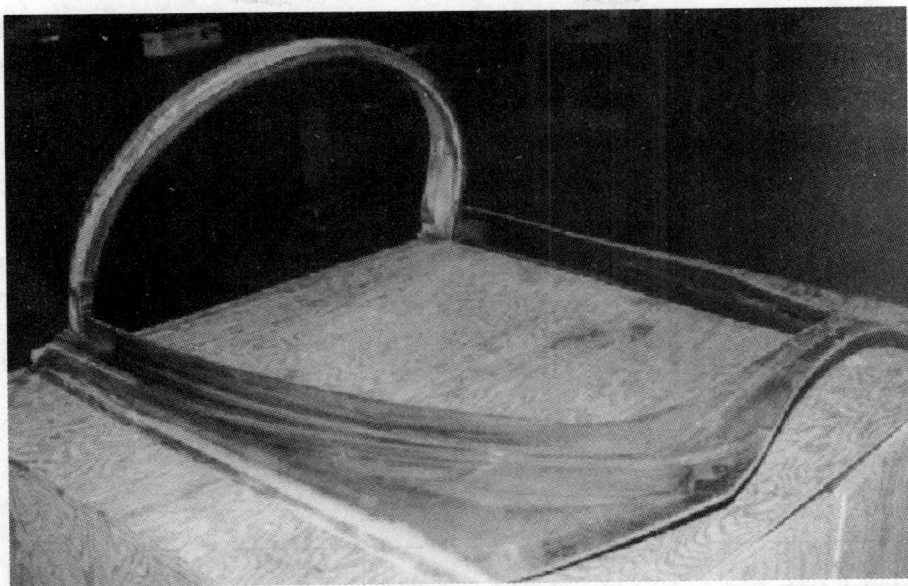

图 1-6　电子束固化 T38 飞机的风挡骨架

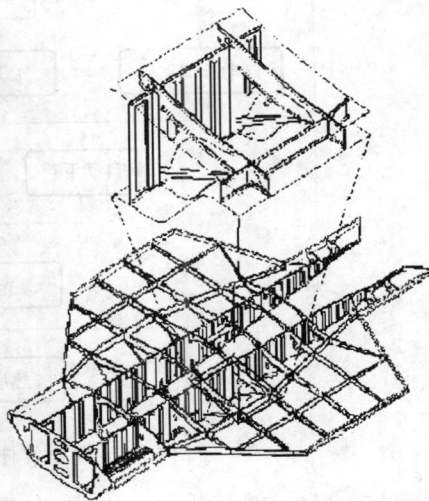

图 1-7　电子束固化机身弱墙演示验证件

1.4 复合材料自动化制造技术

目前,虽然非热压罐工艺成形的复合材料所占的比例越来越大,但大型飞机复合材料成形工艺依然以预浸料热压罐复合材料为主。热压罐成形技术是高性能树脂基复合材料的主要成形技术,其优点是成形的复合材料性能最好、质量稳定并适合大型复杂外形复合材料构件的成形,缺点是设备投资大、能耗高和制造成本高。无论是自动铺带工艺和自动铺丝工艺还是 hot drape forming 工艺,它们都离不开预浸料的制备和热压罐固化成形,RFI 工艺也需要热压罐固化成形,预浸料拉挤工艺也离不开预浸料的制造。预浸料热压罐成形工艺主要包括预浸料制备、预浸料裁切、铺贴、组合与封装、固化成形等工序。总体来说,预浸料热压罐复合材料的制造过程基本完全实现了自动化、数字化生产。图 1-8 为复合材料自动化制造工艺流程。

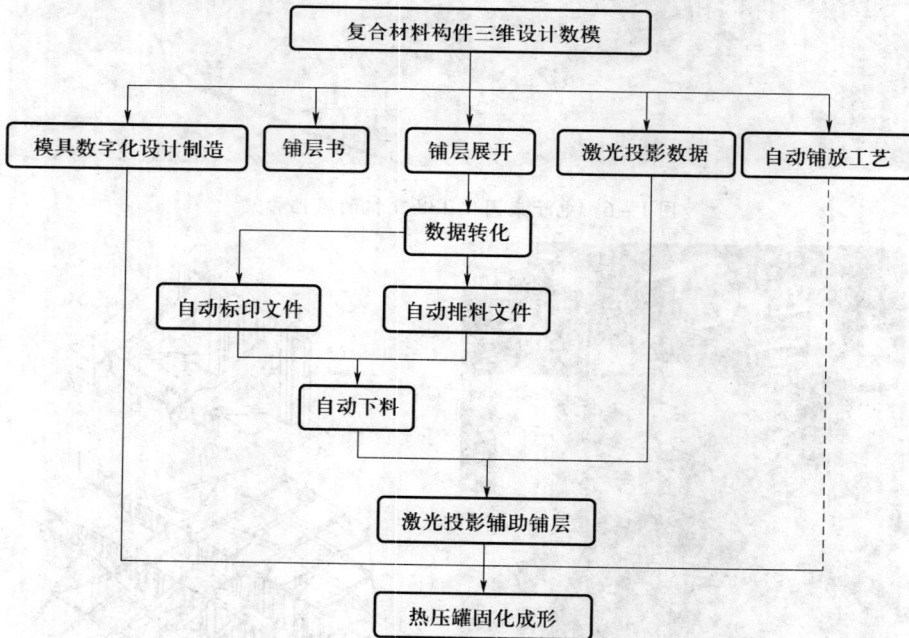

图 1-8 复合材料自动化制造工作流程

在 20 世纪 90 年代以后,由于先进复合材料用量的逐步增大和飞机结构对复合材料提出了更高的要求,溶液预浸间歇生产工艺逐渐被热熔连续预浸料生产工艺所替代,实现了预浸料生产工艺的自动化,提高了预浸料生产效率和提高预浸料的质量控制水平,减小了环境污染。

目前,国外对于大尺寸、外形相对单一的大型复合材料构件主要采用自动铺放(铺带和铺丝)工艺制造,对于尺寸相对较小或结构外形不规则的构件仍然采用传统铺层工艺制造。但是,这些铺层工艺已经基本实现了数字化制造,包括预浸料自动下料、激光辅助定位铺层(见图1-9)、数字化模具设计与制造等[20]。

图1-9 激光辅助定位铺层

在预浸料热压罐复合材料发展中,由于复合材料成本的要求及大型飞机复合材料构件的尺寸越来越大,因此对预浸料热压罐复合材料制造的自动化制造工艺提出了越来越高的要求,其中发展最成功的就是自动铺带和自动铺丝工艺。

自动铺带技术是将单向预浸带的剪裁、定位、铺叠、压实均在自动铺带机自动完成的先进复合材料自动化制造技术,铺带过程中多轴龙门式机械臂完成铺带位置自动控制,铺带头则实施预浸带输送、切割、铺叠、压实工艺。

自动铺带机可分为平面铺带机和曲面铺带机两类[21]。平面铺带机具有4个运动轴,通常使用150mm和300mm宽的预浸带,主要用于平板铺放;而曲面铺带机有5个运动轴,主要采用75mm和150mm宽的预浸带,适于小曲率壁板的铺放,如机翼蒙皮、大尺寸机身壁板等部件。自动铺带机由美国Vought公司在20世纪60年代开始开发,用于铺放F-16战斗机的复合材料机翼部件。随着大型运输机、轰炸机和大型民机复合材料用量的日益增加和构件尺寸的不断增大,Cincinnati Machine、Ingersoll等专业设备制造商在国防需求和经济利益的驱动下开始制造自动铺带设备,自动铺带技术日趋完善,应用范围越来越广泛。目前,带有双超声切割刀和缝隙光学探测器的十轴铺带机已经成为典型配置,铺带宽度最大可达到300mm,生产效率达到每周1000kg,是手工铺叠效率的数十倍。经过 30 多年发展,美国自动铺带机已经发展到第五代,如波音公司为了提高铺带效率,已经普遍采用多铺放头铺放机和针对特定构件的专用化自动铺带机。欧洲 20 世纪 90 年代开始研制生产自动铺带机,在美国公司的技术基础上,不断创新,以实现自动铺带机的高效和多功能化,如 Forest – line 公司的双头两步法自动铺带机和 M – Torres 公司的多带平行铺放与超声切割一体化自动铺带机。

自动丝束铺放技术是在缠绕技术和自动铺带技术的基础上发展起来的,由美国航空制造业在 20 世纪 70 年代开始研发。自动铺丝技术针对缠绕技术的局限和自动铺带技术的不足进行改进,融合了缠绕技术和自动铺带技术的优点。自动丝束铺放设备如图 1 – 10 所示,一般由龙门架或机械臂、旋转主轴、铺丝头、控制系统等组成,具有极强的适应能力,可实现包括如凹凸曲面、开口、加强肋等细节结构的复杂制件的精确铺放。

自动丝束铺放的最核心技术是铺放头的设计研制和相应材料体系开发。国外最早研发该技术的有波音、Hercules 公司等,20 世纪 80 年代开始了设备、工艺与材料研制等诸项工作。波音公司工程师 Quentin Wood 提出的 AVSD 铺放头 (Automated Variable Strand Dispensing Head) 方案解决了预浸纱切断、重送和集束压实的问题,1985 年研制出了第一台原理样机。法国宇航公司 (Aerospatite) 1996 年研制出欧洲第一台 6 轴 4 工位 6 丝束自动铺丝机,德国 BSD 公司 2000 年研制出 7 轴 3 丝束热塑性窄带铺丝试验机。

20 世纪 80 年代后期,美国的专业数控加工设备制造商(如 Cincinnati Machine、Ingersoll、Autodynamic 公司)利用专业优势和自动铺带机的开发积累,深入研发自动丝束铺放设备。Cincinnati Machine 公司 1989 年设计出其第一台自动铺丝机,机型从最简单的 Viper1200 逐步发展升级到全数字化的 CM100 机型,功能日臻完善,应用范围日趋扩大。Ingersoll 公司购买 Alliant 公司专利后订制 FANUC 专用数控系统,于 1995 年推出其第一台自动铺丝机,并开发了自动铺放 CAD/CAM 系统 CPS。近几年来,Ingersoll 公司研制出多种新型自动铺丝系统,工作范围更宽、效率更高。如 2005 年研制出的 VAFPM 型(垂直铺丝)铺丝机铺放效率达到 30.87kg/h,接近自动铺带机的铺放速度 32.69kg/h;铺放机翼时比自动铺带工艺减少预浸料消耗 10% 左右。目前自动丝束铺放设备不断地向集成化、专门化、大型化方向发展,如图 1 – 10 所示的是 Ingersoll 公司的新型丝束铺放设备 MonGoose,具有大型化、丝束更换快速简便、适应各种复杂制件等特点。

自动丝束铺放技术配套的预浸料丝束技术已成熟并大量应用[22],预浸丝束既可采用直接预浸丝束,也可采用预浸后分切,其质量和产量均能满足大规

14

图 1 - 10　MonGoose 自动丝束铺放设备

模工程应用。如 3900 - 2/T800 预浸料分切丝束已大量用于波音 787 大型客机。

20 世纪 80 年代美国开始大量应用自动铺带技术制造 B - 1 和 B - 2 轰炸机、F - 22 战斗机、波音 777 飞机、C17 运输机、RQ - 4B 全球鹰无人机等飞机的大型复合材料结构,欧洲也随后在 A330、A340 等大型飞机的尾翼大量使用了自动铺带复合材料结构。自动铺丝技术也大量应用于 F - 22 战斗机的复合材料 S 形进气道和复合材料中机身翼身融合体的制造。波音公司采用自动铺丝工艺制造了 V22 垂直起降飞机的整体后机身,使后机身的部件数量从 9 个变成了一个,紧固件减少 34%,工时缩短 53%,废品率降低 90%。Raytheon 公司采用自动铺丝技术制造了公务机 Premier I 和霍克飞机的机身。

复合材料自动化制造技术的高效性使先进复合材料在新一代大型飞机中得到了大量应用,其中大部分复合材料结构采用了自动铺带和铺丝技术制造[23]。A380 飞机的尾翼、中央翼,A400M 飞机的机翼、中央翼,A350 飞机的机身(见图 1 - 11)、机翼,波音 787 飞机的机翼、中央翼和尾翼,均采用自动铺带制造技术制造。A380 飞机的机身尾段和发动机整流罩、波音 787 飞机机身(见图 1 - 12)等结构则采用了自动铺丝工艺整体化制造[24],使机身段从传统工艺的上百个零件和上千个紧固件转变成一个部件的整体化结构,大大提高复合材料机身的减重效率和综合性能。

15

图 1 – 11　完成装配的 A350 自动铺带复合材料机身

图 1 – 12　外形复杂的波音 787 复合材料前机身段

1.5 复合材料液态成形技术

复合材料液体成形工艺是继热压罐成形工艺之后开发最成功的复合材料成形工艺,也是最成功的非热压罐低成本复合材料成形工艺。

树脂传递模塑成形(RTM)是最早研发的液态成形工艺[2]。RTM 工艺不需要制备预浸料,将纤维或织物预成形体置于闭合模具中,然后将树脂基体直接注入,最终获得具有优良综合性能的近净尺寸复合材料零件。与传统的热压罐成形技术相比,RTM 工艺可降低制造成本 40% 左右。为了进一步提高生产速度,满足复合材料产品对生产条件、产品成本、质量等的要求,在 RTM 工艺的基础上发展了一系列液态成形工艺,如真空辅助传递模塑(VARTM 或 VARI)、热膨胀树脂传递模塑(TERTM)、树脂膜浸透成形(RFI)、连续树脂传递模塑(CRTM)、共注射传递模塑(RIRTM)、Seeman 复合材料树脂渗透模塑(SCRIMP)等。

真空辅助成形工艺(Vacuum Assistant Resin Infusion,VARI)是一种新型的低成本的复合材料大型制件的成形技术,它是在真空状态下排除纤维增强体中的气体,利用树脂的流动、渗透,实现对纤维及其织物浸渍(见图 1-13)。VARI 成形工艺仅仅需要一个单面的刚性模具,简化了模具制造工序,节省了费用,其上模为柔性的真空袋薄膜。成形过程中也只需一个真空压力,无需额外的压力。真空辅助成形工艺制造的复合材料制件具有成本低(成本降低 35% ~ 75%)、性能好等优点,并且 VARI 工艺具有很大的灵活性,是大尺寸、大厚度的复合材料制件的一种十分有效的成形方法[25]。VARI 成形技术在国外已经受到了广泛的重视和研究,而且已获得了越来越广泛的应用。

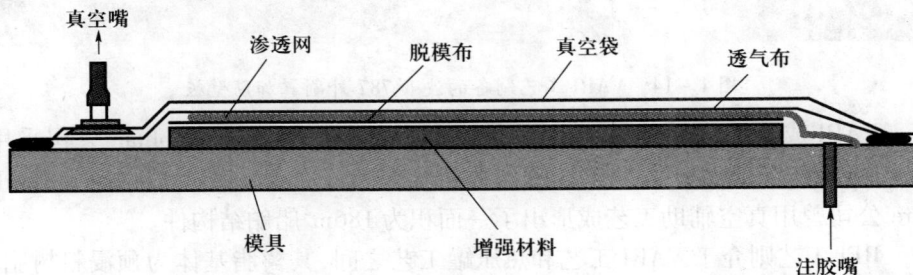

图 1-13 VARI 工艺示意图

随着 RTM 技术的逐渐成熟,包括预成形体制备、模具设计与制造以及机械加工等领域的进步,RTM 技术在航空主结构上的应用得到迅速推广。国外第四代战机如美国的 F-22 和 F-35 上已大量应用了 RTM 成形复合材料,如 F-22

共有近 400 个复合材料件采用 RTM 技术制造,主要应用有隔墙/隔框、武器弹舱门帽形筋、桁条、正弦波形梁及肋,占 F-22 全机非蒙皮复合材料用量重量的 45% 和全部复合材料用量的 1/4;F-35 中也大量应用了 RTM 技术,并发展了 RTM 整体成形技术,单个 RTM 制件尺寸大且无紧固件,总成本降低 60% 以上,实现了飞机的轻量化、低成本化和高性能化。

在大型飞机中应用的液态成形工艺主要有 VARI、RFI 和常规 RTM。常规 RTM 工艺由于为闭模成形工艺,通常不适于制造尺寸较大尤其是面积较大的复合材料制件,只适合于制造细长结构或结构复杂的构件,如框、梁结构和悬挂接头等复杂结构。而对于大面积大尺寸的复合材料制件则更适合于 VARI 工艺成形。因此,VARI 成形复合材料在大型飞机应用更多。目前,VARI 成形复合材料在波音 787、C17、A380、A400M、A350 等大型飞机中均得到应用,如图 1-14 和图 1-15 所示。

图 1-14   VARI 工艺制备的波音 787 外副翼加筋壁板

VARI 成形工艺在船舶、汽车等行业应用更为广泛。Metropolitan 公司采用 VARI 成形工艺制备了大型客车的车体等大型汽车部件(见图 1-16)。Hardcore 公司曾用真空辅助工艺成形出了一面积为 186m² 船舶结构件。

RFI 工艺则介于 VARI 工艺和热压罐工艺之间,其树脂基体为预浸料树脂,只是省去了预浸料的制备工艺,将预浸料树脂制备成树脂膜后铺在增强材料之下或增强材料层之间,然后在热压罐的热和压力下渗透浸润增强材料并固化成形。通常,RFI 工艺的树脂基体为预浸料树脂(如 8552、R6376、977-3 等树脂)且在热压罐中固化成形,因此 RFI 复合材料的性能,尤其是抗冲击损伤能力优于 RTM 和 VARI 复合材料。图 1-17 是 RFI 成形 A380 飞机复合材料后承压框。

18

图 1 – 15　VARI 成形 A400M 复合材料上货舱门

图 1 – 16　VARI 成形复合材料大巴车车体

图 1-17 RFI 成形 A380 飞机复合材料后承压框

1.6 复合材料制造工艺过程模拟与优化技术

先进复合材料主要是在国防工业的推动下发展起来的。因此,在先进复合材料发展初期,国防行业只追求复合材料的性能,而不太关注复合材料的经济性。但是,随着先进复合材料在航空航天、兵器、船舶等行业应用范围的不断扩大和在民用领域的推广应用,逐渐对复合材料的经济性提出越来越高要求。早期复合材料成本之所以居高不下,除了成形工艺落后、原材料成本高之外,另一个重要因素就是先进复合材料研究方法落后,主要采用"试错法"开展研制工作,缺乏对复合材料制造工艺过程的模拟,以指导优化复合材料制造工艺。先进树脂基复合材料制造工艺过程模拟与优化技术主要涉及复合材料制造过程中复合材料的温度分布、固化度、树脂流动、固化变形的过程模拟与控制,以及复合材料选材优化与工艺参数优化等[26]。

固化过程在本质上涉及到各种化学反应机理和传热、传质、流动等物理变化,这些化学变化和物理变化之间的相互关系通过固化反应动力学方程得到体现。在表象上,固化过程关系到固化温度、固化时间、固化速率、固化度和黏度等重要参数,这些重要参数本质上是由固化过程中的固化反应动力学所决定的。因此,复合材料树脂基体固化反应动力学是其制造过程模拟与优化的根本基础。固化反应动力学的研究主要有两种方法:唯象法和机械模型法[8,27]。唯象法忽

20

略了固化反应的细节而着眼于总体反应,它采用经验性的动力学模型来描述固化反应过程,而机械模型法则是从固化反应机理出发,它基于固化反应的每个基元反应中反应物质的化学平衡来描述固化反应过程。与机械模型法相比,唯象法不涉及固化过程中复杂的化学反应,因而应用起来较为简便,是固化反应动力学研究中采用最为普遍的方法,已在热固性树脂基体的固化反应动力学的研究中得到了广泛验证[28-30]。固化反应动力学的研究手段主要有差示扫描量热法、红外光谱、液相色谱、流变分析等。

复合材料制造过程中内部温度分布主要取决于树脂基体的固化反应放热和材料的热传导等。在复合材料固化过程中,向复合材料传热的速率和固化反应热产生的速率决定了材料内部的温度分布,进而影响复合材料的固化进程,决定了复合材料整体固化是否完全和均匀,是否会引起构件变形、内部分层以及烧焦损坏等。由于树脂基复合材料制造工艺过程中温度场的分布主要决定于固化反应热、材料内外的热传导和外部固化温度场的变化等因素,固化温度场的变化将影响到复合材料的固化程度和固化均匀性。

不论热压成形工艺还是液态成形工艺,树脂的流动模拟与控制对复合材料的纤维体积含量、空隙率等内部质量起着重要作用。树脂流动模型涉及到树脂固化反应动力学、温度、增强材料、压力以及制件的几何形状等[31]。早在20世纪80年代初,Springer就提出了复合材料固化过程的流动模型[32],在此基础上不少研究人员提出多种流动模型,其中Dave和Gutowski等人提出的流动模型比较适合于实际状况[33,34],但进一步研究发现,这些模型的预测精度还比较粗糙,尚不能应用于工程实际。

参 考 文 献

[1] 杜善义. 先进复合材料与航空航天. 复合材料学报, 2007, 24(1): 1.

[2] 陈祥宝. 先进复合材料低成本技术[M]. 北京:化学工业出版社,2004.

[3] 陈祥宝,张宝艳,李斌太. 低温固化高性能复合材料技术. 材料工程, 2011, (1):1.

[4] Chris Ridgard. Affordable production of composite parts using low temperature curing prepregs. 42nd International SAMPE Symposium,1997.

[5] F. J. Doerner, R. M. Smith. Low temperature/low pressure processing of composite materials. 41st International SAMPE Symposium,1996.

[6] Kevin Jackson. Low temperature curing materials:the next generation. SAMPE Journal,34(5),1998:23.

[7] 刘代军,陈亚莉. 美国先进复合材料货运飞机研究进展. 航空制造技术,2010, (17):68-71.

[8] 刘天书. 低温固化环氧复合材料技术基础研究[D]. 北京:北京航空材料研究院,2004.

［9］ Pappas S P. "Free Radical Polymerization" in "Radiation Curing: Science and Technology". Plenum Press, NY(1992).

［10］ Frances Abrams, et al. An analysis of e – beam potential in space composites manufacturing. 42nd International SAMPE Symposium,1997:548.

［11］ Hoyle C E, Kinstle J F eds, Radiation Curing of Polymeric Materials, ACS Symposium Series,American Chemical Society, Washington DC, 1990.

［12］ Ajit singh, et al. electron processing of fiber – reinforced advanced composites. Radiation Physics & Chemistry, 48(2): 153.

［13］ Daniel Beziers. Electron beam curing of composites. 35nd International SAMPE Symposium, 1990:1221.

［14］ Chris B. Saunders, et al. recent developments in the electron beam curing of fiber – reinforced composites. 37th International SAMPE Symposium,1992:944.

［15］ Captain Jeffrey D. Farmer, et al. electron beam cure of composites T – 38 windshield frame/arch. 43rd International SAMPE Symposium, 1998:1647.

［16］ Daniel L. Goodman, et al. advanced electron beam curing systems and recent composite armored vehicles results. 42nd International SAMPE Symposium, 1997:515.

［17］ Daniel Goodman. Advanced low – cost composite curing with high energy electron beams: phase Ⅱ. AD – A358391.

［18］ Mark S. Wilenski,et al. Evaluation of an E – Beam Cured Material for Cryogenic Structure Usage. 47th International SAMPE Symposium, 2002:109.

［19］ Vincent J. Lopata, et al. preliminary test results for a type – trial repair on Air Canada Airbus aircraft fleet. 43rd International SAMPE Symposium, 1998:1672.

［20］ 唐珊珊. 复合材料数字化制造技术在飞机壁板上的应用. 航空制造技术,2010,(17):53.

［21］ 肖军,李勇. 自动铺放技术在大型飞机复合材料结构件制造中的应用. 航空制造技术,2008,(1):51.

［22］ 张旭坡. 自动铺丝预浸纱制备技术研究[D]. 南京:南京航空航天大学,2007.

［23］ 陈亚莉. 从A350XWB看大型客机的选材方向. 航空制造技术,2009,(12):34.

［24］ 吴志恩. 波音787的复合材料构件生产. 航空制造技术,2008,(15):92.

［25］ 赵晨辉,张广成,张悦周. 真空辅助树脂注射成形(VARI)研究进展. 玻璃钢/复合材料, 2009,(1): 80.

［26］ 古托夫斯基 T G. 先进复合材料制造技术. 李宏运,等译. 北京:化学工业出版社,2004.

［27］ Skordos A A,Partridge I K. Cure kinetics modaling of epoxy resins using a non – parametric numerical procedure. Polymer Engineering and Science,2001,41(5):793.

［28］ Panagiotis I. Karkanas,Ivana K. Partridge. Cure modeling and monitoring of epoxy/amine resin systems. I. cure kinetics modeling. Journal of Applied Polymer Science,2000,77:1419.

［29］ Mantell S C. Cure kinetics and rheology models for ICI Fiberite 977 – 3 and 977 – 2 thermosetting resins. Journal of Reinforced Plastics and Composites,1995,14:847.

［30］ Lee WI,Loos AC,Springer GS. Heat of reaction,degree of cure,and viscosity of Hercules 3501 – 6 resin. Journal of Composite Materials,1982,16:510.

［31］ 谭华,晏石林. 热固性树脂基复合材料固化过程的三维数值模拟. 复合材料学报. 2004, 21(6): 167.

22

[32] Springer G S. Resin flow during the cure of fiber reinforced composites. Journal of Composite Material, 1982, 16: 400.

[33] Dave R, Kardos J L, Dudukovic M P. A model for Resin Flow during Composite Processing. Polymer Composite, 1987, 8: 29.

[34] Gutowski T G, Morigaki T, Z. Cai. The consolidation of laminate composites. Journal of Composite Material, 1987, 21: 172.

第 2 章 低温固化复合材料技术

2.1 概述

树脂基复合材料具有高比强度、高比刚度、疲劳性能好、可设计性强以及便于大面积整体成形等独特优点,在航空航天、基础设施、沿海油气田、风力发电、汽车和体育用品等领域应用日益广泛。阻碍树脂基复合材料广泛应用的主要问题是其成本高、制造周期长和可靠性低等,特别是复合材料的高成本,严重制约了复合材料进一步扩大应用[1]。如何降低复合材料的成本已经成为迫切需要解决的关键问题之一。

概括起来,先进树脂基复合材料的成本构成主要包括三个方面:材料成本、设计和制造成本以及使用维护成本。据统计,在复合材料研制阶段,制造成本可高达85%以上,即使在小批量生产阶段,制造成本也高达60%～70%。因此,解决先进树脂基复合材料成本过高的关键是降低制造成本[1,2]。而造成复合材料制造成本过高的原因包括:高温固化带来的高能耗,使用耐高温工装模具和耐高温成形辅助材料。

低温固化复合材料通常指固化温度明显低于常规固化温度但经过自由状态高温后处理后可以在较高温度下使用的复合材料体系。低温固化的树脂体系主要包括环氧、双马来酰亚胺、聚酰亚胺和氰酸酯等,其中以环氧体系为主。

低温固化复合材料技术,可以大大降低主要由昂贵的模具、高能耗设备和高性能工艺辅料等带来的高费用。此外,低温固化复合材料构件的尺寸精度高,固化残余应力低,适于制备大型和形状复杂的复合材料构件。低温固化中、高温使用树脂基复合材料不仅可用于制备航空航天复合材料构件,也可用于复合材料工装材料以及复合材料构件修补等。低温固化复合材料技术在军民两用领域具有良好的应用前景,是低成本复合材料技术的一个重要方向[1-3]。

2.2 低温固化环氧及其复合材料

低温固化环氧复合材料体系是低温固化复合材料中最主要的品种,技术最成熟,品种最多,应用最广泛,是本章介绍的重点内容。一般来说,高性能低温固化环氧复合材料体系,其固化温度在 60℃ ~ 100℃ 之间。下面将从低温环氧固化剂技术、环氧树脂体系以及低温固化环氧复合材料固化成形和性能等方面进行详细介绍。

2.2.1　低温固化剂[4,5]

低温固化剂是低温固化环氧复合材料技术的关键之一。一般来说,环氧复合材料的固化温度越低,复合材料预浸料在室温下的适用期就越短。由于复合材料构件制造周期较长,一般要求预浸料在室温至少能够有一周左右或更长的适用期。因此低温固化环氧复合材料技术首先要解决的关键问题是低温快速固化和室温长适用期的矛盾。

环氧树脂的结构和性质对固化反应活性有重要影响,对于不同聚合类型的固化剂,选用不同环氧树脂时其反应活性有很大的不同。但已有的研究结果表明,低温固化树脂体系的关键在于固化剂体系,因此这里对环氧树脂将不作重点介绍,重点介绍环氧固化剂体系。可以实现低温固化的固化剂很多,如异氰酸酯、聚硫醇、脂肪族多元胺、脂环族多元胺、低相对分子质量聚酰胺以及某些芳香胺和改性的芳香胺等,咪唑类、叔胺以及 BF₃ 络合物固化剂的固化温度一般也可在低温或中温下固化。但是,采用常规低温固化剂的低温固化树脂体系,往往储存期较短,影响其实际使用。为了提高低温固化环氧树脂体系的储存期,选用潜伏性的低温固化剂是比较理想的方法。归纳起来,目前主要的低温潜伏性固化剂主要包括如下几个主要品种:

1. 改性咪唑类[1,6]

咪唑是具有两个 N 原子的五元环,一个 N 原子构成仲胺,一个 N 原子构成叔胺,所以咪唑即有叔胺的催化固化作用,又具有仲胺的活泼氢和环氧基的加成反应。叔胺催化属于阴离子聚合催化性,即先生成烷氧基负离子,然后与环氧基团发生开环反应。两类反应同时进行还是分别进行,目前还不十分明确,另外,环氧类型的不同对反应也有所影响。基本认为,二种反应存在交叉作用。

咪唑的钝化反应较多,通过空间位阻效应降低反应活性只是其中的一个方面,如可以通过降低碱性,减弱叔胺的催化固化作用。主要钝化改性方法如下:

1)利用咪唑环上 1 位氮原子改性

(1)与环氧加成进行反应。主要包括与单官能度环氧活性稀释剂加成反应和双官能度环氧进行反应。以单官能环氧和 2 甲基咪唑为例,主要反应如下:

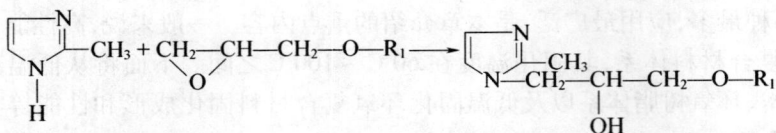

此类固化剂与环氧树脂之间具有良好的低温固化反应特性,配制的树脂体系具有良好的室温储存期和固化特性。

北京航空材料研究院设计制备出多官能度环氧树脂"钝化"咪唑固化剂,显著延长了树脂的室温储存期,与双酚 A 类环氧树脂复合后 75℃时的凝胶时间为 40min 左右,树脂的室温储存期可以达到 10 天以上。

(2)与不饱和化合物亲核加成反应改性。这类固化剂通过咪唑化合物与至少含有一个被相邻吸电子基团活化的双键化合物来制备。适合的吸电子基团有醛、酯、酮、酰胺、腈等。常用的化合物为丙烯腈、甲基丙烯酸酯类、丙烯酸类和环氧乙烯基酯树脂,以丙烯腈和 2 - 甲基咪唑为例,二者之间主要反应如下:

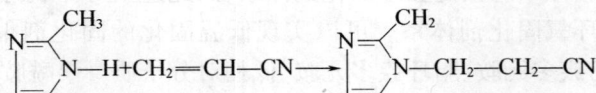

反应产物丙三氨基化后得:

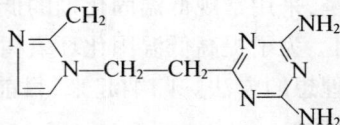

北京航空材料研究院成功通过咪唑类物质与不饱和酰亚胺类化合物亲核加成反应制备了咪唑改性酰亚胺类化合物,可以满足室温长适用期和固化温度下快速固化的要求,并获取了相关国防发明专利。

(3)与异氰酸酯类化合物反应改性。咪唑环上的 1 位氮原子上的氢活性较大,可与异氰酸酯反应。基本反应历程如下:

$$HO—R_2—OH + OCN—R_3—NCO \longrightarrow OCN—R_3—\overset{H}{N}+\overset{O}{C}—O—R_2—OH$$

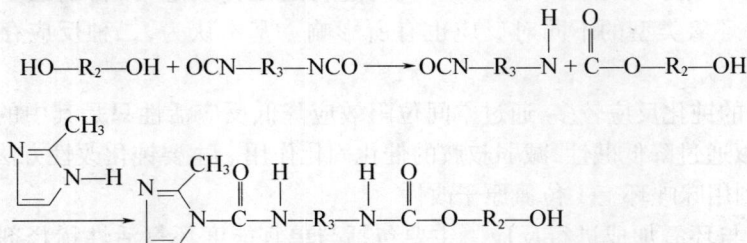

(4)通过季胺化反应改性。咪唑化合物季胺化反应首先发生于 3 位氮原子上,但在碱性介质作用下可以转化为 1 位氮烷基咪唑:

26

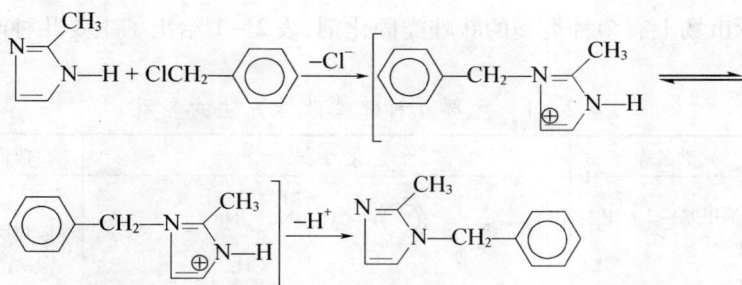

一般的季胺化试剂都可以使咪唑季胺化,但应用于环氧树脂固化剂的季胺化试剂通常为苄氯。

2) 利用咪唑环上 3 位氮原子进行改性

(1) 与有机酸中和成盐。咪唑环上 3 位氮原子有较强的碱性,可以与有机酸中和成盐。常用的酸为异氰脲酸、偏苯三酸、异辛酸、乳酸等。以异氰脲酸和 2 甲基咪唑反应为例,基本反应如下:

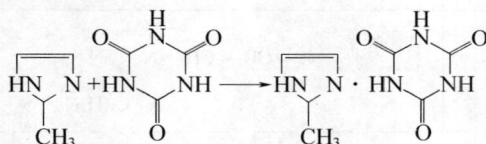

(2) 与金属离子形成配位络合物。3 位氮原子可以和许多金属离子形成配位络合物,如 Ni^{2+}、Cu^{2+}、Zn^{2+}、Cd^{2+} 和 Co^{2+}。该类固化剂用作低温固化环氧树脂的固化剂时往往具有储存期较长和固化温度中等(往往高于 80℃)等特点,但与体系的相容性欠佳。

3) 利用咪唑环上碳原子进行改性

咪唑环上碳原子可以羟甲基化反应,1 位氮原子取代咪唑与甲醛反应,生成 2 - 羟甲基咪唑,如 2 位碳被占有,羟甲基化反应发生在 4 位或 5 位碳原子上:

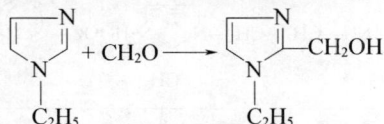

环上若有吸电子取代基则反应不能发生,1 位氮原子若无取代基,反应趋向于 4 位或 5 位碳原子。

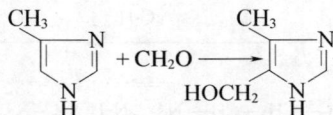

羟甲基化咪唑可以利用羟甲基的活性继续与其他化合物反应而制备各种固化剂,可设计性强。

国际市场上有多种类型的咪唑类固化剂,表2-1给出了主要几种改性方法的应用。

表2-1 主要几种咪唑改性方法的应用

序号	化学名称	化学式	改性方法
1	1-苯甲基-2-甲基咪唑	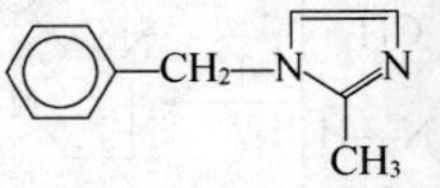	季胺化反应
2	1-氰乙基-2-甲基咪唑	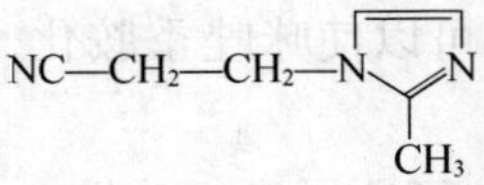 $NC—CH_2—CH_2—$	与双键化合物加成
3	1-氰乙基-2-乙基-4-甲基咪唑	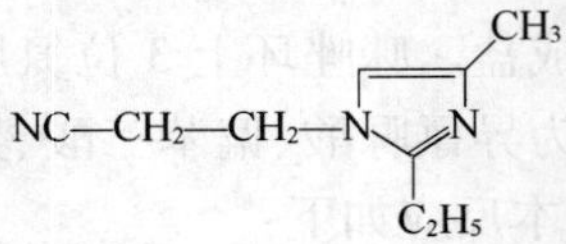 $NC—CH_2—CH_2—$	与双键化合物加成
4	1-氰乙基-2-十一烷基咪唑	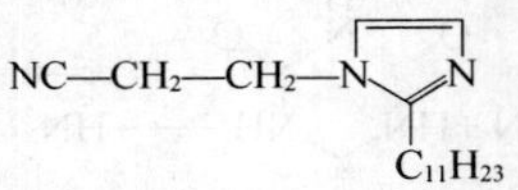 $NC—CH_2—CH_2—$	与双键化合物加成
5	1-氰乙基-2-异丙基咪唑	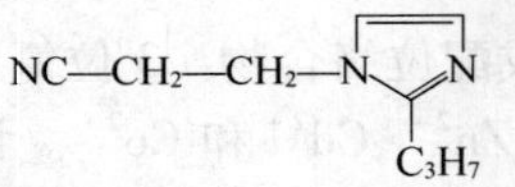 $NC—CH_2—CH_2—$	与双键化合物加成
6	1-氰乙基-2-苯基咪唑	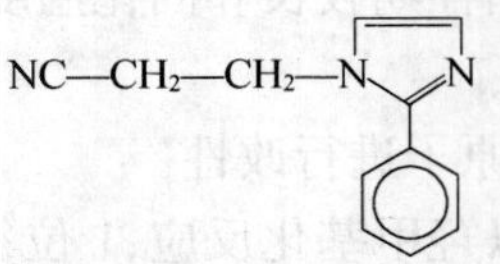 $NC—CH_2—CH_2—$	与双键化合物加成
7	1-氰乙基-2-甲基咪唑偏苯三酸盐	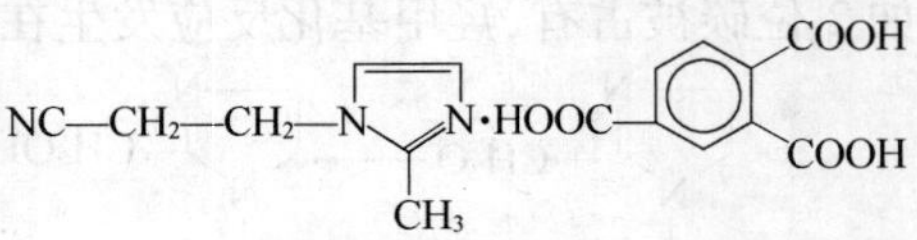 $NC—CH_2—CH_2—$	与双键化合物加成 与有机酸中和成盐
8	1-氰乙基-2-乙基-4-甲基咪唑偏苯三酸盐	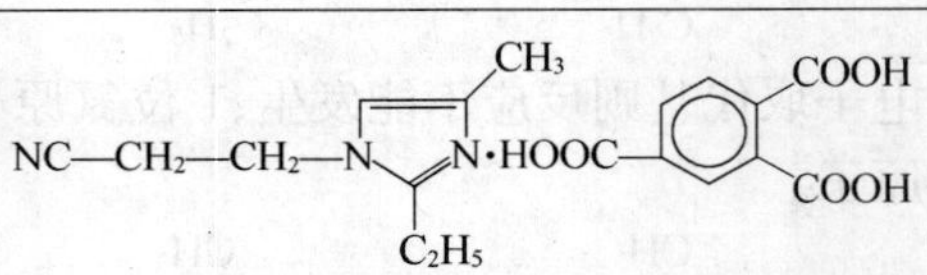 $NC—CH_2—CH_2—$	与双键化合物加成 与有机酸中和成盐
9	1-氰乙基-2-十一基咪唑偏苯三酸盐	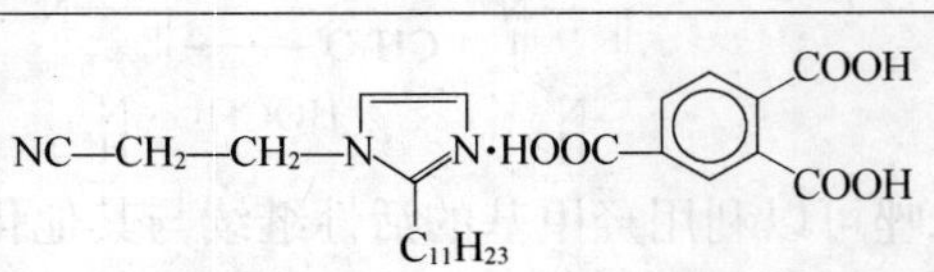 $NC—CH_2—CH_2—$	与双键化合物加成 与有机酸中和成盐

28

序号	化学名称	化学式	改性方法
10	1－氰乙基－2－苯基咪唑偏苯三酸盐	NC－CH₂－CH₂－咪唑环·HOOC－苯环－COOH（结构式），苯基	与双键化合物加成 与有机酸中和成盐
11	2,4－二氨基－6－[2′－甲基咪唑基－(1)′]乙基－S－三嗪	H₂N、三嗪环、CH₂－CH₂－咪唑环－CH₃	与双键化合物加成
12	2,4－二氨基－6－[2′－十一基咪唑基－(1)′]乙基－S－三嗪	H₂N、三嗪环、CH₂－CH₂－咪唑环－C₁₁H₂₃	与双键化合物加成
13	2,4－二氨基－6－[2′－乙基－4－甲基咪唑基－(1)′]乙基－S－三嗪	H₂N、三嗪环、CH₂－CH₂－咪唑环，CH₃、C₂H₅	与双键化合物加成
14	1－十二基－2－甲基－3－苄基咪唑氯化物	[C₁₂H₂₅N⁺咪唑环－CH₂－苯环－Cl⁻]，CH₃	叔氮原子季胺化
15	1,3－二苄基－2－甲基咪唑氯化物	[苯环－CH₂N⁺咪唑环－CH₂－苯环－Cl⁻]，CH₃	季胺化反应 叔氮原子季胺化
16	2－苯基－4－甲基－5－羟甲基咪唑	HO－CH₂、CH₃、HN咪唑环N、苯基	咪唑环上碳原子改性
17	2－苯基－4,5－二羟甲基咪唑	HOCH₂、CH₂OH、HN咪唑环N、苯基	与双键化合物加成 咪唑环上碳原子改性

序号	化学名称	化学式	改性方法
18	1-氰乙基-2-苯基-4,5-二（氰乙氧基甲基）咪唑	NCC₂H₄OCH₂ ～ CH₂OC₂H₄CN / NC—C₂H₄—N～N / 苯环	咪唑环上碳原子改性
19	2-甲基咪唑三聚氰酸盐	HN～N·HN—三聚氰酸环 / CH₃	与有机酸中和成盐
20	2-苯基咪唑三聚氰酸盐	HN～N·HN—三聚氰酸环 / 苯环	与有机酸中和成盐

2. 硼胺络合物[7-9]

1）胺—三氟化硼络合物及其盐类固化剂

三氟化硼（BF₃）在少量含羟基物质（又称助催化剂）存在下可以使环氧树脂固化。BF₃是一种路易斯酸,是环氧树脂的阳离子聚合型催化剂。理论上讲,PF₅、ASF₅、AlCl₃、SnCl 等路易斯酸都可以作为环氧树脂的固化催化剂,但由于相容性等问题,目前可溶于环氧树脂的三氟化硼应用价值较大。BF₃活性较大,与缩水甘油醚环氧树脂混合后,在室温下可以很快固化,并大量放热。另外,BF₃在空气中易潮解,并具有刺激和腐蚀作用,因此 BF₃不易单独使用作为环氧树脂的固化剂。通常是将 BF₃和路易斯碱形成络合物,降低反应活性后再使用。这种络合物与环氧树脂混合后,室温下比较稳定,而在较高温度下,络合物分解,很快固化环氧树脂,这是一类潜伏性或半潜伏性固化剂。此类固化剂包括三氟化硼-单乙胺（BF₃·MEA）、三氟化硼-正丁胺、三氟化硼-苯胺和三氟化硼-二甲基苯胺、三氟化硼-氯苯胺等,其中最具有代表型的是三氟化硼-单乙胺（BF₃·MEA）。BF₃·MEA 作为环氧树脂的固化剂已经用于涂料、油漆、电绝缘材料、环氧泡沫以及纤维增强复合材料等,BF₃·MEA 固化环氧树脂具有力学性能优异、耐热性好以及电性能好等特点,其可以作为固化剂,也可以作为共固化剂使用,其同时被认为可以作为二胺基二苯砜固化环氧树脂的促进剂。BF₃·MEA 催化聚合机理如下:

$$BF_3 \cdot RNH_2 + CH_2\!-\!CH\!\sim\!\!\sim\!\! \longrightarrow \left[BF_3\!-\!\overset{R}{\underset{H}{N}}^{\ominus}\!\sim\!\! CH\!-\!CH_2^{\oplus} \right] \quad \overset{CH_2-CH\sim\sim}{\underset{O}{}} \longrightarrow$$

$$\left[BF_3\!-\!\overset{R}{\underset{H}{N}}^{\ominus}\!\sim\!\! \underset{OH}{CH}\!-\!CH_2\!-\!CH_2\!-\!\underset{OH}{CH}^{\oplus}\!\sim\!\! \right]$$

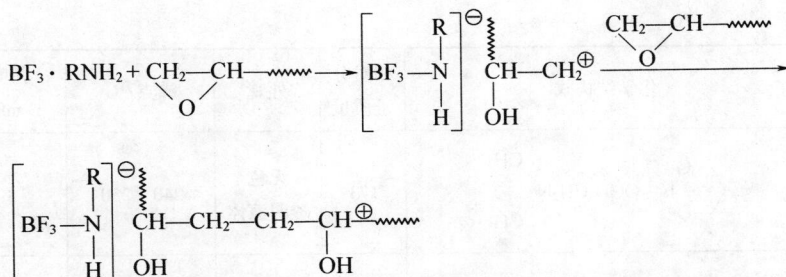

BF$_3$络合物的反应活性由于路易斯碱的种类不同而有很大的差别,这主要取决于胺的碱性大小,对于碱性低的苯胺、单乙胺络合物,反应起始温度低,对于碱性强的呱啶或三乙胺 – BF$_3$络合物则反应温度较高,见表 2 – 2。

表 2 – 2　BF$_3$ – 胺络合物的熔点和活化温度

胺	熔点/℃	DTA 的峰值温度/℃
正己胺	83	(103)161
单乙胺	90	(105)166
苯　胺	110	(91)146
二乙胺	140	162
呱　啶	48	(114,160)262
三乙胺	99,101	285
二苯胺	161	70

2) 硼酸酯类的硼胺络合物

硼酸酯类的硼胺络合物是国内早期研制成功的含噁硼杂环的硼胺络合物。其特点是挥发性好、沸点较高、刺激性小、黏度低,易与环氧混容,操作方便,储存期长,固化物性能好,但其容易吸潮水解。几种硼酸酯类硼胺络合物的结构和性质见表 2 – 3。此类固化剂应用于复合材料树脂基体时必须考虑和解决易吸潮水解等问题。

表 2 – 3　几种硼酸酯类硼胺络合物的结构和性质

型号	化学结构式	相对分子质量	外观	沸点/℃	黏度/℃ /mPa·s
901	CH$_3$—B—OCH$_2$CH$_2$—N(CH$_3$)$_2$ （噁硼杂环结构）	187	无色透明液体	—	2～3

型号	化学结构式	相对分子质量	外观	沸点/℃	黏度/℃ /mPa·s
595	$\begin{array}{c}O\\ \diagup\quad\diagdown\\ B-OCH_2CH_2N(CH_3)_2\\ \diagdown\quad\diagup\\ O\end{array}$	173	无色透明液体	240~250	3~6
594	$CH_2\!\!<\!\!\begin{array}{c}CH_2-CH_2-O\\ CH_2-CH_2-O\end{array}\!\!>\!\!B-OCH_2CH_2N(CH_3)_2$	201	橙红色黏稠液体	>250	30~50

3. 改性双氰胺[4]

双氰胺是最早使用的热活性潜伏性固化剂,其稳定性好,与常规环氧树脂混合后室温储存期可以达到半年或更长,但固化温度高(150℃~170℃)是其最大缺点。为了将双氰胺应用于低温固化树脂体系,必须降低其固化温度,基本方法有两种:一种是加入促进剂,在保持体系良好储存期和使用性能的前提下,降低其固化温度。这类促进剂很多,主要包括咪唑类化合物及其衍生物、脲类衍生物、有机胍类衍生物、含磷化合物、过渡金属配合物以及复合促进剂等。这些促进剂可以明显降低双氰胺的固化温度,可以达到120℃,但对体系的储存期和湿热性能等有一定影响。另一种方法是对双氰胺进行改性,主要方法是引入胺类结构,制备双氰胺衍生物。CIBA – GEIGY 公司开发的 HT – 2833、HT – 2844 是用3,5 – 二取代苯胺改性的双氰胺衍生物,可以在100℃下固化环氧树脂。日本等采用芳香胺如二氨基二苯甲烷、二氨基二苯醚、二氨基二苯砜以及二苯胺等与双氰胺反应制得衍生物,明显降低了树脂体系的固化温度。

国内对双氰胺改性制备低温固化剂的研究较少,并且得到的体系与环氧树脂在100℃以下的固化效果不十分明显。

4. 微胶囊类[4]

微胶囊技术在胶黏剂领域已经得到应用,其基本原理是活性组分固化剂或催化剂等采用微胶囊技术将其包覆起来阻止树脂与固化剂或催化剂在室温下进行反应,解决适用期短等问题。将微胶囊技术应用于复合材料领域可以解决低温固化树脂及预浸料的室温储存期短的问题,提高低温固化树脂及预浸料的室温储存期。微胶囊技术是低温固化复合材料树脂基体的一个重要研究方向。

JP – B – SHO –5431468 描述了一类固化剂,其壳材料由环氧树脂形成。微胶囊由胺化合物和水溶性环氧通过界面反应形成。但壳材料太脆,在外压下容易破碎并释放出固化剂。JP – A – HEI2 – 292325 和 JP – A – HEI3 – 220246 采用低软化点热塑性树脂为壳材料,当加热到软化点以上温度时,微胶囊破裂,反应开始。但由于壳材料软化点太低,含有壳材料的树脂体系耐热性较低,从而使树脂体系的耐热性降低。同时,由于微胶囊颗粒太大,不能进入纤维之间,难以均匀分散,无法制备高质量预浸料。USP5726222 提出采用乳化技术将固化体系用热塑性树脂包覆起来形成微胶囊,室温下隔绝固化体系与环氧的接触,在固化温度时热塑性树脂溶解于环氧树脂而释放出活性固化物质,此技术可同时解决低温固化、室温储存稳定性和韧性等问题。该专利技术采用微胶囊固化剂,成功制备了低温固化树脂、预浸料以及复合材料。USP4225460 描述了将液体路易斯酸催化剂制备成微胶囊颗粒的技术。

为了提高固化剂的潜伏特性,USP5567792 通过多元胺与环氧反应制备固化剂颗粒,然后通过多异氰酸酯改性获得了颗粒度 0.1μm 左右的固化剂颗粒,此颗粒的表面由于多异氰酸酯与颗粒表面活性基团反应形成了微胶囊膜,并且此类固化剂容易在环氧树脂体系中分散,具有良好的潜伏性固化特性。这也是一种微胶囊型固化剂的一种类型。实际上通过多异氰酸酯处理胺/环氧化合物加成物固体颗粒以改善固化剂的潜伏性固化特性的方法在国外已有较多的报道。

目前采用微胶囊技术制备低温固化复合材料树脂体系的固化剂时,主要存在的问题仍是颗粒度小(一般要求小于 5μm)的微胶囊颗粒难以制备。

5. 其他

有机酰肼类、有机酸酐、脂肪胺类和芳香类等都可以作为低温固化环氧树脂的固化剂使用[4,5],但也往往需要进一步改性,或添加相应的促进剂或催化剂等,这里不再赘述。

2.2.2 低温固化环氧树脂体系

国外低温固化环氧复合材料技术的研究始于 20 世纪 70 年代。Advanced Composite Group (ACG)于 1975 年发展了第一个低温固化树脂体系 LTM10,并进一步发展了系列产品。80 年代后期,ACG 、 Mcdonnell Douglas、Lockheed Martin 和 US Air Force 等进一步发展了低温固化技术的概念,即不仅要降低固化温度,同时要降低固化压力以便不采用热压罐成形而采用烘箱(或烘房、空气炉等)/真空压力固化技术。低温固化真空压力固化技术的主要优点为:设备投资低;模具材料来源广泛,成本低廉;适于生产大尺寸和形状复杂的复合材料构件;操作简便;制品设计自由度高;工艺辅料费用显著降低。因此低温固化真空压力成形技术引起了越来越多人的重视,发展了多种低温固化环氧树脂体系,如Hexcel 在美国空军材料实验室资助下于 1984—1988 年采用潜伏性固化剂发展了第一个低温真空压力固化树脂体系 46 - 1,20 世纪 80 年代后期 Hexcel 又发展了综合性能更加优异的 639 – 07 和 HX – 1567 等低温真空压力固化树脂体系,其主要应用方向为复合材料修补领域。3M 公司的 PR – 377 真空压力低温固化体系也是为用于复合材料修补而研制的。Cytec Fiberite 发展了 60℃ ~70℃ 真空压力固化的环氧树脂体系 Cycom® X5215 和 177℃ 固化的 Cycom® 3002 聚酰亚胺体系,获得了低孔隙率且性能优良的复合材料[1,10]。英国 GRIT（UK）LTD 发展了 SE70 低温固化高韧性环氧树脂。国际上主要低温固化环氧树脂体系见表 2 – 4。

表 2 – 4   主要低温固化环氧树脂体系

牌　号	典型固化工艺	使用温度或 T_g	类型	用　途	研制单位
LTM10 系列（LTM10\LTM12\LTM13\LTM16\LTM17）	固化:RT ~60℃；后处理:200℃；可采用真空压力固化技术	150℃ ~200℃	环氧	复合材料构件及工装	ACG
LTM33\LTM37	固化:30℃ ~40℃；后处理:200℃	170℃	环氧	复合材料工装	ACG
LTM20 系列（LTM25）	固化:50℃；后处理:125℃；可采用真空压力固化技术	80℃（湿态）	韧性环氧	复合材料构件及工装	ACG
LTM40 系列（LTM45）	固化:60℃；后处理:175℃；可采用真空压力固化技术	150℃（湿态）	韧性环氧	复合材料构件	ACG
LTM40 系列（LTM45EL）	固化:50℃ ~60℃；后处理:175℃；可采用真空压力固化技术	150℃（湿态）	韧性环氧	复合材料构件	ACG
LTM40 系列（LTM45 – 1）	固化:50℃ ~60℃；后处理:177℃；可采用真空压力固化技术	150℃（湿态）	韧性环氧	复合材料构件	ACG
LTM211 系列（LTM211\LTM212\XLTM212\LTM213\LTM216ST\LTM217）	固化:45℃ ~70℃	210℃（干态）	环氧	复合材料工装	ACG
VTM260 系列	固化:65℃	$T_g = 130℃$	环氧	大型复合材料模具	ACG

牌　号	典型固化工艺	使用温度或 T_g	类型	用　途	研制单位
MTM® 45 – 1	90℃/20h	$T_g = 185℃$	环氧	航空样机主承力结构	ACG
MTM® 56	60℃/16h；120℃/10min	$T_g = 125℃$	环氧	民用快速固化制品	ACG
VTM24 系列（VTM243FRB 和 VTM244FRB）	固化:65℃/16h；后处理:180℃/2h	$T_g = 170℃$	环氧	非热压罐成形大尺寸舰船、汽车工业用品	ACG
VTM26 系列（VTM264/264FRB, VTM266, VTM267/267FRB）	固化:65℃/16h；后处理:120℃/1h	$T_g = 100℃$	环氧	非热压罐成形大尺寸舰船、汽车工业用品	ACG
LTM® 24ST	固化:50℃/16h 或 60℃/10h	$T_g = 120℃$	环氧	汽车装饰结构、样件	ACG
VTF26 系列	固化:65℃/16h；后处理:120℃/1h	$T_g = 100℃$	环氧	外表装饰结构	ACG
VTF24 系列（VTF241FRB/VTF242FRB）	固化:65℃/16h；后处理:180℃/1h	$T_g = 200℃$	环氧	表面处理层	ACG
XLVR15 – 2	固化:60℃/24h	$T_g = 195℃$	环氧	工业用品	ACG
XLVR16 – 2	固化:60℃/24h	$T_g = 180℃$	环氧	工业用品	ACG
LVR424	固化:65℃/4h	$T_g = 208℃$		工业用品	ACG
Cycom® X5215	固化:65℃真空压力；后处理:177℃	121℃（湿态）	环氧	复合材料构件和修补	Cytec
Cycom® X99	固化:85℃；后处理:180℃	130℃（干态）	环氧	复合材料构件复合材料工装	Cytec
Cycom® 754	固化:75℃真空压力	70℃（干态）	环氧	复合材料构件	Cytec

牌　号	典型固化工艺	使用温度或 T_g	类型	用　途	研制单位
M34	固化:65℃/16h（无后处理）	85℃（干态）75℃（湿态）	环氧	民用和普通工业用构件	Hexcel
M35	固化:80℃/4h;后处理:180℃/2h	140℃（干态）120℃（湿态）	环氧	赛车构件	Hexcel
PR－377	—	—	环氧	复合材料修补	Hexcel
46－1	固化:90℃真空压力	—	环氧	复合材料修补	Hexcel
HX－1567	固化:83℃~94℃;后处理:149℃/1h;可采用真空压力固化技术	130℃	环氧	复合材料修补	Hexcel
EPOCAST® 52－A/B	固化:66℃/3h 或 93℃/2h 真空压力;后处理:177℃/2h	177℃	环氧	复合材料修补	Vantico Inc.
X3100	固化:94℃真空压力	122℃	环氧	复合材料修补	Hexcel
SE70	70℃/16h	T_g=89℃~126℃	环氧	样机件、UAV 等	GRIT（UK）
#850	固化:90℃/5h真空压力;后处理:180℃/4h	140℃	环氧	复合材料构件	Matsubishi Rayon Co.
xufyg	低于80℃	180℃	环氧	复合材料工装	北京航空航天大学
LT－01	固化:70℃;后处理:140℃	80℃（湿态）	环氧	复合材料构件复合材料工装	北京航空材料研究院
LT－02	固化:75℃;后处理:160℃	130℃（湿态）	环氧	复合材料构件复合材料工装	北京航空材料研究院

牌　号	典型固化工艺	使用温度或 T_g	类型	用途	研制单位
LT－03	固化:70℃~80℃；130℃自由状态后处理	80℃（湿态）	环氧	复合材料构件复合材料工装	北京航空材料研究院
LT－03A	固化:75℃~85℃；140℃自由状态后处理	80℃（湿态）	环氧	复合材料构件复合材料工装	北京航空材料研究院

注:FRB 代表具有阻燃特性

英国 ACG 在低温固化高温使用复合材料领域一直走在世界的前列。ACG 的低温固化树脂基体主要以环氧为主。ACG 发展的低温固化环氧复合材料体系,固化温度可以达到60℃左右,部分体系甚至可以采用真空非热压罐固化成形,ACG 研制的低温固化体系很多,如 LTM® 10 系列(LTM® 10\LTM® 12\LTM® 13\LTM® 16\LTM® 17)、LTM® 33\LTM® 37、LTM® 25、LTM211 系列(LTM211\LTM212\XLTM212\LTM213\LTM216ST\LTM217)等[1],其中主要低温固化体系基本特征见表2-5~表2-8。主要低温固化高温使用环氧预浸料体系的基本特性见表2-5;ACG 发展了系列可变温度成形即成形温度范围宽的 VTM(Variable Temperature Moulding)材料体系,这些体系同时适于低温固化,见表2-6;ACG 发展的结构用主要低温真空压力固化环氧材料体系见表2-7。除了低温固化环氧预浸料树脂体系外,也发展了多种适于液体成形的低温固化环氧树脂体系,见表2-8。

表2-5　ACG 结构用主要低温固化环氧体系

体系	LTM10 系列	LTM® 23	LTM® 26 系列	LTM® 45EL	LTM® 45-1
后处理后 T_g/℃		130	130	210	210
典型固化条件	固化:RT~60℃	40℃/30h 70℃/3h	60℃/10h	65℃/12h 80℃/5h	65℃/12h 80℃/5h
室温储存期/天	3~6	2~3	5~6	6~7	6~7
关键特性	可使用真空压力成形	40℃固化,增韧	增韧,应用于结构领域,湿态温度90℃,树脂透明,抗紫外线	增韧,应用于结构领域,湿态温度130℃	增韧,应用于结构领域,湿态温度130℃。真空成形热压罐品质

表 2-6 ACG 的 VTM 低温固化环氧预浸料树脂体系

体系	VTM243 FRB	VTM244 FRB	VTM263	VTM264/264 FRB	VTM266	VTM267/267 FRB
后处理后 T_g/℃	180			100;		
典型固化条件	65℃/16h 180℃/2h 后处理			65℃/16h 120℃/1h		
室温储存期/天	21			30		
关键特性	织物增强材料,优异的真空压实低孔隙,150℃高干态性能保持率	织物增强材料,优异的真空压实低孔隙,150℃高干态性能保持率,阻燃	织物增强材料,优异的真空压实低孔隙	织物增强材料,优异的真空压实低孔隙,增韧阻燃环氧	织物增强材料,优异的真空压实低孔隙	低黏性可变、阻燃可变、不同涂覆增强材料

表 2-7 ACG 结构用主要非热压罐成形低温固化环氧预浸料树脂体系

体系	LTM® 24ST	VTF261(COSMETIC)	VTF261	VTF241FRB	VTF242FRB
后处理后 T_g/℃	120	100		200	
典型固化条件	50℃/16h 60℃/10h	65℃/16h 120℃/1h		65℃/16h 180℃/1h	
室温储存期/天	2~3 储存期 21	21		7	
关键特性	高质量外观	高质量外观	高质量外观	增韧阻燃环氧	

表 2-8 ACG 主要低温固化 VARTM 环氧体系

项 目	XLVR15-2	XLVR16-2	LVR424
最高使用温度(湿态)/℃	140	135	150
后处理后 T_g/℃	195	180	208
黏度(30℃)/mPa·s	600	250	450
典型注射温度/℃	40~45	30~35	40~45
适用期(20℃)/h	24	24	6
典型固化温度/℃	60	60	65
典型固化时间/h	24	24	4
供应形式	两组分	两组分	两组分

ACG 发展的结构用中温固化 MTM（Medium Temperature Moulding）体系很多，主要包括 MTM27，MTM28，MTM44-1，MTM45-1，MTM46，MTM48，MTM49，MTM52，MTM55，MTM56，MTM57，MTM58B，MTM59，MTM70，MTM220，MTM228，MTM248S，MTM249 和 MVR444 等，其中同时适用于较低温度固化的体系见表 2-9。其中 MTM45-1 适于预浸料和树脂膜渗透（RFI）工艺，适于在真空压力下和热压罐成形，最低固化温度为 80℃，180℃处理后玻璃化温度为 190℃，预浸料室温储存期为 21 天，复合材料韧性突出。MVR444 适于 RTM、RFI 等树脂注射工艺，注射温度为 70℃~80℃，初始最低固化温度 90℃，后处理温度 180℃/2h，室温储存期为 21 天。

表 2-9　适于低温固化的 MTM 环氧体系

体系	MTM® 28	MTM® 49	MTM® 45-1	MTM56 系列
后处理后 T_g/℃	75	160~180	185	125
典型固化条件	85~120	80~160	90℃/20h 120℃/4h	60℃/16h 120℃/10min
室温储存期/天	30	30-60	黏性 10 储存期 21	30
关键特性	韧性优异，操作工艺性好	可以采用模压、真空压力和热压罐成形	非热压罐固化，低密度 1.18g/cm³	固化快，室温性能高，韧性好，阻燃

前面提到，除 ACG 外，世界上有多个国家和单位已经发展系列低温固化高温使用环氧材料体系，如 Cytec 的 Cycom® X5215、Cycom® X99、Cycom® 854，Hexcel 的 HX-1567、PR-377、M34、M35、46-1、X3100，Matsubishi 的 #850 等材料体系在文献[1]中已有较具体的介绍，这里不再赘述。

国内低温固化环氧树脂基复合材料的主要研制单位为北京航空材料研究院，经过 10 年左右的研发工作，北京航空材料研究院成功研制了 LT 系列低温固化环氧树脂及相应复合材料体系，获得了突破性的研究结果。通过设计和合成酰亚胺化合物、环氧树脂、有机酸钝化咪唑类潜伏性固化剂，解决了低温固化和长储存期的矛盾。通过突破低温固化和自由状态后处理等关键技术，研制了可在 75℃以下固化，130℃以下长期使用的 LT-01 低温固化树脂，相应的复合材料综合性能和常用高性能中、高温固化环氧复合材料相当，北京航空材料研究院研制了可在 75℃真空压力下固化成形，长期使用温度为 80℃的 LT-03 系列低温真空压力成形树脂体系，其复合材料综合性能和常用高性能中温固化复合材料相当。北京航空材料研究院研制的低温固化 LT-02 环氧树脂体系适于制备模具材料。国内其他研制高性能低温固化环氧复合材料的单位很少。北京航空航天大学研制了低温固化 xufyg 环氧树脂体系[11]，但未见相关应用研究报道。

2.2.3 低温固化环氧复合材料固化成形

高性能低温固化环氧复合材料可以采用常规预浸料热压技术、液体成形技术等制备。低温固化复合材料成形过程一般分两个阶段进行，第一阶段是低温固化，第二阶段是在自由状态和较高温度下进行后处理。第一阶段低温固化工艺一般分两种：一种是加压固化，同常规复合材料一样在热压釜或热压罐中进行；另一种是真空压力固化，将预浸料真空封装后，可以在烘箱或烘房中进行，不需外加压力。

低温固化环氧复合材料，特别是低温真空压力成形环氧复合材料，由于成形压力和温度较低，复合材料的孔隙率往往较高，严重影响复合材料力学性能、湿热性能等。因此低温固化复合材料成形技术研究主要围绕如何降低复合材料空隙率进行了大量研究。

为了减少裹进预浸料内部的空气，在预浸料的铺贴过程中采用预抽真空的方式尽量排除裹进的空气可以降低复合材料的孔隙率。NASA 在其研究报告中指出低温固化预浸料需要采用预抽真空的方式以尽可能地降低孔隙率，如在低温固化 LTM25 树脂基复合材料的成形工艺中明确指出，每铺 4 层需抽 15min 的真空来排除挥发分和裹进的空气等，采用增加每次铺层数并延长抽真空时间的办法可以达到相近的效果。

为了降低低温真空压力成形复合材料的孔隙率，Throfinnson B[12] 提出了预留气体通道的预浸料技术，目的是使裹在预浸料中的空气或挥发分等在成形过程中沿纤维方向被排除，从而降低复合材料的孔隙率。GUO[7] 通过进一步深入细致的研究后明确指出，采用未完全浸渍（或部分浸渍）低温固化预浸料通过改进组装工艺并通过低温真空压力成形技术可以获得无孔隙的复合材料板材（孔隙率小于 2%），此种办法对树脂体系在固化时的黏度范围要求为 10000 cPa·s～120000cPa·s，这种思路与传统思路有所不同，一般来说，由于成形压力较低，要求树脂体系在固化时的黏度尽可能地低以利于树脂更好地浸润纤维。GUO 认为，通过未完全浸渍的预浸料预留的通道并通过四周开放透气组装方式可以使铺贴过程中裹进的气体在抽真空时通过通道排除，而树脂流过通道时可以完全浸润纤维。

Linas[13] 认为，在真空压力成形过程中，预浸料主要沿纤维方向存在透气性，因而需要良好的"边缘透气"（Edge breathing），采用这种边缘透气组装方式,作者获得低孔隙率(<1%)高性能低温真空压力成形复合材料板材。这种方法与 GUO 提出的思路基本一致,主要目的是降低低温固化复合材料的孔隙率。但是,必须说明的是,由于树脂体系设计的原理和性能可能完全不同,采用不同的树脂体系时,所用成形组装工艺和固化条件可能完全不同,如国内研制的 LT – 03/T700 真空成形预浸料,其组装方式完全不同于常规的热压罐成形组装材料体系。

低温固化环氧复合材料的固化特性明显不同于常规复合材料。低温固化环氧复合材料一般在低温下固化,达到一定固化度后在自由状态下进行后处理,获得最终性能。因此了解低温固化复合材料的固化特性对于制定复合材料构件的成形工艺参数是非常重要的。图 2 – 1 是 LT – 03 低温固化复合材料树脂基体在不同固化温度下固化度随时间的变化情况。从图中可以发现,对于 LT – 03 低温固化复合材料,在经历 75℃/5h、80℃/3h 或 85℃/2h 后,固化度可以达到 0.75 ~ 0.8,复合材料具有相当的强度和刚度,可以进行脱模操作和在自由状态下进行后处理。

图 2 – 2 是 LT – 03 低温固化复合材料体系固化度和玻璃化转变温度之间的关系。从图 2 – 2 中可以看到,LT – 03 低温固化复合材料固化度达到 0.75 ~ 0.8 时,玻璃化转变温度可达到 100℃ 左右。为了保证自由状态后处理时构件不变形,应该控制在后处理升温过程中其处理温度始终低于复合材料的玻璃化转变温度。

图 2 – 3 是在后处理过程中不同升温速率下复合材料玻璃化温度的变化。当后处理过程中升温速率低于 0.2℃/min 时,LT – 03 低温固化复合材料的玻璃化转变温度提高的速率大于或等于后处理温度的升高速率,在这样的后处理条件下,构件在自由状态下后处理不会发生明显的变形。过快的升温速率会使后处理温度高于复合材料的玻璃化转变温度,易导致在自由状态下后处理的复合材料构件发生严重变形。

固化温度的不同对复合材料的最终性能也有不同的影响,以 LT – 03 为例,作者研究了固化温度对低温真空压力成形 LT – 03/T700SC 复合材料力学性能的影响,见图 2 – 4。研究结果表明,LT – 03/T700SC 复合材料体系在 70℃ ~ 80℃ 固化时具有良好的层间剪切强度和弯曲性能。

前面提到,低温固化复合材料成形过程一般分两步进行,首先是低温固化,然后在自由状态和较高温度下进行后处理。低温固化工艺一般分两种:一种是加压固化,同常规复合材料一样在热压釜或热压罐中进行,施加压力一般不高于 0.7MPa,固化温度一般不超过 100℃;另一种是真空压力固化,将预浸料真空封装后,可以在烘箱或烘房中进行,不需外加压力。

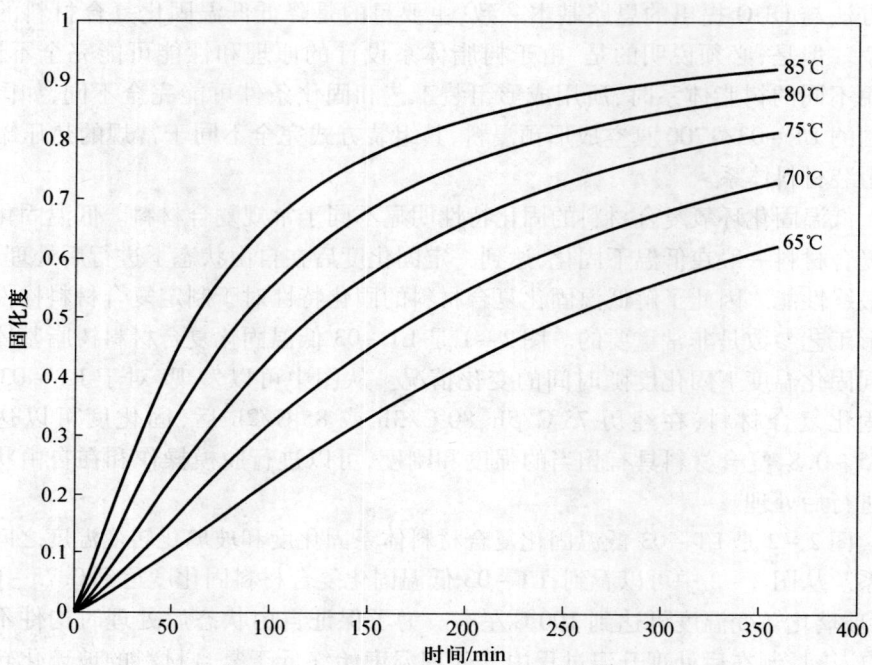

图 2-1 不同固化温度下树脂基体固化度和时间的关系

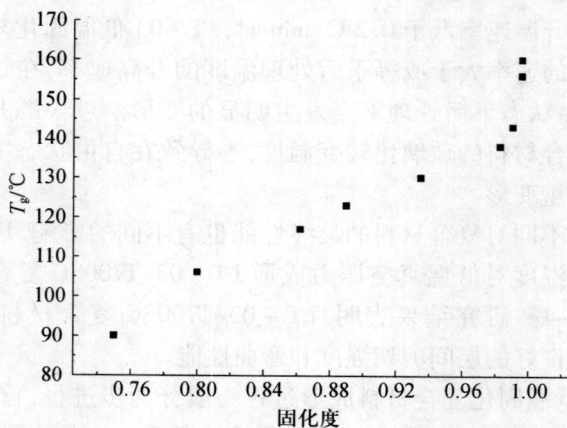

图 2-2 LT-03 低温固化复合材料固化度和玻璃化转变温度的关系

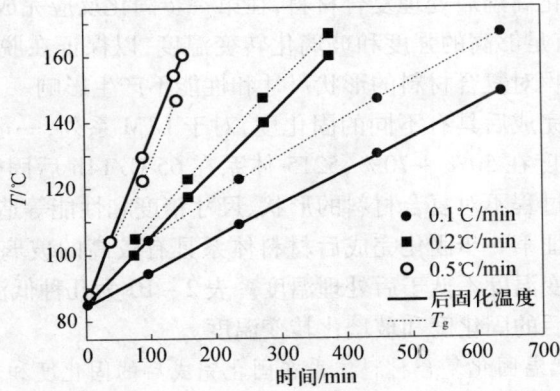

图 2-3 不同升温速率下 LT-03 复合材料玻璃化转变温度的变化
（点线为 T_g，实线为后处理温度）

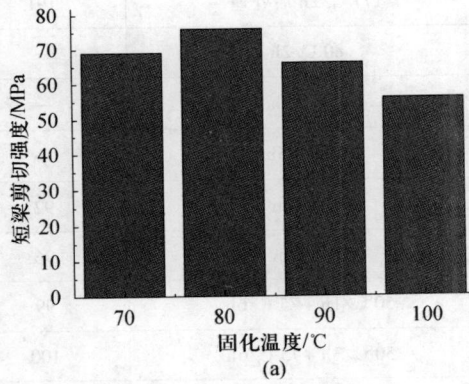

(a)

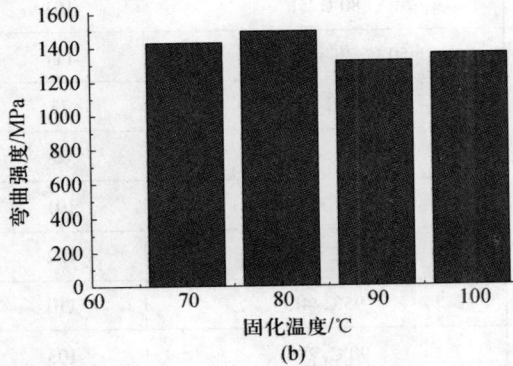

(b)

图 2-4 固化温度对 LT-03/T700SC 复合材料的弯曲和层间剪切性能的影响

对于低温固化高温后处理复合材料,在第一步固化反应完成后,必须达到一定的固化度、具有足够高的强度和玻璃化转变温度,以保证在脱模、搬运以及自由状态后处理过程对复合材料的形状尺寸和性能不产生影响。不同的树脂体系在第一阶段固化完成后具有不同的固化度,对于 LTM 系列,一般在第一阶段固化后树脂的固化度在 50% ~70% ,5215 体系在 65℃/14h 后固化度达到 61%。为了保证后处理过程不对复合材料的形状、尺寸精度和性能等造成影响,许多研究者认为必须保证第一步固化完成后材料体系具有较高的玻璃化转变温度,一般要求玻璃化转变温度不低于后处理温度。表 2 - 10 为几种低温固化复合材料体系在固化完成后的固化度和玻璃化转变温度。

表 2 - 10 几种低温固化复合材料体系在固化完成后的固化度和玻璃化转弯温度

体系	项目	$T_g/℃$	固化度/%
Cycom® 5215	65℃/14h	63	61
	177℃/2h 后处理	191	90
#850	80℃/2h	—	30
	90℃/5h	—	75 ~ 80
	100℃/5h	—	>85
Cycom® 754	70℃/8h	92	—
	75℃/6h	96	—
	50℃/1h +75℃/6h	99	—
	50℃/3h +75℃/6h	100	—
	80℃/5h	101	—
	50℃/2h +90℃/4h	117	—
SE70	65℃/16h	73	—
	70℃/16h	89	—
	80℃/18h	101	—
	80℃/12h	102	—
	95℃/4h	110	—
MVR444	90℃/20h	103	—
	100℃/10h	121	—

低温固化复合材料在较高温度下进行后处理工艺一般在自由状态下进行，使用常规的烘箱或烘干室便可。后处理的主要目的是提高复合材料的力学性能和耐热性能等综合性能，升温速率和后处理温度等对低温固化复合材料性能有重要影响。为了保证低温固化复合材料较高的尺寸精度和优良的性能稳定性，在后处理过程中升温速率一般都比较低，通常低于 0.5℃/min。图 2-5、图 2-6 和图 2-7 列出了后处理工艺对主要几种低温固化复合材料性能的影响。

后处理温度的提高有利于提高复合材料的玻璃化转变温度。当后处理温度低于 140℃时，LT-03/T700SC 复合材料体系室温力学性能随后处理温度变化不大，但当后处理温度高于 140℃时，复合材料体系的力学性能随着后处理温度的升高而明显降低。

前面提到，除低温固化预浸料技术外，国外也发展了液体成形低温固化环氧复合材料技术，这里不再重复。

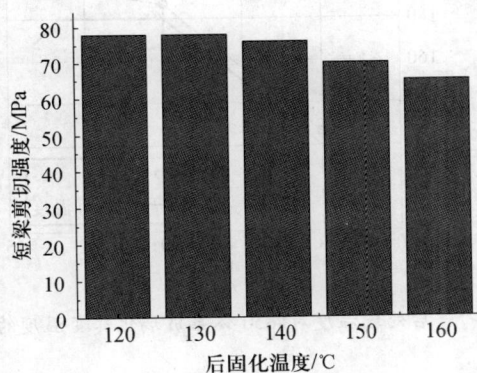

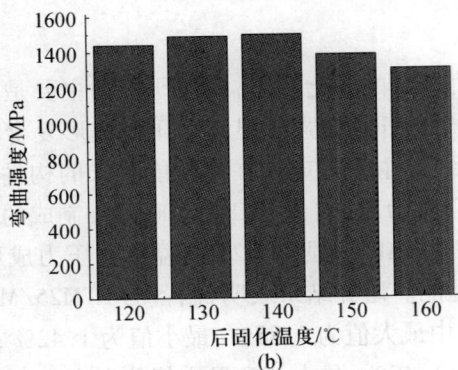

图 2-5　后处理温度对 LF03//T700SC 复合材料力学性能的影响

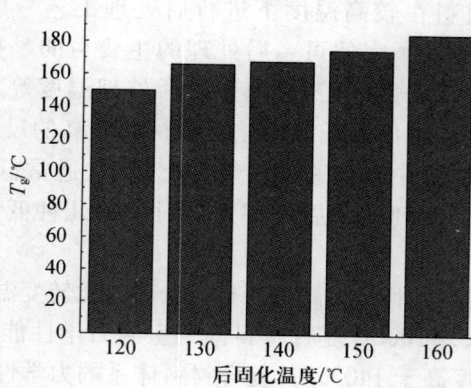

图 2-6　后处理温度对 LT-03/T700SC 复合材料玻璃化转变温度的影响

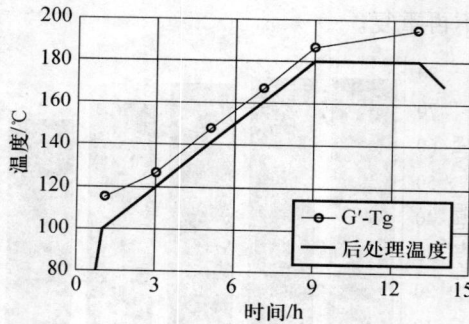

图 2-7　后处理温度对#850 体系玻璃化转变温度的影响

2.2.4　低温固化环氧复合材料性能

1. 力学性能

对于低温真空压力成形的树脂体系,最初研究的主要是采用玻璃纤维增强的复合材料体系,而对于碳纤维增强低温真空压力成形复合材料的性能数据报道的很少,一般认为碳纤维主要是应用在高性能要求的构件上。NASA 在 1996 年详细报道了碳纤维织物 CFS003(AMOCO T300 纤维制成的 2×2 斜纹布)和单向碳纤维 MR50(MITSUBISHI)增强 LTM25 低温真空压力成形复合材料的基本力学性能和螺栓挤压性能。研究结果表明,制备的 LTM25/MR50 复合材料孔隙率平均值为 2.18%,其中最大值为 3.85%,最小值为 1.42%;LTM25/CFS003 复合材料的平均孔隙率为 1.45%,最大值和最小值分别为 1.21% 和 1.82%。较高的孔隙率对复合材料的性能必定造成较大的影响,在使用时必须予以考虑。表

2 - 11 和表 2 - 12 分别给出了 LTM25/MR50 和 LTM25/CFS003 两种复合材料基本力学性能。表 2 - 13 ~ 表 2 - 20 给出了国外几种主要低温固化复合材料体系的主要力学性能。

表 2 - 11　LTM25/MR50 复合材料主要力学性能

性　质	-87℃(125 ℉)	RT	82℃(150 ℉)
纵向拉伸强度/MPa	1923	1930	1848
纵向拉伸模量/GPa	142	149	142
泊松比	0.374	0.345	0.359
横向拉伸强度/MPa	30	21	13
横向拉伸模量/GPa	9.2	7.3	5.9
纵向压缩强度/MPa	1489	1179	779
纵向压缩模量/GPa	153	154	154
面内剪切强度/MPa	111	89	50.5
面内剪切模量/GPa	6.9	4.19	2.42
孔板拉伸强度/MPa		441	
孔板压缩强度/MPa		251	216
冲击后压缩强度/MPa		184	
注:纤维体积含量为61%			

表 2 - 12　LTM25/CFS003 复合材料主要力学性能

性　质	-87℃(125 ℉)	RT	82℃(150 ℉)
纵向拉伸强度/MPa	525	563	575
纵向拉伸模量/GPa	52	48.7	44.6
泊松比	0.065	0.042	0.167
横向拉伸强度/MPa	550	612	586
横向拉伸模量/GPa	52	52	42
纵向压缩强度/MPa	779	642	380
纵向压缩模量/GPa	51	50	58
孔板拉伸强度/MPa	232	250	—
孔板压缩强度/MPa	—	235	183
冲击后压缩强度/MPa	—	217	—
注:纤维体积含量为61%			

表 2 – 13　LTM45/AS4C 复合材料主要力学性能

项　目	性能	测 试 方 法
拉伸强度/MPa	1819	ASTM D3039 $(0)_8$
拉伸模量/GPa	146	ASTM D3039 $(0)_8$
压缩强度/MPa	1101	ASTM D3410 $(0)_{16}$
压缩模量/GPa	129	ASTM D3410 $(0)_{16}$
平面内剪切强度/MPa	88	ASTM D3518 $(\pm 45)_{4S}$
平面内剪切模量/GPa	5.0	ASTM D3518 $(\pm 45)_{4S}$
开孔拉伸强度/MPa	354	SACMA SRM 5 – 88 $(+45/0/-45/90)_{2S}$
冲击后压缩强度(CAI)/MPa	93 (28J)	SACMA SRM 2 – 88 $(+45/0/-45/90)_{4S}$

注:LTM45/AS4C 体系 固化:60℃/12h,压力 0.62MPa;后处理:175℃/0.5h,自由状态;纤维体积含量:60%

表 2 – 14　LTM45EL/碳纤维织物复合材料主要力学性能

性　能	RT,干态	94℃,湿态	保 持 率
拉伸强度/MPa	494	537	109
拉伸模量/GPa	57.86	57.77	100
拉伸应变/%	0.85	0.93	
压缩强度/MPa	444	326	73
压缩模量/GPa	50.14	49.83	97
压缩应变/%	0.88	0.65	
横向拉伸强度/MPa	494	537	109
横向拉伸模量/GPa	57.86	57.77	100
横向拉伸应变	0.88	0.65	
平面内剪切强度/MPa	78.5	52.6	67
平面内剪切模量/GPa	3.16	2.04	65
平面内剪切应变/%	2.48	2.57	
拉伸泊松比		0.078	

注:增强体:280gsmT3004×4 斜纹布,$V\%$F = 50%;固化工艺:50℃/12h;后处理 175℃/1h;湿态吸湿率:1%;孔隙率:2.59%

48

表 2 −15　Cycom X5215 复合材料的主要力学性能

项　目	G30 − 500 单向带	G30 − 500 −5HS −6K 碳布
T_g/℃(DMA)		
干态	192	192
湿态①	163	166
拉伸强度/MPa(RT)	1379	655
短梁剪切强度②/MPa		
RT	119	72.4
121℃(干态)	62	54
121℃(湿态)③	52	42
0 压缩强度④/MPa		
RT	1413	674
121℃(干态)	1000	606
冲击后压缩强度⑤/MPa(6.67kJ/M)	110	161
树脂重量含量/%	36	40

注:①水煮 48h;②单向铺层[0]$_{16}$;碳布铺层:[0]$_8$;③水煮 24h;④单向铺层[0]$_{16}$;碳布铺层:[0]$_8$;
⑤单向带铺层[45/0/ −45/90]$_{4S}$;碳布铺层:[45/0]$_{3S}$。

表 2 −16　Cycom® 754/HS −300 −300 复合材料主要力学性能(75℃/6h)

项　目	测试条件	平均值	项　目	测试条件	平均值
拉伸强度/MPa	RT(干)	2178	弯曲强度/MPa	70℃(干)	1001
拉伸模量/GPa	RT(干)	121	弯曲模量/GPa	RT(干)	115
压缩强度/MPa	RT(干)	1200		70℃(干)	113
	70℃(干)	950	面内剪切强度(IL-SS)/MPa	RT(干)	70
压缩模量/GPa	RT(干)	120		70℃(干)	36
	70℃(干)	115	面内剪切强度/MPa	RT(干)	75
弯曲强度/MPa	RT(干)	1585	面内剪切模量/GPa	RT(干)	3.6

注:复合材料中树脂含量为 36%。

表 2 - 17　HX - 1567/F37584(缎纹碳纤维织物)复合材料主要力学性能

项　目	压缩强度/MPa	短梁剪切 强度/MPa	弯曲强度/ 模量/(MPa/GPa)	拉伸强度/ 模量/(MPa/GPa)
RT	539	57	683/54	581/52
71℃	467	56	575/51	525/51
104℃	348	41	388/46	421/50
121℃	309	38	420/48	375/49
RT(湿)	487	59	679/55	588/56
71℃(湿)	386	53	569/54	482/54
104℃(湿)	310	37	381/47	374/50
121℃(湿)	241	30	314/47	342/48

注:湿态条件:71℃,7 天;固化工艺:83℃/1h + 94℃/3h;空隙率1.5%

表 2 - 18　HX - 1567/T300 复合材料基本力学性能

项　目	压缩强度/MPa	短梁剪切 强度/MPa	弯曲强度/ 模量/(MPa/GPa)	拉伸强度/ 模量/(MPa/GPa)
RT	1376	95	1574/109	1181/116
82℃	1157	72	1090/106	
104℃	993	63	992/100	
121℃		57	923/105	
RT(湿)	1154	85	1408/102	1200/117
71℃(湿)	1024	64	1299/110	
104℃(湿)	748	55	863/93	
121℃(湿)		47	559/69	

注:湿态条件:71℃,7 天;固化工艺:83℃/1h + 94℃/3h

表 2-19　#850/TR30M 复合材料力学性能

项　目	测试条件	性　能	项　目	测试条件	性　能
0°拉伸强度/MPa	23℃	2030	0°压缩强度/MPa	23℃	1420
	180℃	2190		180℃	1000
0°拉伸模量/GPa	23℃	135	短梁剪切强度/MPa	23℃	100
	180℃	145		180℃	45
0°拉伸延伸率/%	23℃	1.36	0°弯曲强度/MPa	23℃	1480
	180℃	1.35		180℃	853
90°拉伸强度/MPa	23℃	57.2	0°弯曲模量/GPa	23℃	108
90°拉伸模量/GPa	23℃	8.21		180℃	102
90°拉伸延伸率/%	23℃	0.74			

低温固化树脂新品种也不断出现,如近期 GRIT(UK)LTD 发展了 SE70 低温固化高韧性环氧预浸料体系,适用于制备大尺寸结构。该材料体系基本特征:

(1) 可以在 70℃~120℃ 之间固化,不需进一步进行高温后处理,T_g 达到 89℃~126℃,温度越高固化周期越短,70℃ 固化需要 16h,110℃ 固化时只需要 0.5h,120℃ 固化时只需要 25min;

(2) 预浸料 18℃~22℃ 室温储存期 4 周;

(3) 优异的表面光洁性;

(4) 适于真空压力、热压和热压罐固化成形。预浸料及复合材料基本力学性能见表 2-20。HUNTSMAN 公司发展了系列低温固化环氧预浸料、芯材和夹层结构等,广泛应用于民用领域。

表 2-20　SE70 预浸料及复合材料基本性能(70℃/16h)

固化工艺	70℃/16h,真空压力	固化工艺	70℃/16h,真空压力
单位面积纤维质量/g·m⁻²	200	单层压厚/mm	0.2
预浸料单位面积质量/g·m⁻²	317	归一化后拉伸强度/MPa	2579
预浸料中树脂含量/%	37	归一化后拉伸模量/GPa	136.2
拉伸强度/MPa	2480	压缩强度/MPa	1303
拉伸模量/GPa	131.0	压缩层板纤维体积含量/%	59.9
拉伸层板纤维体积含量/%	57.7	面内剪切强度(ILSS)/MPa	68.6

国内研制的 LT-01/T300B、LT-03A/T700SC 以及 LT-02 等低温固化环氧复合材料的基本性能见表 2-21 和表 2-22。北京航空航天大学研制的低温固化 xufyg 环氧树脂体系,所用增强材料主要以玻璃布为主,基本性能见表 2-23[11]。

表 2 – 21　LT 系列低温固化复合材料基本性能

项　目	测试条件	LT – 01 /T300B	LT – 03A /T700SC	LTM45 – 1 /T300B[①]	3234 /T300B[②]	5405 /T300B[③]
0°拉伸强度/MPa	RT（干态）	1356	2417	1338	1530	1660
0°拉伸模量/GPa	RT（干态）	130	131	128	128	135
90°拉伸强度/MPa	RT（干态）	49	50.9	37.5	—	75
90°拉伸模量/GPa	RT（干态）	7.9	8.75	7.79	—	8.1
弯曲强度/MPa	RT（干态）	1427	1508	1326	1620	1750
	80℃（干态）	—	1310	—	—	—
	80℃（湿态）[④]	—	975	—	—	—
	130℃（干态）	1101	—	—	—	1250
	130℃（湿态）	913	—	—	—	—
弯曲模量/GPa	RT（干态）	111	126	101.2	116	120
	80℃（干态）	—	111	—	—	—
	80℃（湿态）	—	105.6	—	—	—
	130℃（干态）	110	—	—	—	117
	130℃（湿态）	114	—	—	—	—
短梁剪切强度/MPa	RT（干态）	89	80.0	78.8	86	97
	80℃（干态）	—	72.2	—	—	—
	80℃（湿态）	—	48.1	—	—	—
	130℃（干态）	58	—	—	—	64.2
	130℃（湿态）	44.9	—	—	—	—
0°压缩强度/MPa	RT（干态）	1226	1210	940	1060	1033
0°压缩模量/GPa	RT（干态）	127	120	111	131	136
90°压缩强度/MPa	RT（干态）	196	178	188	198	170
90°压缩模量/GPa	RT（干态）	8.1	9.23	8.32	11.0	8.1
面内剪切强度/MPa	RT（干态）	79	105	67.4	114	140
面内剪切模量/GPa	RT（干态）	3.90	3.99	3.79	4.3	4.1
孔板拉伸强度/MPa	RT（干态）	252	—	—	—	286
孔板压缩强度/MPa	RT（干态）	303	—	—	230	293
长期使用温度/℃	—	130	80	120	80	130

①LTM45 – 1 为 ACG 研制材料体系；②3234 是综合性能优良的中温树脂体系；③5405 为高性能双马来酰亚胺树脂；④湿态试样为 95℃～100℃水煮 48h

表 2 – 22　模具用 LT – 02 低温固化复合材料基本性能

项　目	测试条件	LT – 02/G814NT	LT – 02/EW220
拉伸强度/MPa	RT	465	412
	150℃	405	316
拉伸弹性模量/GPa	RT	54.7	21.2
	150℃	52.4	17.8
压缩强度/MPa	RT	312	255
	150℃	214	150
压缩弹性模量/GPa	RT	49.9	20.3
	150℃	45.8	17.7
弯曲强度/MPa	RT	650	255
	150℃	400	150
弯曲弹性模量/GPa	RT	46.5	20.3
	150℃	42.7	17.7
层间剪切强度/MPa	RT	44.5	40.8
	150℃	27.0	23.3

表 2 – 23　xufyg/EW360 复合材料主要力学性能

性　能	典型值	性　能	典型值
拉伸强度/MPa	409	弯曲模量/GPa	27
拉伸模量/GPa	27	短梁剪切强度/MPa	35
弯曲强度/MPa	389		

2. 低温固化复合材料性能稳定性

ACG 公司采用热循环技术考核了低温固化复合材料层间剪切强度(ILSS)的保持率和微裂纹产生等,见表 2 – 24。结果表明,经过 575 次热循环后,各材料体系都保持了较高的 ILSS 性能保持率,但不同增强材料对复合材料体系热循环后微裂纹的产生具有不同的影响,LTM12/CF0100 体系在经过 575 次热循环后没有产生微裂纹,但 LTM12/CF0300 体系在经过 200 次热循环后开始产生微裂纹,但前者的 ILSS 却低于后者。XLTM212/CF0100 低温固化复合材料体系在经过 575 次热循环后也没有产生微裂纹。

表 2−24　热循环对低温固化复合材料性能的影响

体　系	热循环次数[①]	ILSS/MPa	微裂纹
LTM12/CF0300	0	64.3	无
	50	54.1	无
	100	59.1	无
	200	56.2	微细裂纹
	350	52.7	多裂纹
	575	51.7	很明显
LTM12/CF0100	0	44.4	无
	50	39.9	无
	100	39.7	无
	200	39.3	无
	350	39.9	无
	575	36.6	无
XLTM212/CF0100	0	44.6	无
	50	39.0	无
	100	37.6	无
	200	40.9	无
	350	40.6	无
	575	38.3	无
LTM217/CF0100	0	52.4	无
	50	48.0	无
	100	37.8	无
	200	44.6	无
	350	40.0	无
	575	43.2	无

①单热循环:室温迅速升温到200℃保留15min,然后冷却到60℃

表 2 - 25 为 xufyg/玻璃布复合材料在 180℃/72h 热老化前后的室温弯曲性能。结果表明,未经老化处理复合材料 180℃弯曲强度和弯曲模量比室温相应性能降低 18%和 14%,老化后,由于复合材料固化进一步完善,弯曲强度明显提高,弯曲模量基本保持不变。

表 2 - 25　xufyg/玻璃布层合板的高温与老化弯曲性能[11]

性　能	测试条件	老 化 前	老 化 后
弯曲强度/MPa	室温	389	515
	180℃	320	—
弯曲模量/GPa	室温	27.5	27.7
	180℃	23.7	—

3. 低温固化复合材料尺寸稳定性

低温固化复合材料的一个重要应用方向是尺寸精度要求较高的领域,如复合材料模具和工装、电子和航天领域等。

热固性树脂在固化过程和使用过程中,由于树脂的交联和温度的变化等原因都会产生体积收缩。树脂的固化过程中的体积收缩会在复合材料内部形成内应力。树脂基复合材料中内应力的存在,有可能使材料内部出现裂纹和损伤进而影响材料的性能,以及使材料产生变形。和高温固化复合材料相比,低温固化复合材料固化收缩率低。一般来说,材料的体积变化与材料内部分子的堆砌情况有关,而分子的堆砌情况与温度有密切的关系,当固化温度较高时,分子链倾向于自由排列和堆砌,体积收缩较大,从而引起材料的变形较大。而对于低温固化复合材料,分子链在低温下的分子骨架刚性较大,阻碍分子链的运动,并且其固化后生成交联网状结构,难以进行进一步的收缩,因此低温固化树脂体系具有较低的体积收缩,因此有利于复合材料体系保持较高的尺寸精度。

复合材料的尺寸稳定性研究较多,通常是通过采用制备特定形状(如 C 形、L 形和 Ⅱ 形等)的复合材料构件来考察其变形情况。Cytec Fiberite 公司采用低温固化 Cycom® X99/HTA 和高温固化环氧 Cycom® 977 - 2/HTA 预浸料制备了相同尺寸的复合材料 C 形件(见图 2 - 8),并对 C 形件的回弹变形进行了比较分析。具体制备工艺见表 2 - 26。对回弹角进行测量(测量间距为 125mm)的结果见表 2 - 27。

铺层：[45/0/-45/90]₄ₛ 尺寸：290mm×200mm 厚度：8.41mm

铺层：$[45/0/-45/90]_{4S}$
尺寸：290mm×200mm
厚度：8.41mm

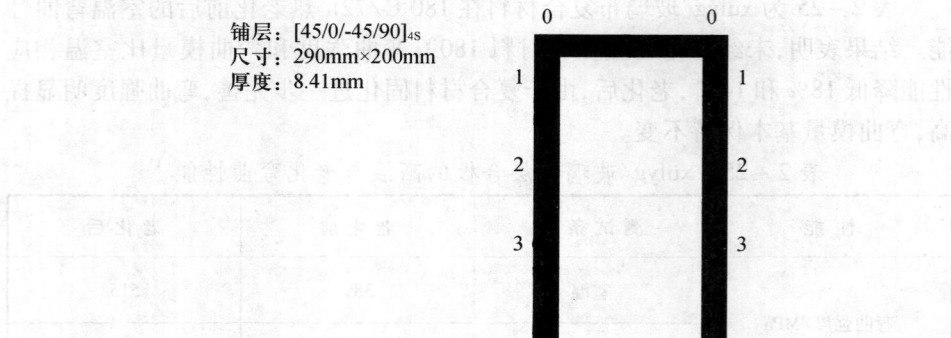

图 2-8 尺寸稳定性评定 C 形件

表 2-26 复合材料 C 形件的热压罐制备工艺

体系	Cycom® X99/HTA	Cycom® 977-2/HTA
制备工艺	以 1℃/min 升温速率升到 85℃保温 14h,然后以 1℃/min 冷却速率冷却到室温; 以 2℃/min 升温速率升到 60℃,然后 0.2℃/min 升温速率升到 180℃保温 2h;然后以 3℃/min 冷却速率冷却到室温	以 1.5℃/min 升温速率升到 180℃保温 2h;然后以 1.5℃/min 冷却速率冷却到室温

表 2-27 复合材料 C 形件的回弹角

位 置	Cycom® 977-2/HTA	Cycom® X99/HTA 后处理前	Cycom® X99/HTA 后处理后
回弹角 1-1	-1.51	-0.64	-0.47
回弹角 2-2	-3.27	-1.34	-1.00
回弹角 3-3	-4.98	-1.97	-1.54

与 Cycom® 977-2/HTA 构件比较,Cycom® X99/HTA 低温固化复合材料 C 形件的回弹角明显较小,说明低温固化复合材料比高温固化复合材料具有更高的尺寸稳定性。

表 2-28 为采用 xufyg/玻璃布和 LTM/玻璃布制备的 C 形与 Ⅱ 形薄壁复合材料制件(壁厚小于 2mm)在处理过程中尺寸的变化。研究结果表明,采用 xufyg/玻璃布预浸料,如果以对称铺层方式制造复合材料并在低于 80℃的温度下加压固化,则在脱模后的固化过程中,制件的尺寸稳定性可类似于 ACG 公司 LTM 预浸料在相同条件下成形的复合材料制件。

表 2-28　复合材料制件在热处理过程中的尺寸稳定性

制件形状	材料与铺层	平均尺寸变化率/%							
		75℃/2h	80℃/2h	100℃/2h	120℃/2h	140℃/2h	160℃/2h	180℃/2h	200℃/2h
C 形件	Xufyg/平纹玻璃布单向铺层	-0.2	-0.2	-0.15	-0.29	-0.15	-0.2	0.2	—
	LTM/缎纹玻璃布对称铺层	-1.0	-1.0	-0.8	-1.0	-0.9	-0.9	-0.8	
Ⅱ 形件	Xufyg/平纹玻璃布单向铺层	-3.9	-5.4	-6.2	-7.0	-7.8	-7.4	-3.9	-2.9
	Xufyg/平纹玻璃布对称铺层	-0.98	-0.98	-0.98	-0.49			0.19	
	LTM/缎纹玻璃布对称铺层	-0.98	-0.98	-0.98	-0.59	0	0	0.49	

2.3　耐高温低温固化复合材料

2.3.1　低温固化聚酰亚胺复合材料

聚酰亚胺复合材料的固化温度往往较高,一般在300℃以上[14]。近期,Cytec 公司报道其成功发展了可以在 177℃固化,经过自由状态后处理后,使用温度可以在 288℃~343℃使用的低温固化聚酰亚胺 Cycom® 3002 预浸料体系,预浸料体系黏性和铺覆性优异,增强材料包括玻璃布、石英布以及碳布等,玻璃纤维和石英纤维增强材料体系具有优异的介电性能,广泛应用于天线和雷达罩等结构。碳纤维增强复合材料体系应用于航空发动机零部件领域。Cycom® 3002 预浸料体系的标准固化工艺如下:

固化工艺:升温速率 0.6℃/min 至 132℃/2h,施加压力 0.3MPa,以升温速率 1.7℃/min 继续升温至 177℃/1h;

后处理工艺:177℃/1h + 204℃/2h + 232℃/2h + 260℃/2h + 288℃/2h + 316℃/2h。该材料体系同时适用于真空压力固化工艺。Cycom® 3002 聚酰亚胺体系基本性能见表 2-29。

表 2 - 29　Cycom® 3002 聚酰亚胺体系基本性能

项　目	织 物 类 型		
增强材料类型	7781E 玻璃布	7781E 玻璃布	581 石英布
方向	经向	经向	经向
固化温度/℃ 和时间/h	177/2	177/2	177/2
固化压力/MPa	真空(0.09)	热压罐 0.4	真空(0.09)
升温速率/℃·min⁻¹	0.6~1.7	0.6~1.7	0.6~1.7
单层压厚/mm	0.203	0.191	0.267
密度/g·cm⁻³	1.97	1.97	1.62
树脂质量含量/%（归一化后）	21.0	20.5	24.8
弯曲强度/MPa			
RT	483	517	483
288℃	414	—	372
316℃	—	372	—
弯曲模量/GPa			
RT	26	27	24
288℃	23	—	24
316℃	—	24	—
拉伸强度/MPa			
RT	372	407	303
288℃	366	393	—
拉伸模量/GPa(RT)	26	26	23
压缩强度/MPa			
RT	483	—	400
288℃	290	—	303
压缩模量/GPa	—		
RT			24
288℃			23

项　目	织　物　类　型		
压缩层间剪切强度/MPa	—	—	—
RT	62	—	—
288℃	41	—	—
拉伸层间剪切强度/MPa	—	—	—
RT	26	—	—
288℃	21	—	—
短梁剪切强度/MPa			
RT		48	41
288℃			30
316℃		23	
介电常数(10GHz)	4.8052	3.4000	
介电损耗(10GHz)	0.0006	0.0004	

为了降低聚酰亚胺复合材料的固化温度,Gulf Oil 公司研制了牌号为 Thermid 600 的乙炔封端聚酰亚胺,树脂化学结构见图 2-9。Thermid 600 树脂基复合材料可以在较低的温度下固化,具有较好的力学性能,长期使用温度达到 288℃。存在的问题是工艺性差,树脂溶解性不好,凝胶时间短,固化工艺窗口窄。

为了改善复合材料的工艺性,采取的措施之一是引入异酰亚胺结构,商业化的树脂牌号为 Thermid IP-600,分子结构如图 2-10 所示。Thermid IP-600 与 Thermid 600 树脂性能的对比分析表明,与酰亚胺结构相比,异酰亚胺结构不仅能提高树脂低聚物在溶剂中的溶解性,而且还使树脂低聚物具有更低的熔融温度和更低的熔体黏度,树脂的工艺窗口可以增加到约 30min,但对于大型或复杂的复合材料制件其工艺窗口仍然不够。

为了进一步改善乙炔封端聚酰亚胺树脂和复合材料的工艺性与耐热性能,北京航空材料研究院设计合成了以非对称联苯二酐和非对称二胺为单体的异酰亚胺低聚物 LH300,分子结构如图 2-11 所示。LH300 树脂在 N-甲基吡咯烷酮、四氢呋喃、丙酮中都具有良好的溶解性,树脂低聚物熔融温度为 120℃,120℃时的熔体黏度为 2000mPa·s,固化温度为 200℃,工艺性较 Thermid IP-600 乙炔封端聚酰亚胺有进一步的改善[15]。

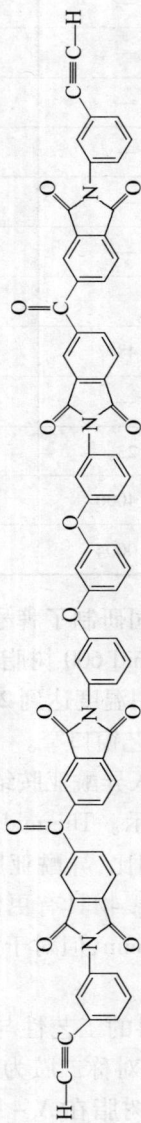

图2-9 Thermid 600树脂低聚物分子结构

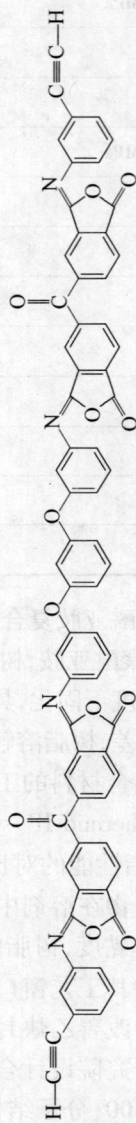

图2-10 Thermid IP-600树脂低聚物分子结构

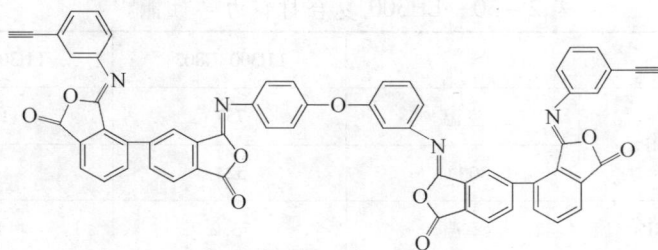

图 2 – 11　LH300 树脂低聚物分子结构

图 2 – 12 是 LH300 树脂固化物分别在氮气和空气中的热失重试验结果,由图 2 – 12 中可以看到树脂固化物在氮气中达到 5% 失重时的温度在 460℃ 以上,而在空气中失重达到 5% 的温度在 450℃ 以上,表明 LH300 乙炔封端聚异酰亚胺树脂体系具有良好的耐热性和高温稳定性。

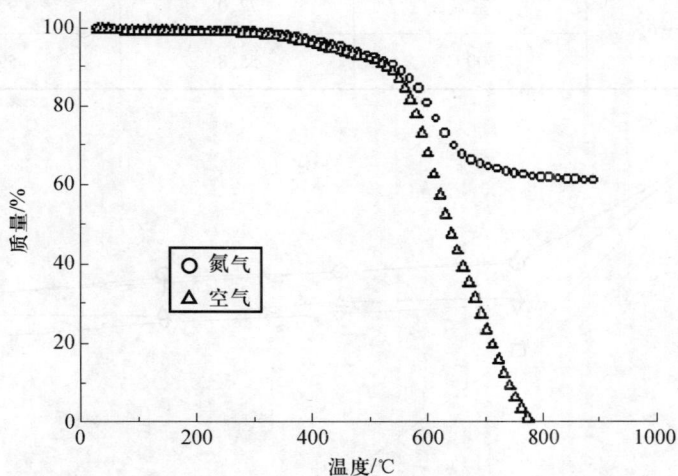

图 2 – 12　LH300 树脂固化物的 TGA 曲线

以 G803 和 G827 碳布作为增强材料,分别制备了 LH300/G803 和 LH300/G827 复合材料,复合材料在 200℃ 预固化,经 300℃ 后处理后玻璃化转变温度为 358℃,力学性能优异(见表 2 – 30)。为考察复合材料的热老化性能,测试了树脂、纤维和复合材料在 300℃ 空气中老化 100h 后的失重,结果如图 2 – 13 所示。由图 2 – 13 可以看到,LH300 树脂粉末在老化过程中失重呈现平缓和连续的变化,老化 100h 后失重达到 4%,而 LH300/G803 和 LH300/G827 两种复合材料的失重则较小,300℃ 老化 100h 后失重分别为 1.24% 和 1.26%,说明复合材料具有良好的高温稳定性。

表 2 – 30　LH300 复合材料力学性能[17]

项　目		LH300/G803	LH300/G827
纵向拉伸强度/MPa	室温	757	1400
	300℃	524	—
纵向拉伸模量/GPa	室温	73.2	113
弯曲强度/MPa	室温	739	1280
	300℃	584	956
弯曲模量/GPa	室温	40.3	91.5
	300℃	41.1	89.1
层间剪切强度/MPa	室温	72.0	93.8
	300℃	55.8	59.8

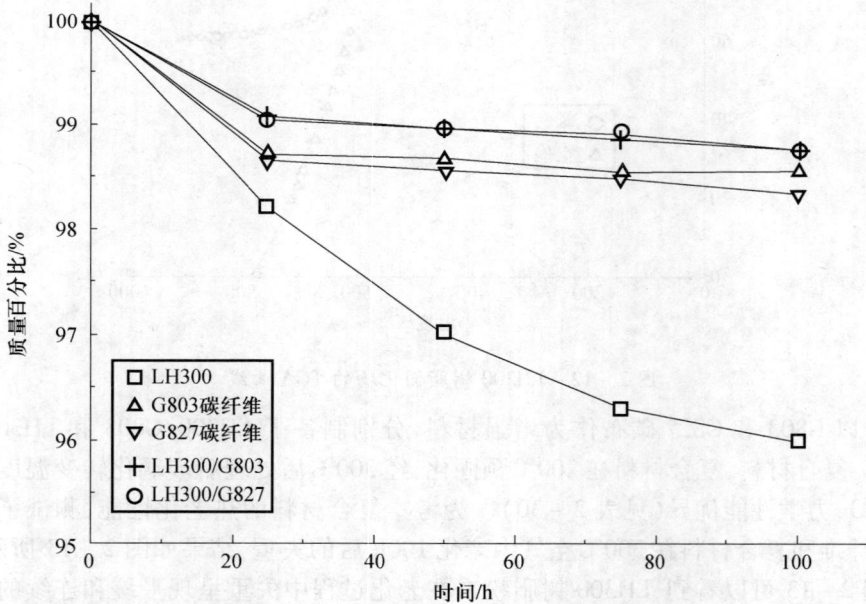

图 2 – 13　LH300 复合材料及各组元在 300℃ 空气中老化失重

2.3.2 其他低温固化复合材料体系

其他低温固化复合材料体系见表 2-31

表 2-31 其他低温固化复合材料体系

牌 号	典型固化工艺	使用温度或 T_g	类型	用 途	研制单位
LTM110	固化:70℃/16h ~ 80℃/16h	$T_g = 240℃$	氰酸酯	雷达、天线罩	ACG
LTM123	固化:80℃/16h	$T_g = 240℃$	氰酸酯	雷达、天线罩、结构件	ACG
HLT 系列	60℃ ~ 70℃	—	聚杂环芳炔	航天结构件	华东理工大学
注:FRB 代表具有阻燃特性					

除环氧和聚酰亚胺树脂体系外,国际上也不断发展其他类型的低温固化高温使用材料体系(见表 2-31),如氰酸酯树脂等,并不断得到应用。ACG 发展了低温固化氰酸酯及其复合材料,如 LTM100 系列(LTM110 和 LTM123)。LTM100 的固化温度为 80℃左右,最高干态使用温度为 240℃左右。LTM123 氰酸酯树脂的基本特征如下[17]:

(1) 初始固化温度在 70℃ ~ 135℃之间;

(2) 后处理温度可以达到 240℃,玻璃化温度可以在 90℃ ~ 240℃之间变化;

(3) 吸湿率低,湿膨胀系数低于环氧和高温固化氰酸酯体系;

(4) 适于热熔法和各类单向及织物增强体复合制备预浸料;

(5) LTM123/M55J 结构碳纤维预浸料由于具有热膨胀系数极小、模量高、变形小,优异的尺寸稳定性,适用于低成本卫星结构、空天照相机结构等。

华东理工大学利用叠氮化合物与炔基化合物在低温下可发生 1,3 - 偶极环加成反应来设计聚合反应,使合成的树脂可在 60℃ ~ 80℃发生聚合和固化,制备了一类玻璃化转变温度达到 250℃的聚三唑树脂及其复合材料[17,18]。

聚三唑树脂在主链结构中引入刚性的芳香环,并与反应生成的三唑环匹配,以及使用平均官能度大于 2 的单体体系制备树脂,提高树脂体系的交联密度,提高了树脂的耐热性;在芳环和三唑环之间引入亚甲基等柔性基团,使制备的树脂具有良好的可加工性能,同时使固化树脂具有良好的力学性能。聚三唑树脂主要结构见图 2-14。

聚三唑树脂及其复合材料可以在 60℃固化,依据分子结构的不同,玻璃化转变温度最高可以达到 250℃以上,并且具有优异的力学性能。聚三唑树脂及其复合材料的主要性能列于表 2-32。

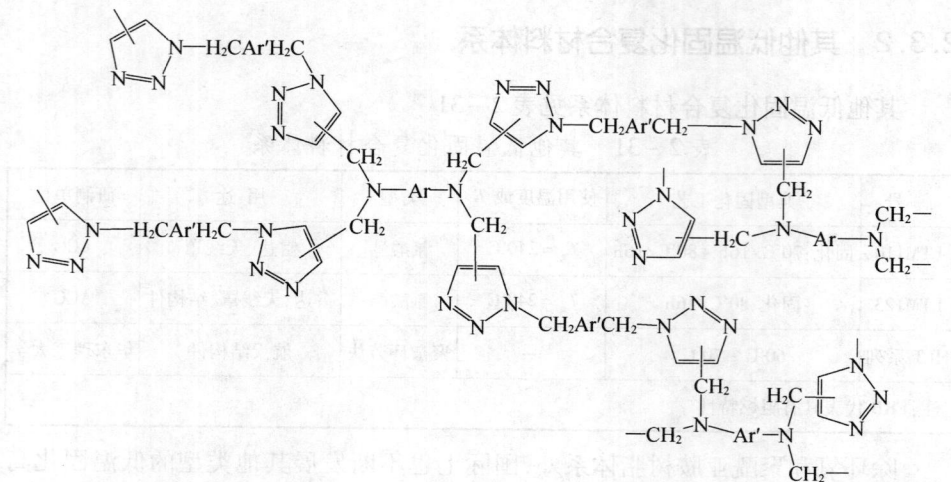

图 2-14 聚三唑树脂主要分子结构

表 2-32 聚三唑树脂及其复合材料的性能

	聚三唑(1)	聚三唑 1/T700	聚三唑(2)	聚三唑 2/T700
拉伸强度/MPa	99.0	—	93.7	—
拉伸模量/GPa	3.60	—	3.53	—
断裂伸长率/%	3.49		4.10	
弯曲强度/MPa	200	2083	172	1890
弯曲模量/GPa	3.20	138	3.18	136
层间剪切强度/MPa		72.7		72.5
玻璃化转变温度/℃； （DMA,拉伸模式）	218		250	
热分解温度 T_d5/℃	350	—	350	—

在双马来酰亚胺树脂的低温固化方面,我国有多家单位开展了相关研究[19-21]。西北工业大学的王汝敏等通过添加引发剂有效地降低双马来酰亚胺树脂的固化温度,经 120℃/8h + 140℃/2h + 160℃/2h 固化后树脂的热变形温度为 266℃,再经 180℃/8h 的后处理,热变形温度达到 300℃。但是材料体系离工程应用还有一定的距离。四川大学张敏等研制出缠绕用低温

固化双马来酰亚胺树脂体系,主要采用乙烯基卞基化合物改性双马来酰亚胺体系中添加烯丙基苯酚活性稀释剂,得到的低温固化双马来酰亚胺树脂体系黏度小于 1000mPa·s,适用期 8h,150℃~155℃可以完成固化。树脂浇铸体的拉伸强度和弯曲强度分别达到 73MPa 和 133MPa。但目前低温固化双马来酰亚胺复合材料存在后处理温度较高等问题没有解决,并缺乏相关应用考核研究。

2.4 低温固化复合材料的应用[1,22,23]

低温固化复合材料从 20 世纪 80 年代开始得到了推广应用,最初主要应用于复合材料工装和汽车领域,90 年代早期,低温固化复合材料开始应用于航空结构件。1996 年,NASA 和麦道公司采用 LTM10 低温固化复合材料制造了 X-36 无人战斗机蒙皮(图 2-15(a))。1998 年,AWV 采用 LTM45 低温固化复合材料研制了 X-34 的机翼(图 2-15(b)),机翼长度 8.5m 左右,构件面积超过 20m²,质量达到 680kg。

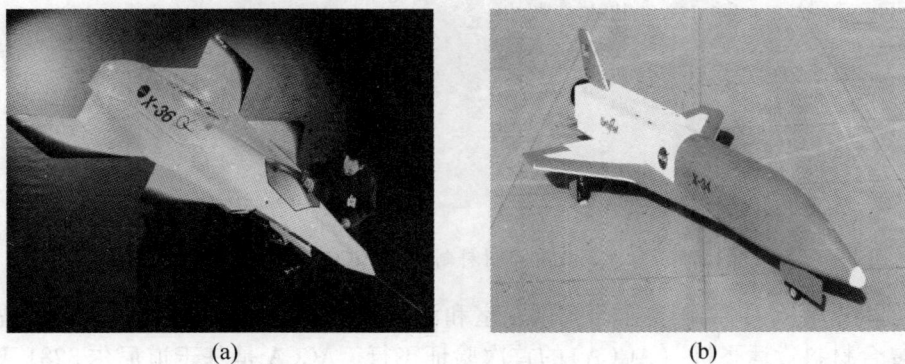

(a)   (b)

图 2-15 低温固化复合材料 X-36 机身蒙皮和 X-34 机翼
(a) X-36; (b) X-34。

SCHIEBEL 公司分别采用 MTM49 和 LTM212 低温固化复合材料制造了 COMCOPTERS-100 UAV 的机身蒙皮和复合材料成形模具。AESIR 公司使用 MTM28 中低温固化复合材料制备该公司的 ODIN、HODER 和 VIDAR 等垂直起落(VTOL)UAV 的机身(见图 2-16)。美国加州的 SWIFT Engineering Inc 采用 LTM12 低温固化复合材料制备 KILLER BEE 和 FIRE SCOUT UAV 构件(见图 2-17)。

图 2 - 16　采用 MTM28 中低温固化复合材料制备的垂直起降 UAV 机身

图 2 - 17　采用 LTM12 低温固化复合材料制备 COMCOPTERS - 100 UAV 机身蒙皮

　　2009 年 6 月,美国空军研究试验室和洛克希德・马丁公司联合完成了"先进复合材料货运飞机"(ACCA)的首次验证飞行。ACCA 是基于道尼尔 328J 飞机经过升级改造而来,其主要变化包括采用先进低温固化复合材料制造机身尾段和垂尾(见图 2 - 18)。道尼尔 328J 原本有 3000 个金属零件和 30000 个紧固件,洛克希德・马丁公司在 ACCA 上减少了近 90%,只用了 300 个金属零件和不到 4000 个紧固件。如果这项计划能达到预期目标,将可能在未来 10 年内对航空制造业产生革命性影响。

　　国内低温固化复合材料在航空航天领域也已经逐渐得到推广应用。LT - 01 系列低温固化复合材料已经用于大型飞机复合材料腹鳍(见图 2 - 19)、歼击机 S 形蒙皮、卫星百叶窗和反射镜等,LT - 03A 低温固化复合材料已经应用于直升机和无人机构件(见图 2 - 20)。和采用中温固化复合材料相比,低温固化复合材料腹鳍制造成本降低26%,低温固化无人机复合材料副翼制造成本降低42%。LT-02低温固化模具材料成功应用于高结构效率的新型复合材料模具结构,成功制备了刚度高、重量轻的无人机复合材料机翼盒段成形模具。

图2-18 采用低温固化复合材料机身尾段和垂尾的货运飞机

图2-19 采用低温固化复合材料制造的大型预警机复合材料腹鳍

图2-20 LT-03A低温固化复合材料无人机机翼(长10.5m)

低温固化LTM123氰酸酯树脂基复合材料,已被指定应用于英国火星登陆者项目(Mars Lander Programme)。聚酰亚胺Cycom® 3002低温固化预浸料体系的增强材料包括玻璃布、石英布以及碳布等,玻璃纤维和石英纤维增强材料体系由于介电性能优异,广泛应用于天线和雷达罩等结构。由于耐热性能优异,该材料体系也同时应用于航空发动机零部件领域,如消声罩(hush kits)、绝缘舱壁(insulating bulkheads)、推力反向器(thrust reversers)和进气道(inlet duct)。

除了航空航天复合材料结构件和模具构件外,低温固化复合材料在汽车和舰船等领域也得到较广泛应用。限量版福特MUSTANG汽车50%的外部和内部结构采用低温固化LTM26EL预浸料制造(见图2-21),包括引擎盖、前格栅板、前后底裙、后尾灯板、顶部侧板等。LTM26EL预浸料适用期为1周,固化温度为65℃,经后处理后最高使用温度为115℃(干态)和90℃(湿态)。LTM26系列预浸料也应用许多其他车型,如LTM26ELB应用于轻质2座车的车体等结构。

VTM260系列预浸料可在65℃~120℃真空压力固化,预浸料中树脂处于半浸润状态,黏性适中,手工可操作性优异,制造成本低廉,被RIBA、C-QUIP国际公司、JEREMY ROGERS游艇公司、TREND海上用品公司等多家单位应用于制备海上游艇、梯子、桅杆、壳体等多种结构,应用十分广泛。如ERICSSON 3和ERICSSON 4赛艇以及IRC60轻舟就是采用VTM264预浸料制备桅杆、船体和甲板。VTM267FRB和VTM264FRB具有阻燃功能,VTM267FRB已经得到许可应用于搜救工作飞行器结构中,VTM264FRB已经应用于汽车尤其是赛车结构。另外,高性能风力发电机叶片、赛艇、救生艇、火车零部件等采用了低温固化复合材料体系。低温固化复合材料的主要应用情况见表2-33。

图 2-21 MUSTANG 汽车的主要结构采用 LTM26 系列预浸料制备

表 2-33 低温固化复合材料主要应用情况

体 系	应用方向或部件
LTM10	摩托赛车构件,Rapier 导弹结构,Martin Baker 弹射座椅,天线罩,工装材料,Astroquartz Ⅲ/LTM10 F15A 前缘,各种"黑洞"应用,X36 UAV 外蒙皮等,航天飞机内部结构
LTM12/LTM16/LTM212	工装材料的大量应用
LTM23 系列	样机、低成本结构件、舰船修补
LTM25	高空 UAV - 设计数据库建成
LTM26 系列	轻质飞行器、UAV、汽车、阻燃低烟领域,如 LTM26EL 应用于汽车结构引擎盖、前格栅板、前后底裙、后尾灯板、顶部侧板和车体结构等
LTM45 系列(LTM® 45,LTM® 45EL,LTM® 45-1)	Dark Star Tier Ⅲ UAV 构件,各种"黑洞"应用,工装材料,复合材料样机构件,X-34 项目选用,Delta 3 Lanuch Vechile - 结构,L-8 教练机机翼
VTF 系列	舰船、大型结构、壳体及外部装饰结构以及高温阻燃结构等
VTM® 260 系列	舰船、汽车和其他工业领域的大型构件,如桅杆、船体和甲板等舰船结构
VTM® 240 系列	雷达天线结构,舰船、汽车和其他工业领域的大型构件
MTM 系列(MTM® 45-1,MTM® 49,MTM® 28)	SpaceShip2 样机和白色骑士构件、UVA 构件、样机承力件等
LTM® 110	航空航天器内部装备,雷达罩,导弹

69

体　系	应用方向或部件
LTM® 123	高稳定性航空航天构件，雷达罩，英国火星登陆者项目（Mars Lander Programme）
Cycom® 3002	天线、雷达罩、航空发动机零部件等
LT－01	飞机复合材料腹鳍，翼身蒙皮，卫星反射镜，卫星百叶窗
LT－02	复合材料模具
LT－03A	直升机构件、无人机机翼等

2.5　结束语

概括起来，国内低温固化复合材料已经有相当的基础，发展了环氧、双马来酰亚胺、聚酰亚胺等低温固化高温使用材料体系。国内在航空结构领域的应用方面做了许多创新性的研究工作，获得了重要研究结果。国内有多家高校如西北工业大学、四川大学、浙江大学等研究了低温固化高温使用双马来酰亚胺树脂及复合材料，但缺乏应用，国外对低温固化树脂体系的研究很少。国内在新型低温固化树脂的研制方面做了许多创新性的研究工作，如华东理工大学成功研制出低温固化聚三唑类等杂环聚芳炔复合材料，并已经在航天复合材料结构中得到考核和应用。

低温固化高性能复合材料技术具有许多优点：

（1）制备构件时可以使用低成本工装模具；

（2）适于制备大尺寸复合材料构件，尤其是低温真空压力成形体系，无需使用热压罐，复合材料构件的尺寸可以不受限热压罐的大小；

（3）固化温度低，复合材料构件尺寸变形小，可明显提高复合材料构件的尺寸精度；

（4）低能耗。

由于固化温度低，尤其是低温真空压力成形复合材料，不使用热压罐，能耗降低。但是，低温固化复合材料技术也存在许多方面有待改进：

（1）使用预浸料时，材料成本仍偏高；

（2）固化时间偏长，有的体系初始固化和后固化需要 10h～20h 的时间，并且往往需要后处理，仍有较大能耗，生产效率降低；

（3）相对于热压罐成形复合材料体系，材料体系的力学性能仍相对偏低，有待进一步提高,品种有待于进一步完善。

低温固化高性能复合材料在军民两用领域具有良好的应用前景。低温固化高性能复合材料技术进一步的发展方向:

(1)加强已有低温固化高性能环氧复合材料的扩大应用,充分发挥低温固化高性能环氧复合材料的性能优势和成本优势,加强其在无人机、直升机、通用飞机以及汽车和舰船领域的应用;

(2)除低温固化高性能环氧复合材料外,重点发展低温固化耐高温复合材料及其应用技术,扩大低温固化复合材料的应用领域,实现低温固化耐高温复合材料在航空发动机等领域的应用,提高耐高温复合材料的应用效能;

(3)进一步提高低温固化复合材料的性能以及发展和低成本制造技术相匹配的低温固化复合材料技术,进一步提高低温固化高性能复合材料的应用效果。

参 考 文 献

[1] 陈祥宝,等.先进复合材料低成本技术.北京:化学工业出版社,2004.

[2] Chris Ridgard. 45th International SAMPE Symposium , May 21 – 25, 2000:1353 – 1367.

[3] Jackson K. 43rd International SAMPE Symposium,May 31 – June 4, 1998: 1 – 8.

[4] 陈连喜,张惠玲,雷加珩. 环氧树脂潜伏性固化剂研究进展.化工新型材料,2004, 32(7):29 – 32.

[5] 徐武,王煊军,刘祥萱. 潜伏性环氧固化剂研究进展.粘结,2006,27(6):26 – 28,52.

[6] 潘煜怡. 咪唑类环氧树脂固化剂的改性方法及其应用[J]. 热固性树脂,2001,16(4):21 – 24.

[7] Chen C S and Eli M P. The boron trifluoride monoethyl amine complex cured epoxy resins[J]. Journal of Applied Polymer Science, 1989, 37: 1105 – 1124.

[8] 陈平,刘胜平. 环氧树脂[M]. 北京:化学工业出版社, 1997.

[9] 胡玉明,吴良义. 固化剂.北京:化学工业出版社,2004.

[10] Guo Feng Xu, Linas Repeka, Jack Boyd. International SAMPE Symposium, 1998, 43: 9 – 19.

[11] 汪少敏,过梅丽,殷立新,等. LTM 树脂及其复合材料的初步研究.复合材料学报,2002, 19(2): 28 – 32.

[12] Throfinnson B. 31th International SAMPE Symposium, 1986, 31: 480 – 487.

[13] Linas R , Jack B. Vacuum bag only curable prepregs that produce void free parts. 47th International SAMPE Symposium, 2002,47: 1862 – 1875.

[14] 丁孟贤,何天白.聚酰亚胺新材料.北京:科学出版社.1998.

[15] 陈祥宝,张宝艳,李斌太. 低温固化高性能复合材料技术. 材料工程.2011,(1): 1 – 6.

[16] David Bashford. Proceeding of the European Conference on spacecraft structures. Noordwijk, Netherland, December 2000,121 – 123.

[17] Xiaofei Wang, Zhanfeng Zhao, Jianjun Tian, Liqiang Wan, Yanhong Hu. Farong Huang and Lei Du, Synthesis and Characterization of a New Polytriazole Resin Derived from N, N – Dipropargyl – p – proparg-

yloxyaniline, Polymer Journal, 2009, 41(6): 498 – 502.

[18] 黄发荣, 周燕. 先进树脂基复合材料. 北京: 化学工业出版社, 2008.

[19] 张敏, 杨洋, 雷毅. 缠绕用无溶剂低温固化双马来酰亚胺树脂体系. 热固性树脂, 2007, 22 (1): 1 – 4.

[20] 高艳, 王汝敏, 杨志刚, 等. 低温固化改性 BMI 树脂基体动力学研究. 中国胶黏剂, 2009, 18 (1): 1 – 5.

[21] AIJUAN GU. Novel high performance RTM bismaleimide resin with low cure temperature for advanced composites. Polymers for Advanced Technologies, 2005, 16: 563 – 566.

[22] Advanced Composite Group. General Product Select Guide [R]. Derbyshirle: Advanced Composite Group, 2010.

[23] Advanced Composite Group. Technology centre report [R]. Derbyshirle: Advanced Composite Group, 2009.

第3章 复合材料固化过程模拟与优化技术

3.1 概述

先进树脂基复合材料制造过程中的固化和温度历程决定了复合材料构件质量和性能。树脂基体的固化特性、树脂基体对纤维的浸润性、复合材料内部的残余应力、缺陷和性能等都与固化和温度历程密不可分[1-5]。复合材料制造过程固化模拟与优化技术是复合材料保证质量、提高性能和实现高效应用的关键技术。

固化度、固化速率、温度和固化时间等是复合材料制造过程中的重要参数，固化反应动力学反映上述各因素之间的关系，是复合材料制造过程固化模拟与优化的基础。尽管目前关于固化反应动力学的研究很多，研究的树脂基体包括环氧、双马来酰亚胺等多种树脂体系，并且已经建立了 n 级反应模型和自催化模型等多类固化反应动力学模型[6-13]。但由于树脂基体反应的复杂性，以及缺乏科学合理的验证手段，目前所建立的固化反应动力学模型，离在复合材料制造过程模拟与优化中应用尚有距离。

复合材料制造过程中内部温度分布主要取决于树脂基体的固化反应放热和材料的热传导等[14-16]。在复合材料固化过程中，向复合材料传热的速率和固化反应热产生的速率决定了材料内部的温度分布，进而影响复合材料的固化进程，决定了复合材料整体固化是否完全和均匀，是否会引起构件变形、内部分层以及烧焦损坏等。

树脂基复合材料在制造过程中固化工艺参数是否优化，对于复合材料的制造效率和性能都有很大的影响。在树脂基复合材料制造过程中，诸如复合材料固化是否完全，固化的均匀性如何，有的影响复合材料的性能，有的影响复合材料的制造周期和成本。如何优化其固化工艺参数是提高复合材料性能和制造效率的一个重要方面。由于树脂基复合材料制造工艺过程非常复杂，外部固化温度的变化，以及复合材料本身在发生固化反应时产生的化学反应热，会在复合材料内部产生非常复杂的温度场，而这种复杂的温度场又会影响到复合材料的固化程度和固化均匀性。目前树脂基复合材料制造工艺参数的优化主要通过实验来进行，由于实验优化的数量有限，影响因素又多，实际上只能得到一个初步的优化结果。

复合材料制造过程中固化过程和温度分布互相影响。固化过程的反应放热影响温度分布,同时不同的温度分布又影响固化反应速率。本章首先研究了复合材料树脂基体固化动力学,将固化反应热通过固化反应动力学方程引入热传导方程,模拟实际工艺条件,研究了温度分布的影响因素,建立了复合材料固化过程的温度分布模型,实现了复合材料制造过程固化程度和温度分布的模拟。然后以树脂基复合材料固化过程温度梯度和固化度为约束,通过对升温速率、保温时间和固化时间进行优化,获得优化的固化工艺参数。

3.2 复合材料固化反应动力学模型

3.2.1 固化反应动力学实验技术

差示扫描量热(DSC)技术是目前研究各种树脂基体固化反应动力学的最主要方法之一,主要是通过反应过程中反应热的变化情况获取树脂基体的反应历程[2,17-20]。本章主要采用 DSC 技术研究树脂基体的固化反应动力学,通过动态实验和恒温固化实验确定固化反应动力学参数。DSC 曲线反映固化反应放热速率 dH/dt 对温度 T 的关系,采用 DSC 技术进行固化反应动力学研究时,假定固化反应放出的热量正比于反应程度,DSC 的放热峰相当于反应热,在任何温度和时间下,峰左边的面积相应于已经反应了的物质。

树脂基体的反应程度用 α 来表示,基于树脂基体化学反应热对 α 进行定义。

树脂基体的固化度 α 定义为

$$\alpha = \frac{H(t)}{H_u} \tag{3-1}$$

式中:$H(t)$ 为从反应开始到某一时间 t 时放出的热量;H_u 是固化期间反应放出的最大或总热量。对于未固化材料 $\alpha = 0$,对于完全固化材料 $\alpha = 1$。方程(3-1)对时间进行微分得到:

$$\dot{H} = \frac{d\alpha}{dt} H_u = \frac{dH(t)}{dt} \tag{3-2}$$

式中:$d\alpha/dt$ 为反应或固化速率。忽略化学物种的扩散,若固化速率已知,则材料内任一点的固化度可以通过下式计算:

$$\alpha = \int_0^t \left(\frac{d\alpha}{dt}\right) dt \tag{3-3}$$

为了建立固化反应动力学模型,必须知道固化速率对温度和固化度的依赖性关系。将转化率 $d\alpha/dt$ 与反应程度函数 $f(\alpha)$ 联系起来的基本速率方程较多，对于非自催化反应常用的经验动力学模型（也称 n 级反应模型）为

$$\frac{d\alpha}{dt} = kf(\alpha) = k(1-\alpha)^n \qquad (3-4)$$

式中：k 为反应速率常数，遵循 Arrhenius 关系：

$$k = A\exp(-E/RT) \qquad (3-5)$$

式中：E 为表观活化能；R 为气体常数；T 为反应温度；A 为频率因子。

对于动态实验，反应速率可以表达为

$$\frac{d\alpha}{dt} = \frac{A}{\beta}f(\alpha)\exp(-E/RT) \qquad (3-6)$$

式中：A 为频率因数；β 为升温速率。

对于恒温实验，反应速率可以表达为

$$\frac{d\alpha}{dt} = Af(\alpha)\exp(-E/RT) \qquad (3-7)$$

对于多步反应，与转化率相关联的固化反应动力学模型可以与重量系数相联系，即

$$f(\alpha) = \sum y_i f_i(\alpha) \qquad (3-8)$$

J. M. Jenny 认为如下模型能更好地描述热固性树脂的固化行为

$$\frac{d\alpha}{dt} = A\exp(-E/RT)(\alpha_m - \alpha)^n \qquad (3-9)$$

其中 α_m 是一给定恒温温度下反应的最大固化度，其与恒温反应温度成线性关系：

$$\alpha_m = a + bT \qquad (3-10)$$

式中：T 为恒温反应温度；a 和 b 为常数。

考虑自催化行为，同时考虑到 n 级反应，J. M. Jenny 和 A. Moroni 等研究者认为 Kamal 的模型方程精确可靠：

$$\frac{d\alpha}{dt} = K\alpha^m(1-\alpha)^n \qquad (3-11)$$

式中：K 为反应速率常数，遵循 Arrhenius 关系；m 和 n 为反应级数。

目前针对环氧树脂基体和双马来酰亚胺树脂基体等已经提出了多种固化反应动力学模型，不同的树脂基体的固化反应动力学模型往往有所不同，但多数固化反应动力学模型是在上面提到的几种固化反应动力学方程的基础上改性得到。固化反应动力学方程各个参数也可通过各种不同的方法和途径获得。对国外各种研究结果总结分析表明，由于 Kamal 方程同时考虑了自催化行为和 n 级反应，更能准确地反映树脂基体的固化反应历程，因此选择的基础模型方程统一

为 Kamal 方程。

　　采用 DSC 技术对系列双马来酰亚胺树脂、环氧树脂（包括高、中、低温固化）基体进行了固化动力学研究。通过测定典型树脂基体的等温和动态固化反应曲线并选取 Kamal 方程为固化反应基础方程，在 Matlab 中编写对数据进行非线性拟合的程序对数据进行处理及分析，获取了固化反应动力学方程的各种参数，建立了固化反应动力学方程。通过采用实际固化工艺历程将样品固化到一定程度后测定剩余反应热获取固化度对获得的固化反应动力学方程进行验证。表3－1为 DSC 测试常用复合材料树脂基体的固化反应动力学的实验内容。

表 3－1　DSC 测试固化反应动力学实验设计

树脂基体	牌号	恒温测试条件	动态测试条件	备注
双马来酰亚胺树脂基体	5428	170℃,180℃,185℃,190℃,200℃,210℃,	2℃/min,3℃/min,5℃/min,10℃/min,15℃/min	韧性双马来酰亚胺
	5429		2℃/min,5℃/min,10℃/min,15℃/min,20℃/min	高韧性双马来酰亚胺
	5428B	170℃,180℃,190℃,210℃,220℃,230℃	2℃/min,3℃/min,5℃/min,10℃/min,15℃/min,20℃/min	高温双马来酰亚胺
	6421		2℃/min,5℃/min,10℃/min,15℃/min,20℃/min	RTM 双马来酰亚胺
中温环氧基体	3234	100℃,110℃,115℃;120℃,125℃	2℃/min,3℃/min,5℃/min,10℃/min,15℃/min	韧性环氧
	3266		2℃/min,3℃/min,5℃/min,10℃/min,15℃/min,20℃/min	韧性环氧
高温环氧基体	5228	150℃,160℃,170℃;180℃,190℃	2℃/min,5℃/min,10℃/min,15℃/min,20℃/min	韧性环氧
	5288		2℃/min,3℃/min,5℃/min,10℃/min,15℃/min,20℃/min	高韧性环氧
	5224		2℃/min,3℃/min,5℃/min,10℃/min,15℃/min,20℃/min	韧性环氧
低温固化环氧基体	LT－01		2℃/min,5℃/min,10℃/min,15℃/min,20℃/min	高温环氧
	LT－03		2℃/min,3℃/min,5℃/min,10℃/min,15℃/min	韧性环氧

3.2.2　固化反应动力学模型

1. 等温固化反应动力学模型

如前面所述,在等温固化反应过程中,某一时刻的固化度 α 由式(3-1)给出,固化反应速率 $d\alpha/dt$ 可表示如下:

$$d\alpha/dt = \frac{dH(t)}{dt}/H_u \qquad (3-12)$$

固化反应的总反应热 H_u 可由动态固化反应热求得,因为在动态固化反应中样品可达到完全固化。一般取不同升温速率下的动态固化反应热的平均值作为 H_u。固化反应过程可用 Kamal 模型方程来描述。

在等温固化反应过程中,随着固化反应的进行,反应由前阶段的化学控制过程转变为后阶段的分子扩散控制过程,这是因为在固化反应的后阶段树脂基体的玻璃化降低了分子的运动性,使在所设定的温度范围内,等温固化反应在结束时均不能达到完全固化。因此有必要引入最大固化度 $\alpha_{max} = H_T/H_u$。α_{max} 为温度 T 下等温固化反应的最大固化度,H_T 为温度 T 下等温固化反应热。相应的固化反应动力学模型方程应修正如下:

$$d\alpha/dt = k\alpha^m(\alpha_{max} - \alpha)^n \qquad (3-13)$$

α_{max} 可近似看作与温度 T 成线性关系。以 α 为自变量、$d\alpha/dt$ 为因变量对式(3-13)进行数学拟合,可得到各反应温度下参数 k、m 和 n 的值。由 Arrenihus 方程线性化得到 $\ln k = \ln A - E/RT$,以 $\ln k$ 对温度 T 作图得到一条直线,直线斜率为 $-E/R$,截距为 $\ln A$,由此求得反应活化能 E 和频率因子 A。反应级数 m 和 n 可近似看成与温度 T 成线性关系。由恒温实验获得的固化动力学方程见表3-2。

表 3-2　恒温固化反应动力学研究主要结果

体系	动力学方程
3234	$d\alpha/dt = 233500000e^{(-79500/RT)}\alpha^{0.0028T-0.4548}(0.01512T-5.164-\alpha)^{0.0121T-3.748}$
5228	$d\alpha/dt = 447e^{(-47660/RT)}\alpha^{2.919-0.00556T}(0.01416T-5.804-\alpha)^{0.00635T-2.0324}$

进一步实验验证表明,由恒温固化反应动力学方程计算得到的固化度与实测固化度有较大差异。这主要由于各树脂基体的复杂性和恒温实验的特殊性以及仪器本身的限制等原因,所有实验的双马来酰亚胺树脂基体以及部分中温固化和低温固化树脂基体很难全部采集到恒温实验反应放热量。以典型双马来酰亚胺树脂基体为例,其恒温 DSC 固化曲线见图 3-1,从恒温 DSC 固化曲线根本无法精确获取反应热与时间的关系,因而影响了固化反应动力学方程的准确性。

(a)

(b)

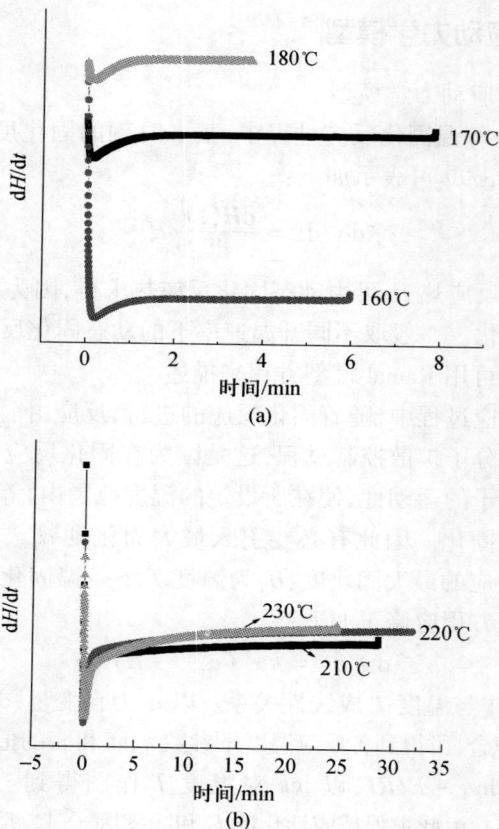

图 3 – 1　双马来酰亚胺树脂典型的恒温固化 DSC 曲线

2. 动态固化反应动力学模型

各树脂基体的动态 DSC 固化曲线见图 3 – 2。由于在动态固化反应中样品完全固化,因此由 Kamal 方程可得:

$$d\alpha/dt = k\alpha^m(1-\alpha)^n = Ae^{-E/RT}\alpha^m(1-\alpha)^n \qquad (3-14)$$

进一步变换为:

$$e^{E/RT}d\alpha/dt = A\alpha^m(1-\alpha)^n \qquad (3-15)$$

动态固化反应的活化能 E 可按 Kissinger 方法求得。以 α 为自变量, $e^{E/RT}$ $d\alpha/dt$ 为因变量对式 (3 – 15) 进行数学拟合可求得各个升温速率下的参数 A,m 和 n 的值。一般取平均值作为 A,m 和 n 的最终值。以 5428 双马来酰亚胺树脂体系为例,求取固化反应动力学参数的基本方法如下:

按 Kissinger 方法可以求得动态固化反应的活化能 E。由 Kissinger 方程:

$$E\phi/RT_m^2 = Ae^{-E/RT_m} \qquad (3-16)$$

78

式中:ϕ 为升温速率;T_m 为动态 DSC 曲线的峰值温度,即最大固化反应速率处的温度,式(3 - 16)线性化有:

$$\ln(\phi/T_m^2) = \ln(AR/E) - E/RT_m \qquad (3-17)$$

$\ln(\phi/T_m^2)$ 对 $1/T_m$ 拟合直线的斜率为 $-E/R$,由此求得动态固化反应活化能 $E = 76.3\text{kJ/mol}$。

结合 Arrhenius 公式,式(3 - 11)变为

$$\mathrm{d}\alpha/\mathrm{d}t = Ae^{-E/RT}\alpha^m(1-\alpha)^n \qquad (3-18)$$

$$\mathrm{d}\alpha/\mathrm{d}t(e^{E/RT}) = A\alpha^m(1-\alpha)^n \qquad (3-19)$$

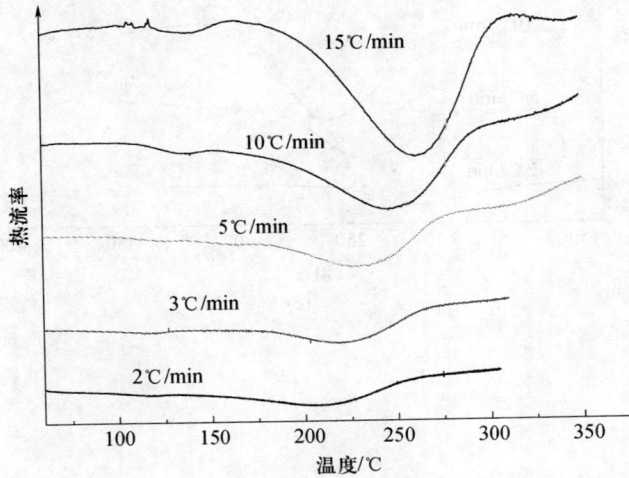

(a)

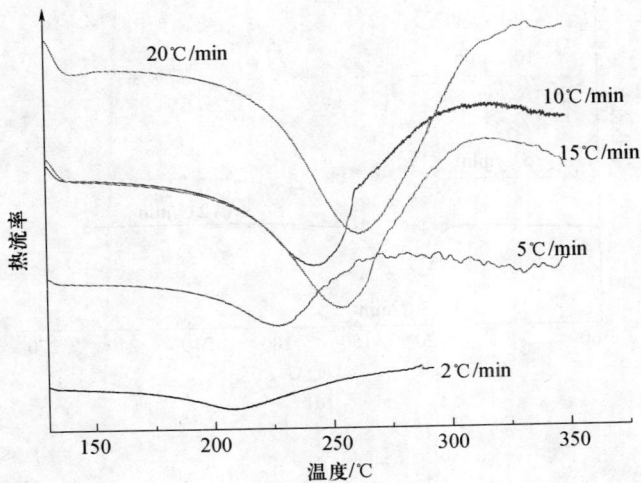

(b)

图中曲线温度较低时呈现 DSC 曲线的吸热作用峰，随温升的增加峰值逐渐移向高温区；而且大部分固化反应的放热峰[7~10]处理有:

$$\ln(\phi/T_p^2) = \ln(AR/E_a) - E_a/RT_p \qquad (3-17)$$

式中 ϕ、T_p 分别为升温速率及其……峰温；R 为理想气体常数；固化反应的活化能 $E_a = 76.34\,kJ/mol$。

此处 Kohatsu Z_a、c、f、(3-11) 变为

$$d\alpha/dt = k_2\alpha^m(1-\alpha)^n \qquad (3-18)$$
$$\ln(d\alpha/dt) = \ln k_2 + n\ln(1-\alpha) \qquad (3-19)$$

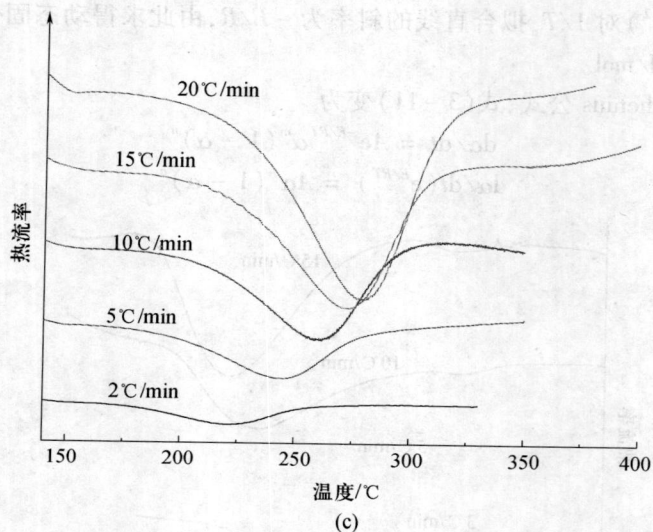

(c)

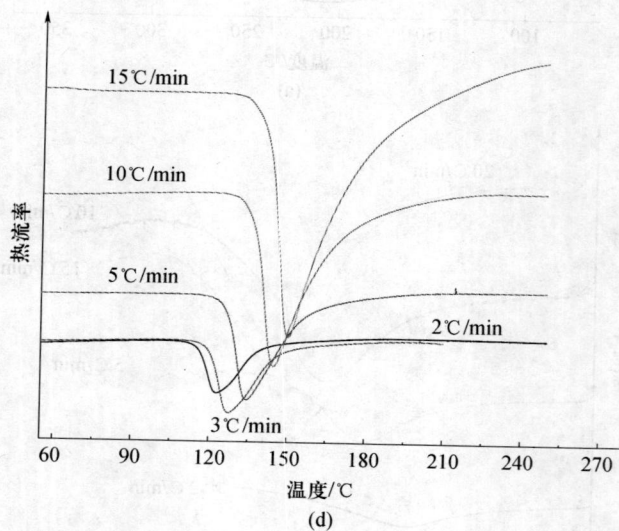

(d)

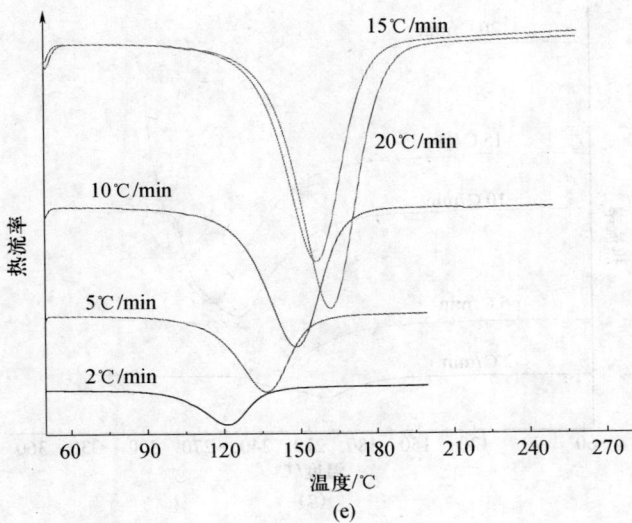

(e)

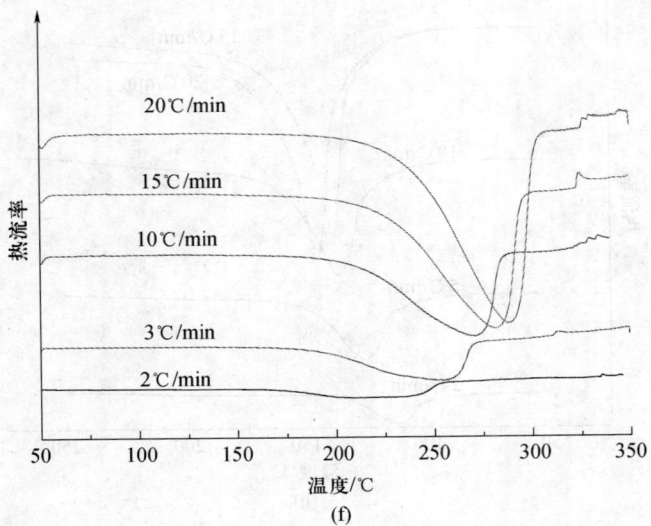

(f)

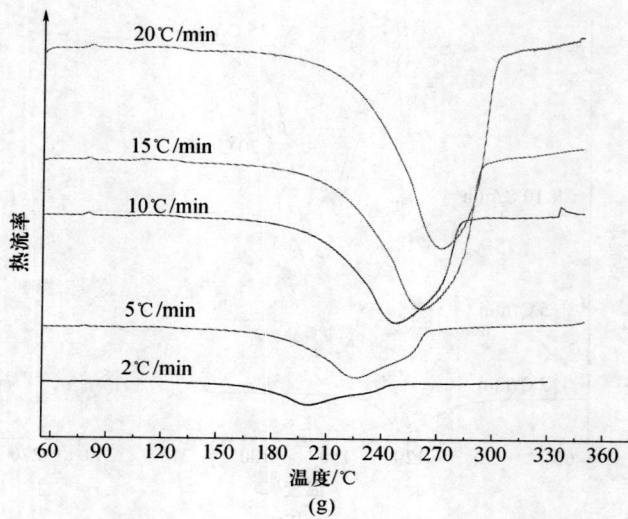

(g)

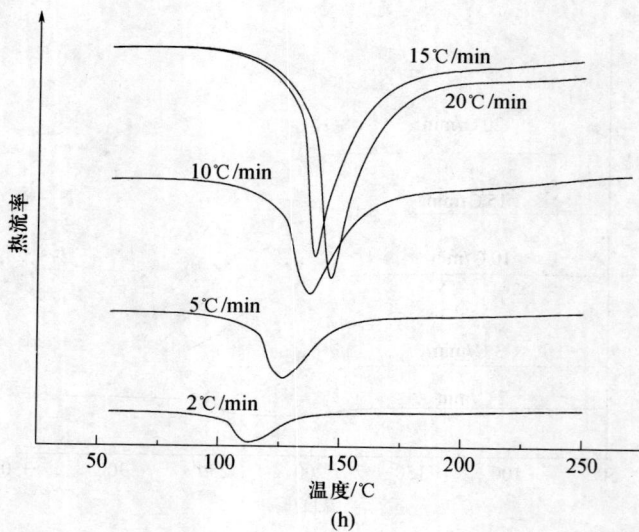

(h)

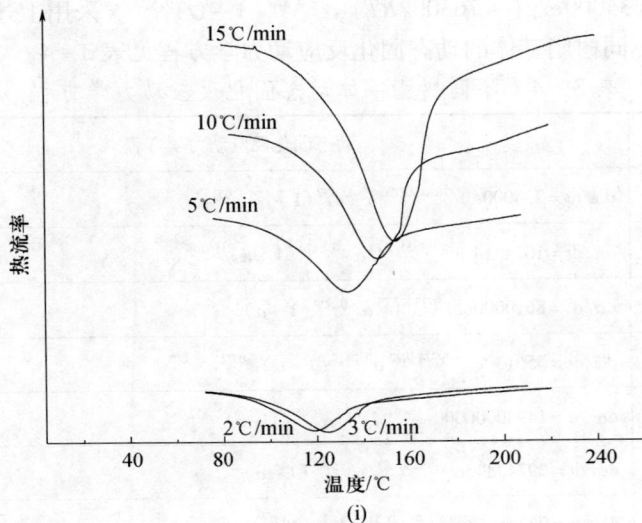

图 3 - 2　不同树脂基体动态 DSC 固化曲线

(a) 5428 双马来酰亚胺树脂基体；(b) 5429 双马来酰亚胺树脂基体；

(c) 6421 双马来酰亚胺树脂基体；(d) 3234 中温固化环氧树脂基体；

(e) 3266 中温固化环氧树脂基体；(f) 5224 高温固化环氧树脂基体；

(g) 5228 高温固化环氧树脂基体；(h) LT - 01 低温固化环氧树脂基体；

(i) LT - 03 低温固化环氧树脂基体。

对方程式(3 - 19)进行数学拟合即可求得不同升温速率下 A、m、n 的值，如表3 - 3所示。其他树脂基体采用相同的方法进行处理。

表 3 - 3　不同升温速率下的固化反应动力学参数

加热速率/(℃/min)	$A/(s^{-1})$	m	n
2	2.196×10^5	-0.524	1.197
3	2.497×10^5	-0.271	1.059
5	2.358×10^5	-0.327	0.968
10	2.247×10^5	-0.474	0.917
15	2.402×10^5	-0.589	1.114
平均值	2.34×10^5	-0.437	1.051

取上述参数的平均值,获取 5428 双马来酰亚胺树脂基体的动态固化反应动力学方程为：

$$d\alpha/dt = 234000\exp(-76300/RT)\ \alpha^{-0.437}(1-\alpha)^{1.051}。采用上述相似的方法$$
获得的其他不同树脂基体的动态固化反应动力学方程见表 3 – 4。

表 3 – 4　不同树脂基体动态固化反应动力学方程

树脂基体	动态固化反应动力学方程
5428	$d\alpha/dt = 234000\mathrm{e}^{(-76300/RT)}\ \alpha^{-0.437}(1-\alpha)^{1.051}$
5429	$d\alpha/dt = 1014714\ \mathrm{e}^{(-81631/RT)}\alpha^{-0.0174}(1-\alpha)^{1.0109}$
5428B	$d\alpha/dt = 8610000\mathrm{e}^{(-97170/RT)}\ \alpha^{-0.954}(1-\alpha)^{1.396}$
6421	$d\alpha/dt = 556130\mathrm{e}^{(-79974/RT)}\ \alpha^{0.2417}(1-\alpha)^{1.0375}$
3234	$d\alpha/dt = 14940000000\mathrm{e}^{(-94750/RT)}\ \alpha^{0.45}(1-\alpha)^{1.877}$
3266	$d\alpha/dt = 29743800\mathrm{e}^{(-74260/RT)}\ \alpha^{0.5083}(1-\alpha)^{1.11}$
5228	$d\alpha/dt = 9226\mathrm{e}^{(-61640/RT)}\ \alpha^{0.215}(1-\alpha)^{0.742}$
5288	$d\alpha/dt = 7469\mathrm{e}^{(-61073/RT)}\ \alpha^{0.2921}(1-\alpha)^{0.689}$
5224	$d\alpha/dt = 2698600\mathrm{e}^{(-87937/RT)}\ \alpha^{0.0995}(1-\alpha)^{0.5908}$
LT – 01	$d\alpha/dt = 2.385\times10^{9}\mathrm{e}^{(-87265/RT)}\ \alpha^{0.472}(1-\alpha)^{1.787}$
LT – 03	$d\alpha/dt = 6.178\times10^{6}\mathrm{e}^{(-70170/RT)}\ \alpha^{0.263}(1-\alpha)^{1.707}$

3.2.3　固化反应动力学模型的验证

为了验证固化反应动力学模型及其模拟结果的正确性,本章模拟复合材料实际制造过程的固化温度历程,将制造过程中不同阶段的样品骤冷后进行动态 DSC 测试,可得到这些样品的残余固化反应热 H_R,进而可求得它们的固化度 α:

$$\alpha = (H_u - H_R)/H_u \qquad\qquad (3-20)$$

将实测求得的固化度与根据所建立的固化反应动力学方程计算得到的固化度进行比较,以验证固化反应动力学方程的可靠性。结果表明,利用动态 DSC 实验结果得到的 5428、5429、5428B、6421、3234、3266、5228、5288、5224、LT – 01 和 LT – 03 树脂基体的动态固化反应方程的结果与实验结果吻合良好。图 3 – 3 给出了主要几种树脂基体固化反应动力学模拟与验证结果的比较。

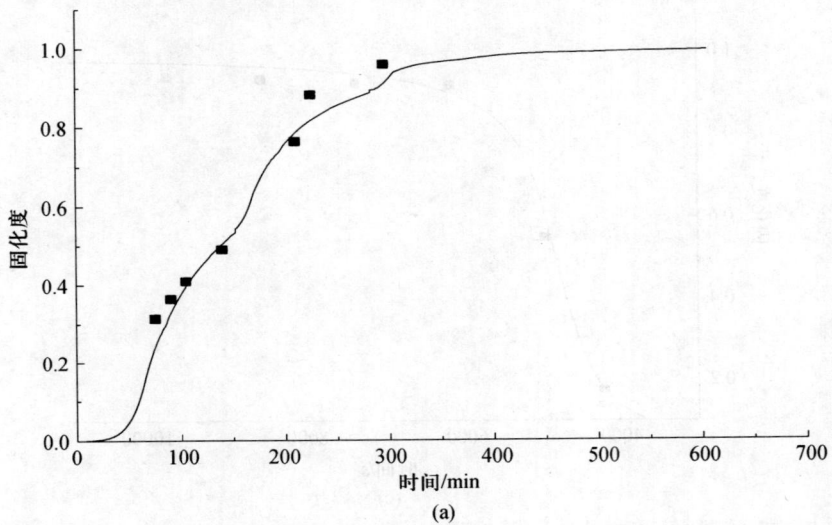

(a)

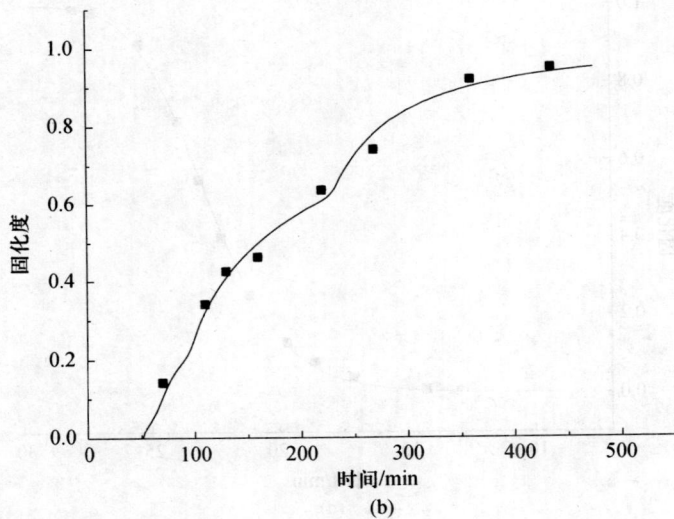

(b)

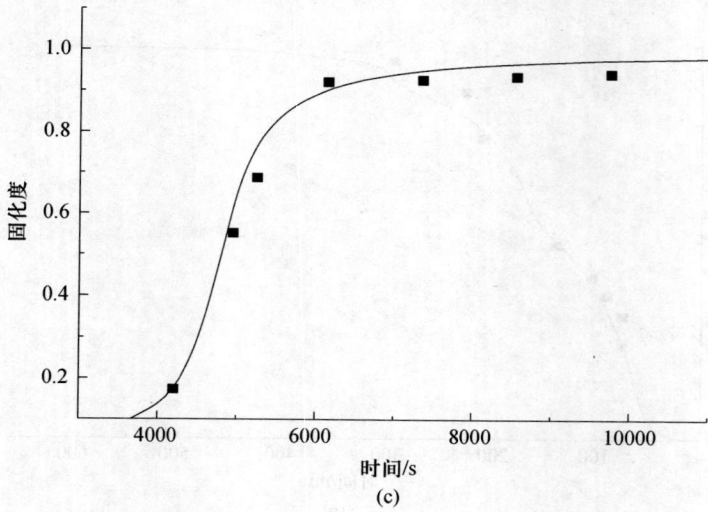

(c)

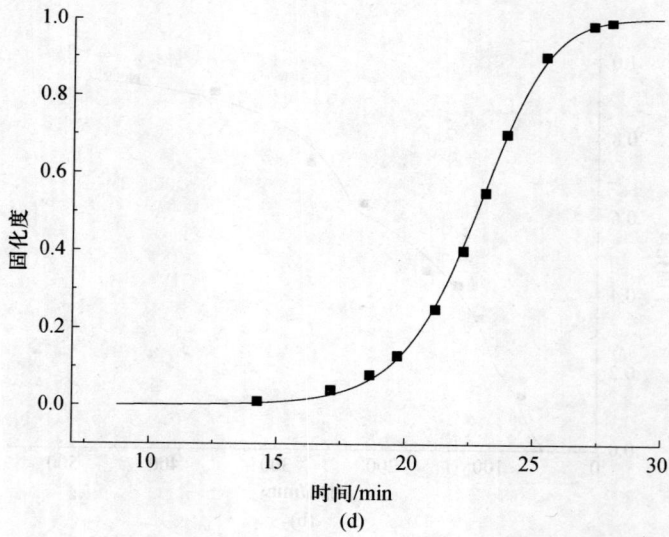

(d)

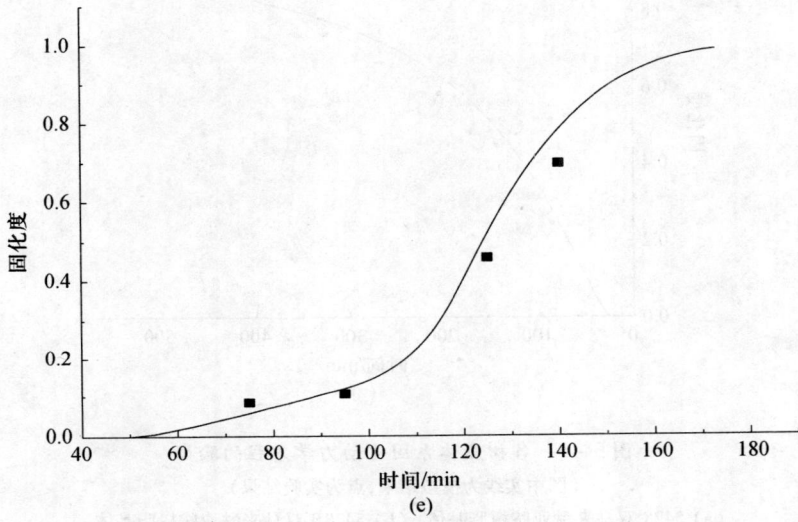

(e)

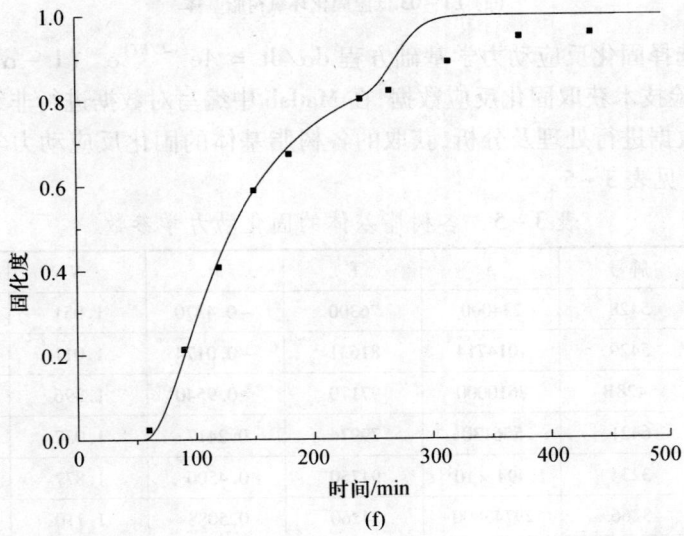

(f)

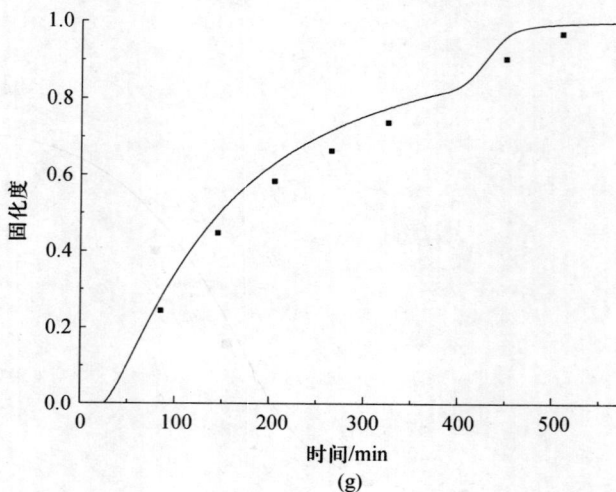

图 3 - 3　各树脂体系固化动力学方程的验证

（图中实线为模拟结果，点为实验结果）

（a）5428 双马来酰亚胺树脂基体；（b）5428B 双马来酰亚胺树脂基体；

（c）3234 中温固化环氧树脂基体；（d）3266 中温固化环氧树脂基体；

（e）5228 高温固化环氧树脂基体；（f）LT - 01 低温固化环氧树脂基体；

（g）LT - 03 低温固化环氧树脂基体。

通过选择固化反应动力学基础方程 $d\alpha/dt = Ae^{(-E/RT)}\alpha^m(1-\alpha)^n$，采用动态 DSC 实验技术获取固化反应数据，在 Matlab 中编写对数据进行非线性拟合的程序等对数据进行处理及分析，获取的各树脂基体的固化反应动力学参数及总反应热 ΔH 见表 3 - 5。

表 3 - 5　各树脂基体的固化动力学参数

类型	牌号	A	E	M	N	$\Delta H/(\text{J/g})$
双马来酰亚胺树脂	5428	234000	76300	- 0.4370	1.051	3.130×10^5
	5429	1014714	81631	- 0.0174	1.011	3.380×10^5
	5428B	8610000	97170	- 0.9540	1.396	5.820×10^5
	6421	556130	79974	0.2417	1.037	3.556×10^5
中温环氧树脂	3234	1.494×10^{10}	94750	0.4500	1.877	4.015×10^5
	3266	29743800	74260	0.5083	1.110	3.556×10^5
高温环氧树脂	5228	9226	61640	0.2150	0.742	5.130×10^5
	5288	7469	61073	0.2921	0.689	4.500×10^5
	5224	2698600	87939	0.0995	0.591	6.360×10^5

类型	牌号	A	E	M	N	$\Delta H/(\text{J/g})$
低温	LT – 01	2.3852×10^{9}	87265	0.47229	1.787	4.282×10^{5}
环氧树脂	LT – 03	6.178×10^{6}	70170	0.2630	1.707	3.280×10^{5}

3.3 复合材料固化过程温度分布模型

3.3.1 固化过程温度分布模型的建立

复合材料制造过程的外部加温历程和树脂基体的固化反应放热决定了复合材料制造过程的温度分布。温度分布和固化反应热与加温历程密切相关[15,20]。采用三维热传导模型,并通过固化动力学方程将固化反应热引入到模型中热源项,建立了复合材料制造过程的温度分布模型,实现了制造过程中温度分布的描述,采用有限元逐次迭代的计算方法实现了制造过程中温度分布的模拟计算。

复合材料固化过程三维热传导方程为

$$\frac{\partial(\rho_c C_c T)}{\partial t} = \frac{\partial}{\partial x}\left(K_x \frac{\partial T}{\partial x}\right) + \frac{\partial}{\partial y}\left(K_y \frac{\partial T}{\partial y}\right) + \frac{\partial}{\partial z}\left(k_z \frac{\partial T}{\partial z}\right) + \rho_r V_r \dot{H} \quad (3-21)$$

式中:ρ_c 为复合材料密度;C_c 为复合材料热容;K_x,K_y,K_z 为复合材料 x,y,z 方向的导热系数;T 为温度;t 为时间;ρ_r 为树脂密度;V_r 为树脂体积分数;$\dot{H}$ 为固化反应放热速率。

固化反应放热速率 $\dot{H}$ 的表达式为

$$\dot{H} = \frac{\mathrm{d}\alpha}{\mathrm{d}t} H_u \quad (3-22)$$

固化速率 $\dfrac{\mathrm{d}\alpha}{\mathrm{d}t}$ 由固化反应动力学方程决定。

基本假设:①任一时刻复合材料内部同一点树脂和纤维的温度相同;②忽略树脂流动引起的热传递。

初始条件:①初始固化度均匀分布,固化度 $\alpha \approx 0$,$(\alpha = 10^{-4})$;②初始温度均匀分布。

边界条件:①预浸料上下表面温度与罐温相等,四周与罐温相同;②罐温历程为各材料体系的固化温度历程。

采用有限元逐次迭代来求解温度分布,通过编写 Fortran 程序实现。固化度初始值取 10^{-4},并将每个时间增量起始时刻的固化度作为该时间增量中的平均固化度。

通过 ABAQUS 用户子程序 HETVAL 实现固化度求解程序与 ABAQUS 计算的数据交换。图 3 - 4 为有限元逐次迭代解法的框图。

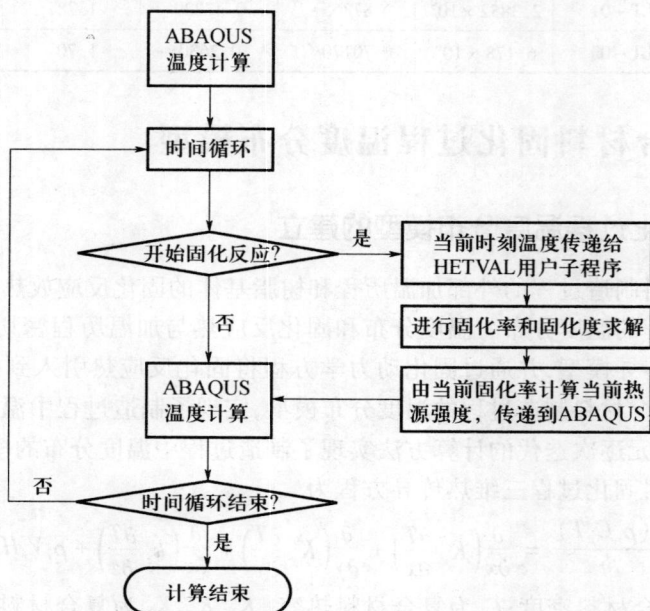

图 3 - 4 有限元逐次迭代解法的框图

在复合材料实际制造过程中,复合材料构件上、下表面是不对称的,下面是金属平台或工装,上面包括铝合金模板、透气毡等,图 3 - 5 是复合材料组装示意图。

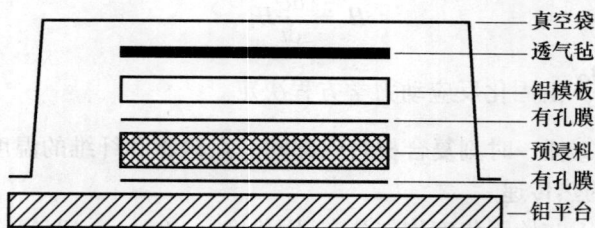

图 3 - 5 复合材料组装示意图

有限元模型包含复合材料层板和所有辅助材料(铝平台、铝模板、透气毡、真空袋和有孔膜)。考虑到对称性,取试样的 1/4 建立有限元模型。真空袋外表面与铝平台的下表面定义为对流换热边界条件,施加按工艺条件变化的环境温度(热空气的温度),采用四阶龙格—库塔法,通过各体系给出的固化反应动力学方程来计算固化反应热。

　　由于实际复合材料制件通常面积较大,厚度方向尺寸远小于面内方向尺寸,且复合材料制件的相邻铺层方向往往是不同的,因此采用实体单元来模拟计算复合材料固化过程的温度分布,将面临网格划分过细,单元和节点数量巨大而带来的计算规模过大的困难。为此,采用壳单元来模拟计算复合材料固化过程的温度分布。图 3 – 6 是 3234/T300B(200mm × 200mm)复合材料采用壳单元和实体单元模拟计算温度分布的结果,从图中可以看出,采用壳单元模拟由于忽略了复合材料层板的周边热传导,和采用实体单元模拟的温度值略有差别,但从总体上看,采用壳单元模拟与采用实体单元模拟计算的温度分布十分接近,都能够比较准确地反映复合材料制造过程中的温度场变化。

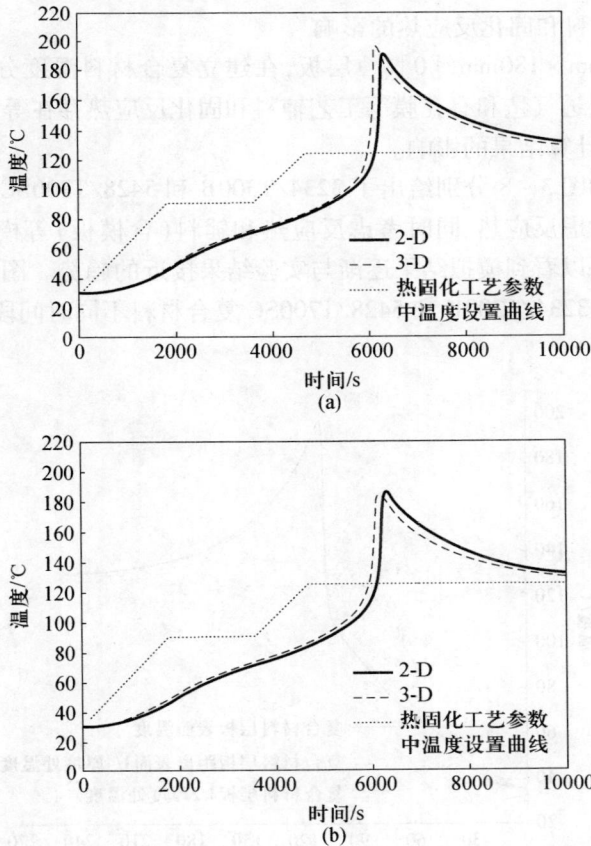

图 3 – 6　采用壳单元(2D)和实体单元(3D)温度变化模拟计算结果
(a) 中间层中心点; (b) 中间层(90,0)点。

表 3 - 6 给出了对 3234/T300B 复合材料与 S 形蒙皮构件采用壳单元和实体单元模拟计算时间的比较,结果表明,壳单元模拟计算时间明显短于采用实体单元模拟计算时间,并且随着复合材料制件尺寸的增大,采用壳单元后模拟计算的时间缩短就更加明显。

表 3 - 6 复合材料 S 形蒙皮构件温度分布模拟计算时间

采用的单元类型	模拟计算时间
壳单元	10h
实体单元	3 天

3.3.2 温度分布模型影响因素研究

1. 工艺辅料和固化反应热的影响

选取 230mm × 180mm([0]$_{160}$)层板,在建立复合材料温度分布固化模型时考虑了真空袋、透气毡和有孔膜等工艺辅料和固化反应热存在等因素,研究了上述因素对模拟计算结果的影响。

图 3 - 7 和图 3 - 8 分别给出了 3234/T300B 和 5428/T700SC 复合材料不考虑反应热、只考虑反应热、同时考虑反应热和辅料(含模板)等模拟结果与实验结果的比较,可以看到模拟结果逐渐与实验结果接近的趋势。图 3 - 9 和图 3 - 10 分别给出了 3234/T300B 和 5428/T700SC 复合材料不同时间段温度分布的三维模拟结果。

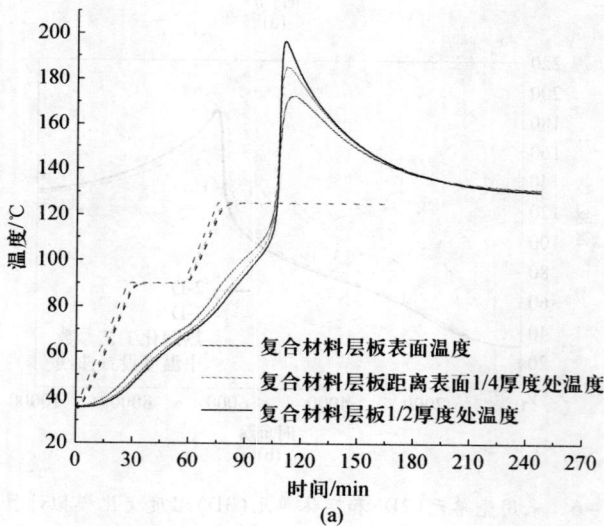

(a)

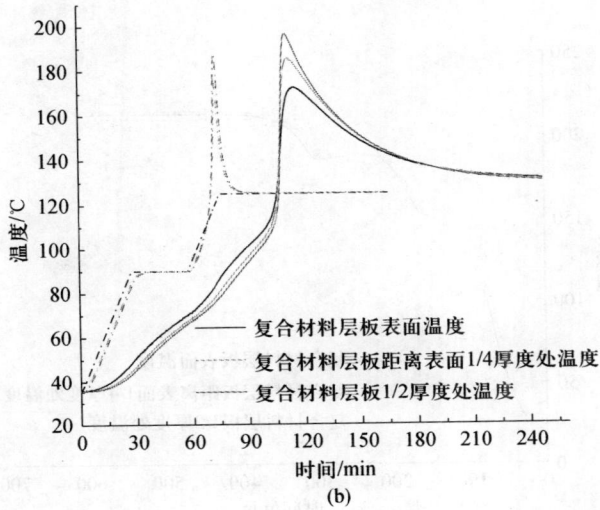

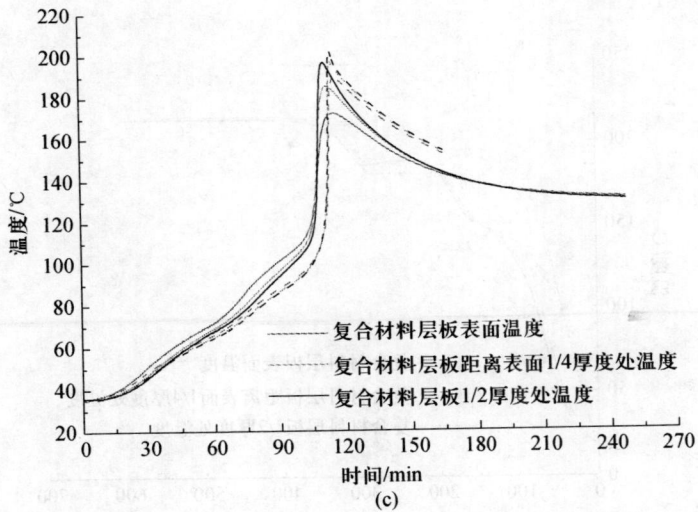

图 3-7　3234/T300B 复合材料温度分布模拟

（注：不同层面中心点位置，实线为实验结果，虚线为模拟结果）

（a）不考虑反应热和辅料；（b）只考虑反应热/不考虑辅料；

（c）考虑反应热和辅料。

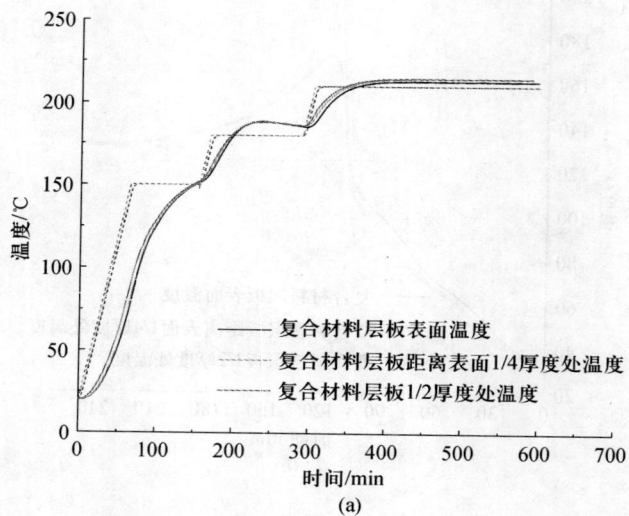

(a)

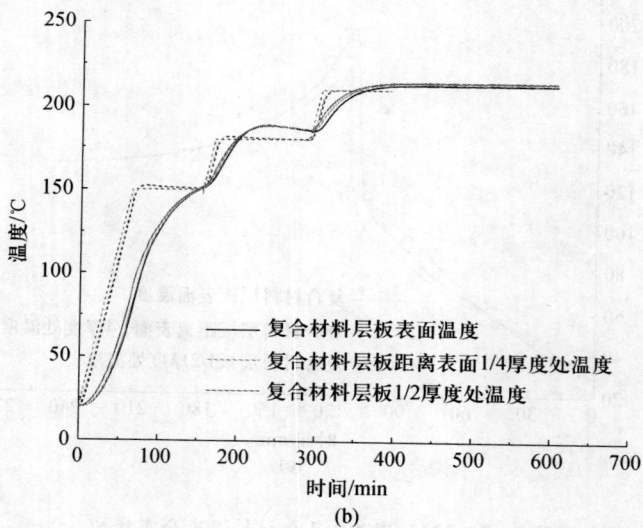

(b)

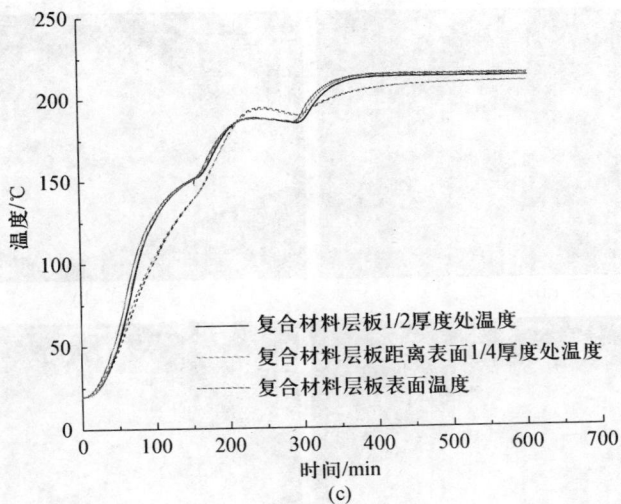

图 3 – 8　5428/T700SC 复合材料温度分布模拟

（注：不同层面中心点位置，实线为实验结果，虚线为模拟结果）

（a）不考虑反应热和辅料；（b）只考虑反应热/不考虑辅料；（c）考虑反应热和辅料。

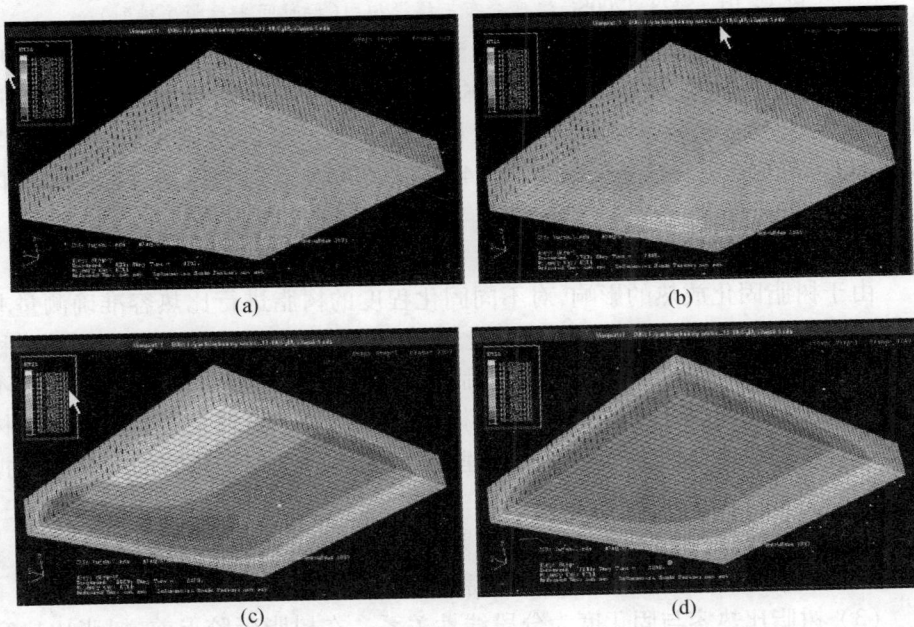

图 3 – 9　3234/T300B 体系温度分布三维模拟图（按时间先后顺序排列）

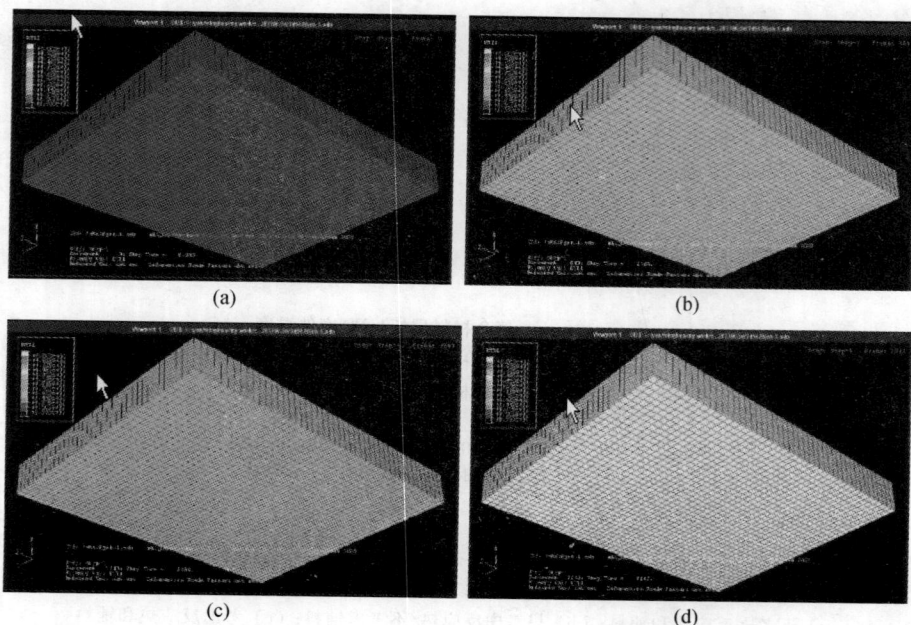

图 3-10　5428/T700SC 温度分布三维模拟图(按时间先后顺序排列)

3234/T300B 复合材料模拟和实际测量结果同时也表明该体系的固化反应热对制造过程的温度分布具有明显影响,制造过程中复合材料内外温差最高达 60℃以上。但从 5428/T700SC 复合材料的模拟与实际测量结果可以看到,与 3234/T300B 复合材料体系明显不同,5428/T700SC 复合材料制造过程中层板内外温差不超过 6℃。

2. 树脂比热容的影响研究

由于树脂固化放热的影响,对不同固化程度的树脂进行比热容准确测量非常困难。通常在进行数值模拟时取固化后树脂基体的比热容作为整个固化过程中树脂的比热容。但进一步研究发现,固化前后树脂比热容有较大变化,如果不考虑树脂比热容随固化度的变化,将对模拟计算结果产生较大影响。在此对树脂比热容随固化度变化进行了假设处理,并对处理后树脂比热容的变化对模拟结果的影响进行了比较分析。

(1) 树脂比热容为常数,与固化度无关。

(2) 树脂比热容与固化度为线性关系。随着固化度的增大,比热容线性减小。

(3) 树脂比热容与固化度为分段线性关系。在树脂凝胶点前,树脂比热容随着固化度的增大,比热容减小;当达到凝胶点后,树脂比热容与固化树脂的比热容相同。

96

根据方法(1),将固化后树脂的比热容作为整个固化过程中树脂的比热容,对 3234/T300B 复合材料制造过程的温度分布进行了模拟计算。图 3－11 给出了复合材料上表面中心、中间厚度层中心和下表面中心温度变化曲线的模拟值与实测值。结果表明,将固化后树脂的比热容作为整个固化过程中树脂的比热容进行模拟计算,得到的温度峰值出现时间比实测值明显超前,峰值温度也比实测值高。这主要是因为树脂固化前的比热容比固化后的比热容要大,用固化后树脂的比热容进行固化反应模拟计算,会使反应开始阶段温度升高和反应速度偏快,从而造成固化温度的模拟值和实测值的偏离。

　　根据方法(2)对 3234/T300B 复合材料制造过程温度分布进行了模拟计算及实际测量,如图 3－12 所示。从图 3－12 中可以发现,根据方法(2)进行温度分布模拟计算,得到的温度峰出现时间和实测值非常接近,但峰值温度低于实测值。

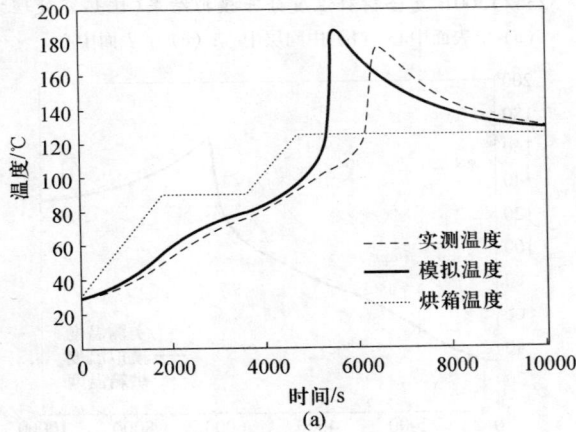

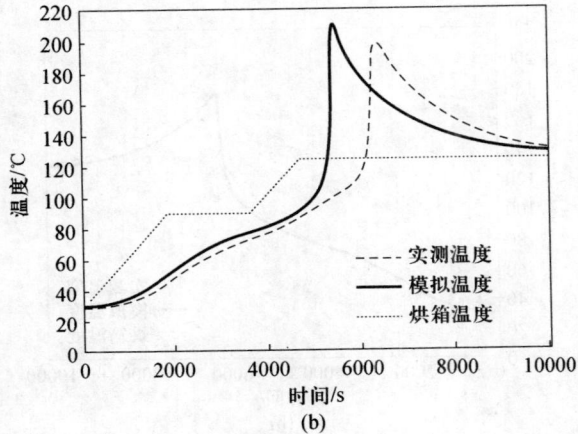

(a)

(b)

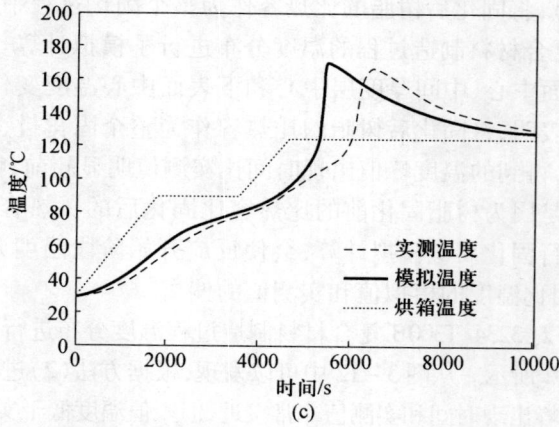

(c)

图 3 − 11 3234/T300B 复合材料温度分布模拟结果(比热容处理方法(1))

(a) 上表面中心；(b) 中间层中心；(c) 下表面中心。

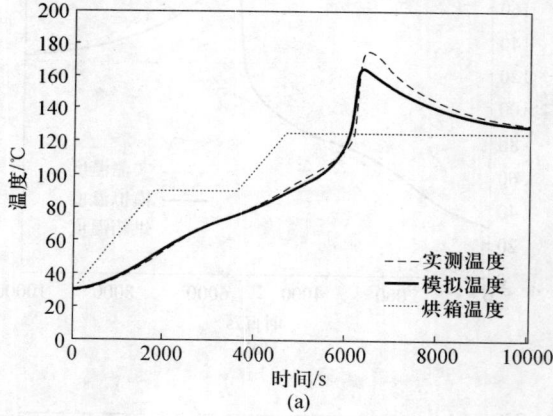

(a)

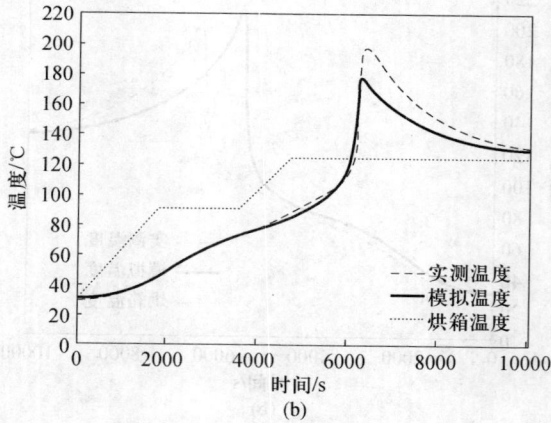

(b)

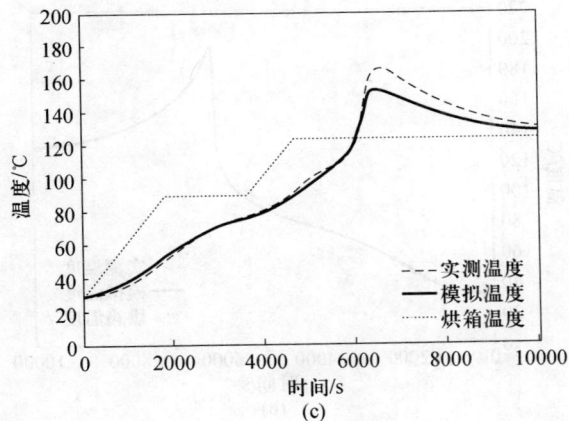

(c)

图 3 – 12　3234/T300B 复合材料温度分布模拟结果(比热容处理方法(2))
(a) 上表面中心; (b) 中间层中心; (c) 下表面中心。

　　根据方法(3)对 3234/T300B 复合材料制造过程温度分布进行了模拟计算,如图 3 – 13 所示。结果表明,根据处理方法(3)进行温度分布模拟计算,得到的温度峰出现时间与实测值接近,峰值点的温度值与实测值也基本一致,能够比较真实地反映出固化过程中复合材料内部的温度变化。表 3 – 7 给出了上述不同比热容处理方法结果的比较。

　　树脂比热容变化对其他复合材料体系制造过程温度分布模拟结果的影响具有相似规律。

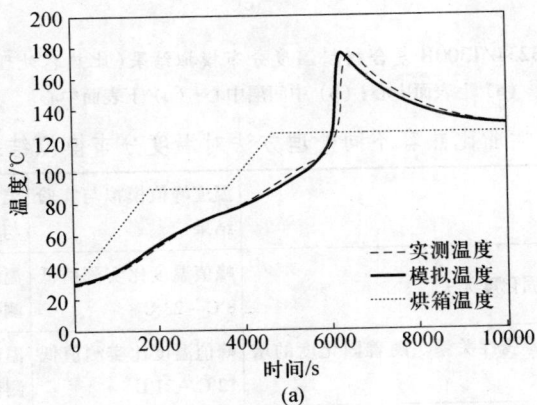

(a)

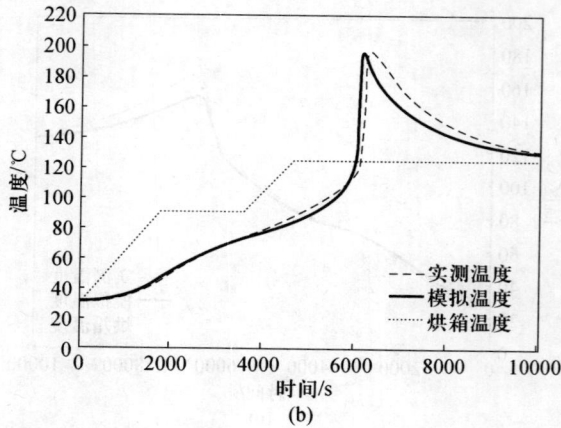

(b)

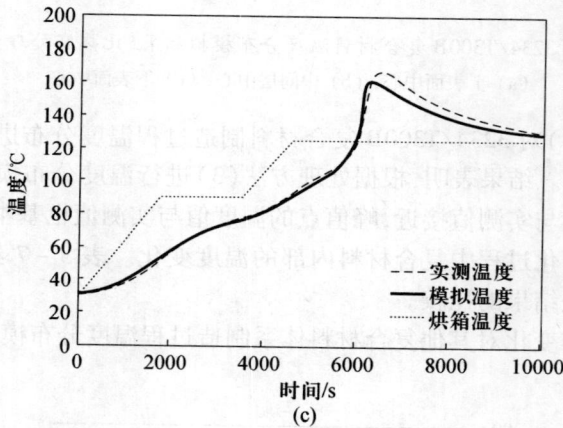

(c)

图 3 - 13　3234/T300B 复合材料温度分布模拟结果(比热容处理方法(3))

(a) 上表面中心; (b) 中间层中心; (c) 下表面中心。

表 3 - 7　树脂比热容不同处理方法对温度分布模拟结果的影响

比热容处理方法	温度峰值模拟与实验结果	温度峰值出现时间模拟与实验结果
树脂比热容为常数,与固化度无关	峰值温度比实测值低 8℃ ~ 23℃	温度峰值出现时间比实测值提前 1000s 左右
树脂比热容与固化度为线性关系。随着固化度的增大,比热容线性减小	峰值温度比实测值低 12℃ ~ 21℃	温度峰值出现时间比实测值提前 100s 左右
树脂比热容与固化度为分段线性关系。在树脂凝胶点前,树脂比热容随着固化度的增大,比热容减小;当达到凝胶点后,树脂比热容与固化树脂的比热容相同	峰值温度比实测值低 1℃ ~ 6℃	温度峰值出现时间比实测值提前 200s 左右

100

上述研究结果表明,在考虑固化反应热、辅料以及比热容变化的影响后建立的制造过程温度分布可以较为准确地预测复合材料制造过程内部温度场随时间的变化。

3.3.3　固化过程温度分布模型的验证

为了进一步验证复合材料制造过程温度分布模型的正确性,采用所建立的模型对 3234/T300B、5428/T700SC、LT‐03/T700SC 复合材料层板(200mm × 200mm,$[0]_{160}$)制造过程的温度分布进行了模拟计算和实际测量。图 3‐14 ~ 图 3‐16 是 3234/T300B、5428/T700SC 和 LT‐03/T700SC 复合材料层板不同位置的温度模拟与实验验证情况。验证结果表明复合材料制造过程温度分布的模拟计算值与测试值非常接近,说明模拟结果能够准确反映固化过程中复合材料内部温度的变化和分布情况。

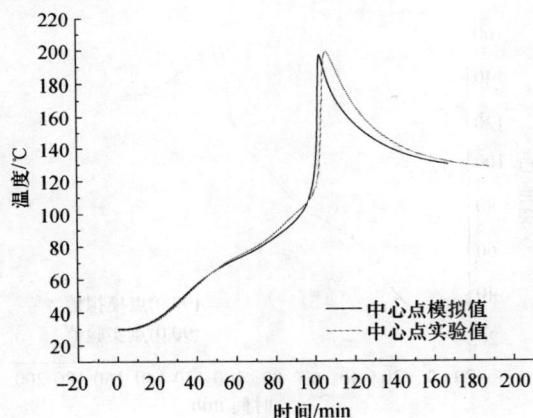

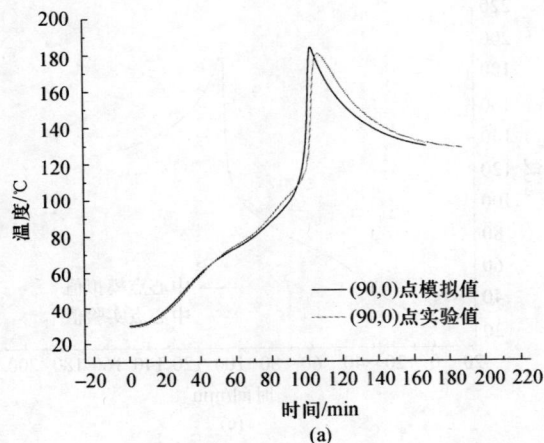

(a)

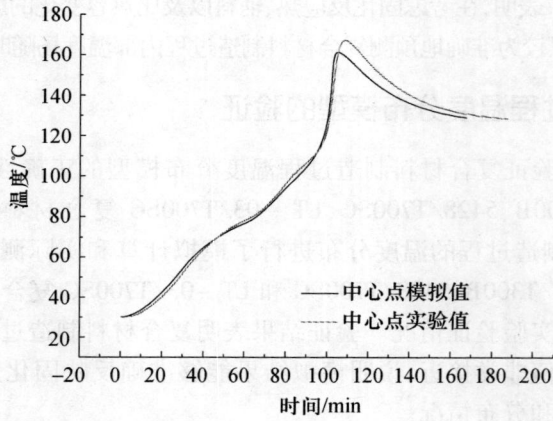

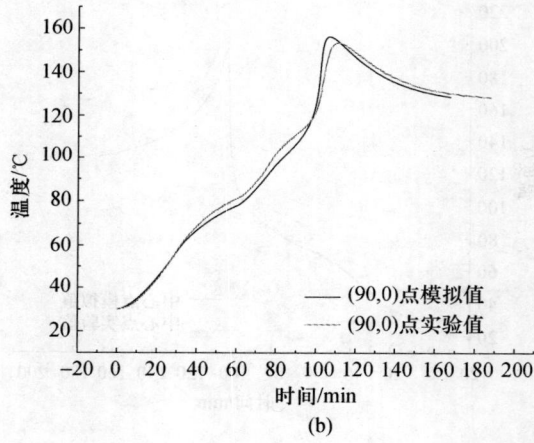

(b)

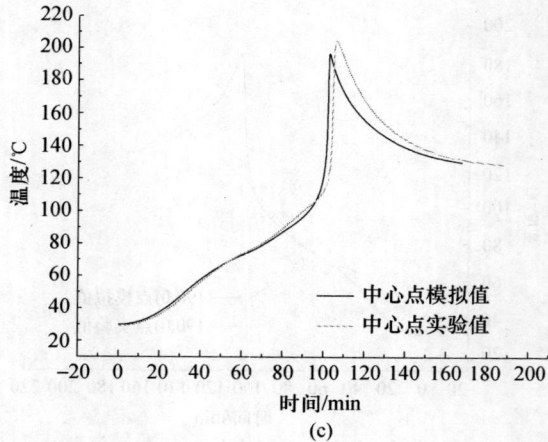

(c)

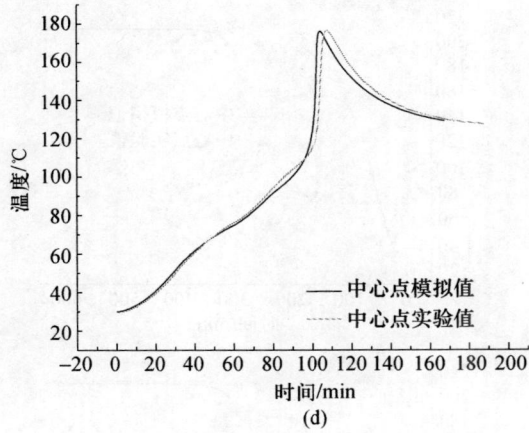

(d)

图 3 – 14 3234/T300B 复合材料层板不同位置的温度模拟与实测值
（a）3234 中心层；（b）3234 下表面层；（c）3234 上 120/121 层；（d）上表面。

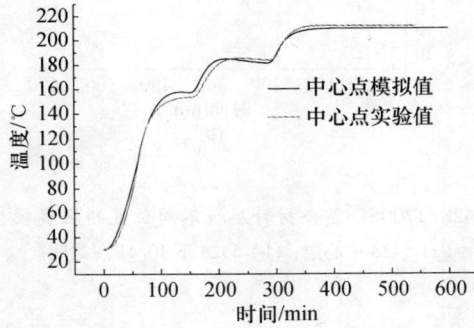

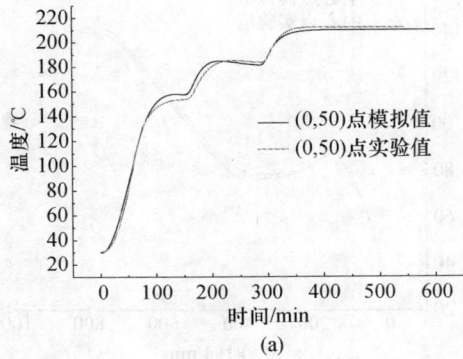

(a)

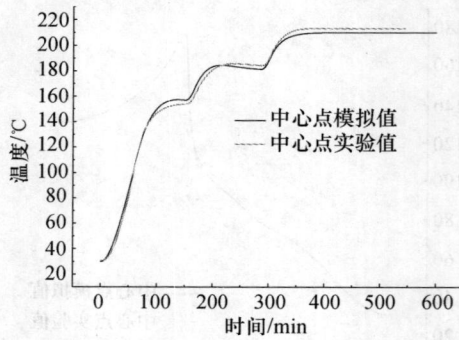

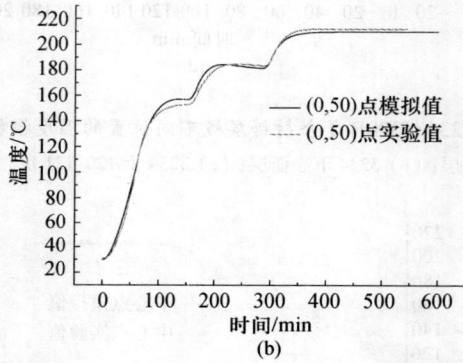

图 3 – 15 5428/T700SC 复合材料层板不同位置的温度模拟与实测值
(a) 5428 中心层；(b) 5428 下 40/41 层之间。

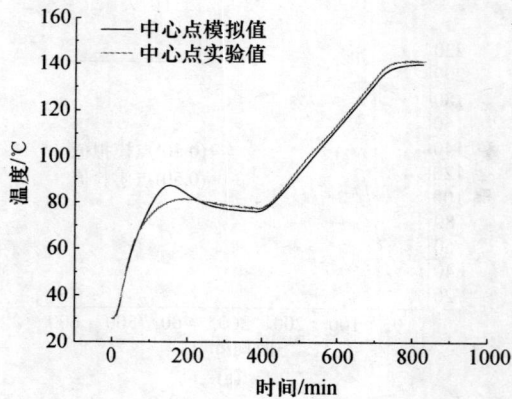

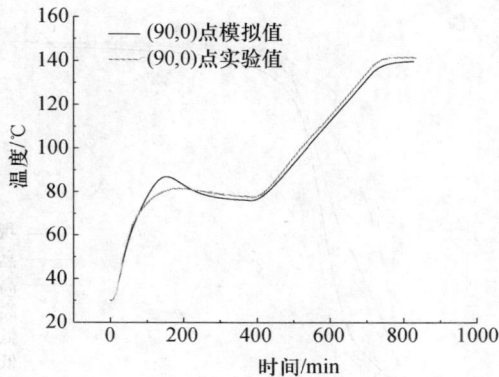

图 3 - 16   LT - 03/T700SC 复合材料层板中心层温度模拟和实测值

3.4   复合材料固化和温度分布模拟应用

3.4.1   复合材料固化过程模拟技术的应用

采用建立的固化反应动力学模型对中温固化环氧和高温固化双马来酰亚胺以及低温固化树脂基体的固化工艺过程进行了模拟。图 3 - 17 为 3234 中温固化环氧树脂基体的不同固化温度历程,图 3 - 18 是不同固化温度历程下 3234 中温固化环氧树脂基体的固化度随固化时间的变化情况。

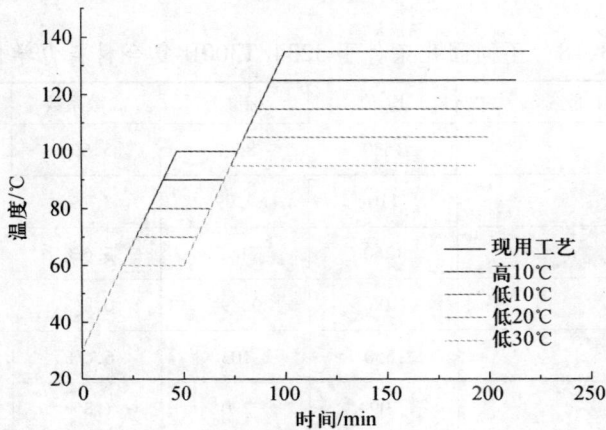

图 3 - 17   3234 中温固化环氧树脂基体的不同固化条件

105

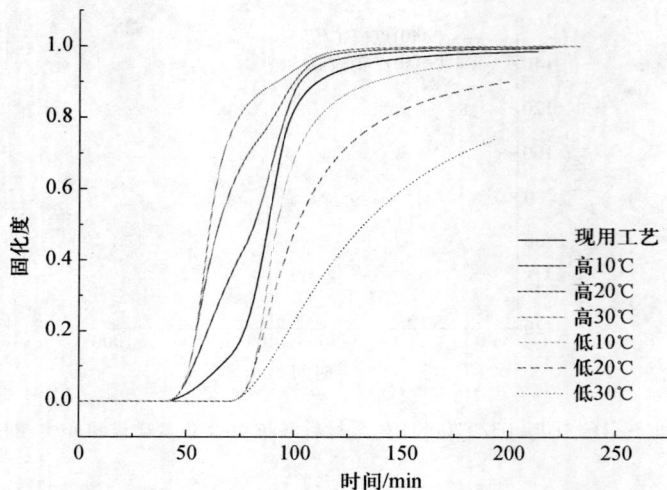

图 3-18 3234 中温固化环氧树脂基体在不同固化条件下固化度的变化

模拟结果表明,在低于现用固化温度下进行固化,在固化时间不变的情况下,3234 中温固化环氧树脂基体不能达到完全固化。为了验证模拟结果,进一步测试了在不同固化工艺条件下获得的复合材料的基本力学性能(见表3-8)[21-23]。结果表明,在固化时间相同的条件下,由低于现用固化温度固化的复合材料,其弯曲强度和层间剪切强度随着固化温度的下降而降低,这主要是由于固化不完全造成的。上述结果验证了固化反应动力学模拟结果的正确性。

表 3-8 不同固化条件下 3234/T300B 复合材料力学性能

力 学 性 能	均值	标准差	离散系数	备 注
弯曲强度/MPa	1520	85.7	5.6%	现用工艺
弯曲模量/GPa	110	4.09	3.7%	
弯曲强度/MPa	1260	80.5	5.6%	现用工艺 +10℃
弯曲模量/GPa	106	0.894	0.8%	
弯曲强度/MPa	1550	103	6.6%	现用工艺 -10℃
弯曲模量/GPa	109	2.0	1.8%	
弯曲强度/MPa	1410	83.2	5.97%	现用工艺 -20℃
弯曲模量/GPa	107	2.17	2%	

力 学 性 能	均 值	标准差	离散系数	备 注
弯曲强度/MPa	1290	23.9	1.8%	现用工艺 -30℃
弯曲模量/GPa	107	1.82	1.7%	
层间剪切强度/MPa	110	4.09	3.7%	现用工艺
层间剪切强度/MPa	46.2	1.65	3.6%	现用工艺 +10℃
层间剪切强度/MPa	84.8	3.97	4.7%	现用工艺 -10℃
层间剪切强度/MPa	75.9	1.93	2.5%	现用工艺 -20℃
层间剪切强度/MPa	51.8	2.01	3.9%	现用工艺 -30℃

图 3-19 为 5428 双马来酰亚胺树脂基体的不同固化历程,图 3-20 是在不同固化条件下 5428 双马来酰亚胺复合材料树脂基体固化度随时间的变化情况。从图中可以发现,即便在现用固化工艺规定的固化时间内,在低于现用固化温度(205℃±5℃)的情况下,5428 双马来酰亚胺复合材料都能达到固化。同样测试了 5428/T700SC 双马来酰亚胺复合材料在不同固化条件下的有关力学性能,结果见表 3-9。从表 3-9 可以发现,在低于现用固化工艺温度 10℃~30℃的条件下固化,5428/T700SC 复合材料的弯曲强度和层间剪切强度和现用固化工艺条件下的性能基本一致。上述结果表明,5428/T700SC 复合材料现用工艺可以进一步优化。

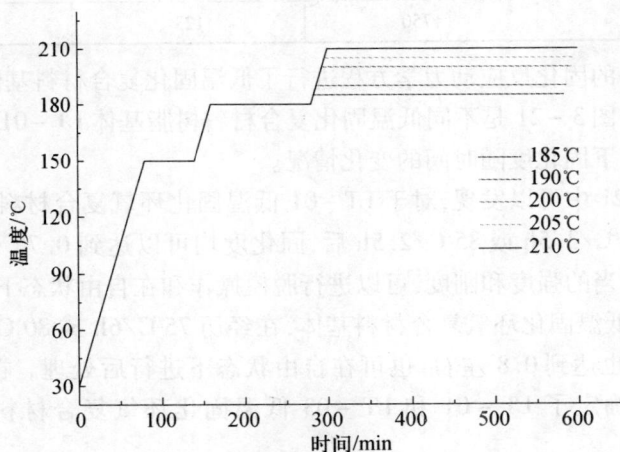

图 3-19　5428 双马来酰亚胺树脂基体的不同固化条件

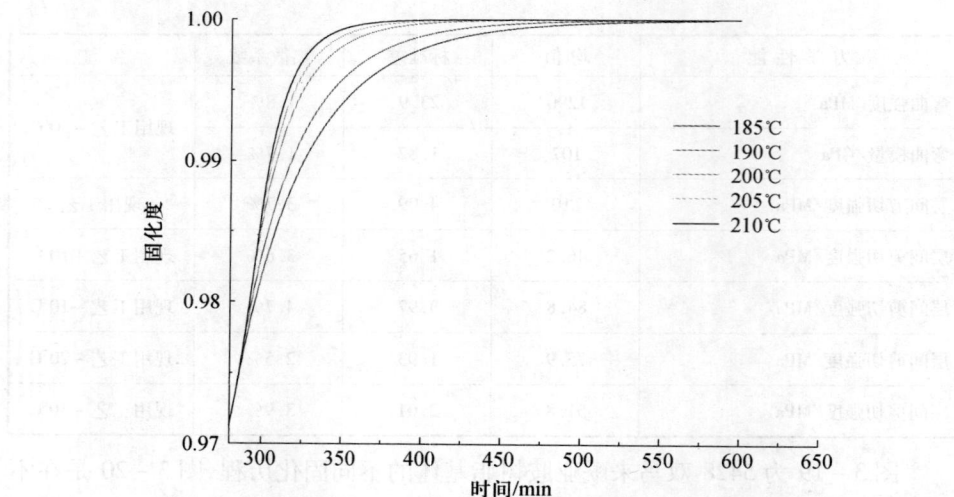

图 3-20   5428 双马来酰亚胺树脂基体在不同固化条件下固化度的变化

表 3-9   不同固化条件下 5428/T700SC 复合材料力学性能

固化温度/℃	弯曲强度/MPa	弯曲模量/GPa	层间剪切强度/MPa
185	1790	122	97.1
190	1680	123	102
200	1710	123	100
205	1780	124	99.7
210	1750	123	97.5

利用获得的固化反应动力学方程进行了低温固化复合材料基体固化温度和时间的模拟。图 3-21 是不同低温固化复合材料树脂基体 LT-01 和 LT-03 在不同固化温度下固化度随时间的变化情况。

从图 3-21 中可以发现,对于 LT-01 低温固化环氧复合材料基体,在经历 75℃/6h 或 80℃/3.5h 或 85℃/2.5h 后,固化度均可以达到 0.75~0.8,此时复合材料具有相当的强度和刚度,可以进行脱模操作和在自由状态下进行后处理。对于 LT-03 低温固化环氧复合材料基体,在经历 75℃/6h 或 80℃/4h 或 85℃/3h 后,固化度也达到 0.8 左右,也可在自由状态下进行后处理。在上述模拟分析的基础上,确定了 LT-01 和 LT-03 低温固化环氧复合材料的固化工艺参数:

LT-01 低温固化环氧复合材料基体固化工艺参数 75℃/6h 或 80℃/3.5h 或 85℃/2.5h;

LT-03 低温固化环氧复合材料基体固化工艺参数 75℃/6h 或 80℃/4h 或 85℃/3h。

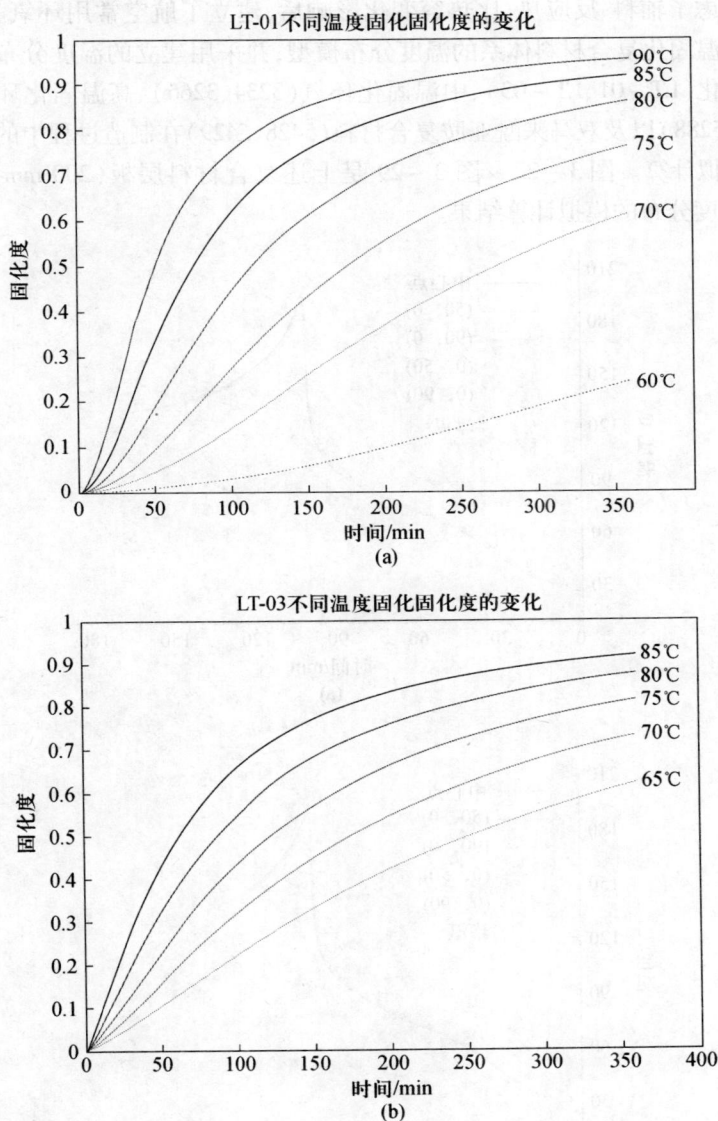

LT-01不同温度固化固化度的变化

(a)

LT-03不同温度固化固化度的变化

(b)

图 3-21　不同固化温度下低温固化环氧树脂基体固化度和时间的关系
（a）LT-01 低温固化环氧树脂基体；（b）LT-03 低温固化环氧树脂基体。

3.4.2　复合材料温度分布模拟技术的应用

在考虑了辅料、反应热、比热容变化影响后,建立了航空常用环氧、双马来酰亚胺和低温固化复合材料体系的温度分布模型,并采用建立的温度分布模型对常用低温固化(LT-01、LT-03)、中温固化环氧(3234、3266)、高温固化环氧复合材料(5228、5288)以及双马来酰亚胺复合材料(5428、5429)在制造过程中的温度分布进行了模拟计算。图 3-22~图 3-29 是上述复合材料层板(200 mm × 200mm,[0]$_{160}$)温度分布的模拟计算结果。

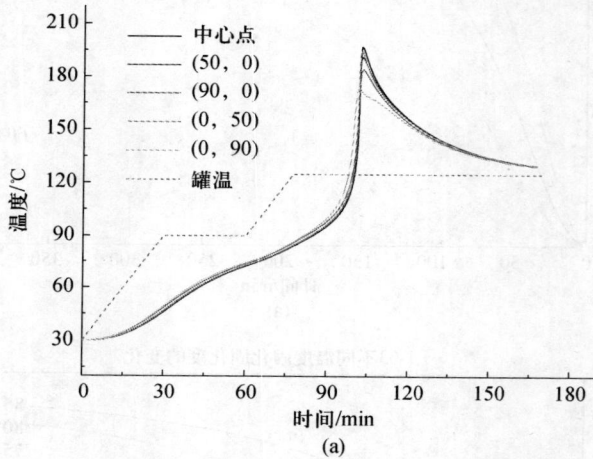

(a)

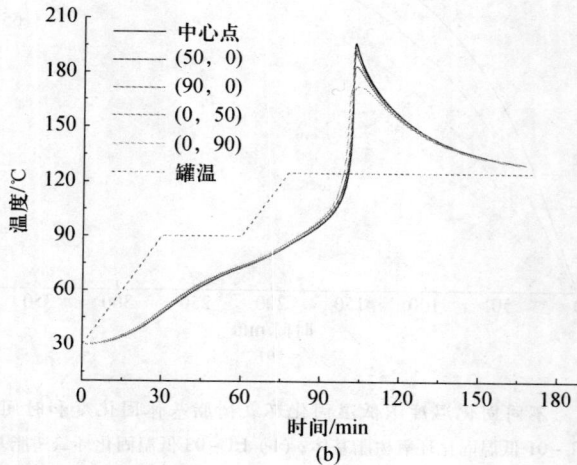

(b)

110

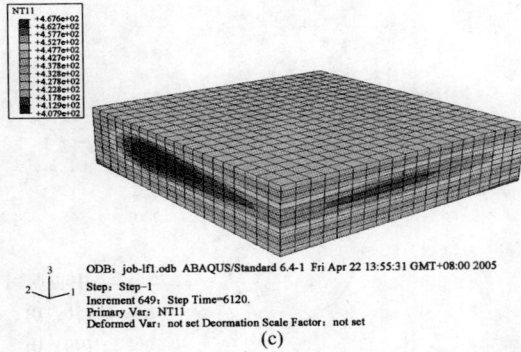

ODB: job-lf1.odb ABAQUS/Standard 6.4-1 Fri Apr 22 13:55:31 GMT+08:00 2005
Step: Step-1
Increment 649: Step Time=6120.
Primary Var: NT11
Deformed Var: not set Deormation Scale Factor: not set

(c)

图 3 - 22 3234/T300B 复合材料层板温度分布模拟结果

（a）中心层；（b）上 40/41；（c）6120S 时 3234/T300B 复合材料内部温度场分布。

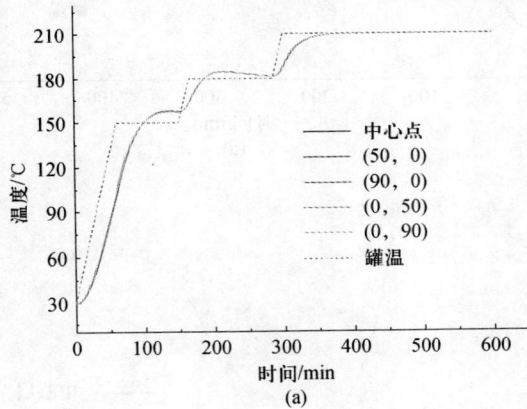

(a)

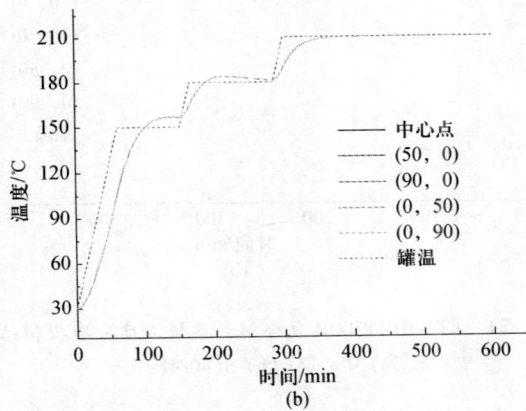

(b)

图 3 - 23 5428/T700SC 复合材料层板温度分布模拟结果

（a）中心层；（b）上 40/41。

111

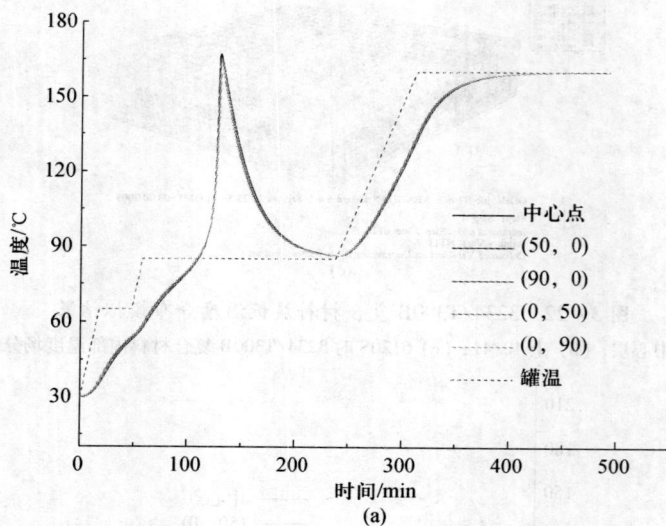

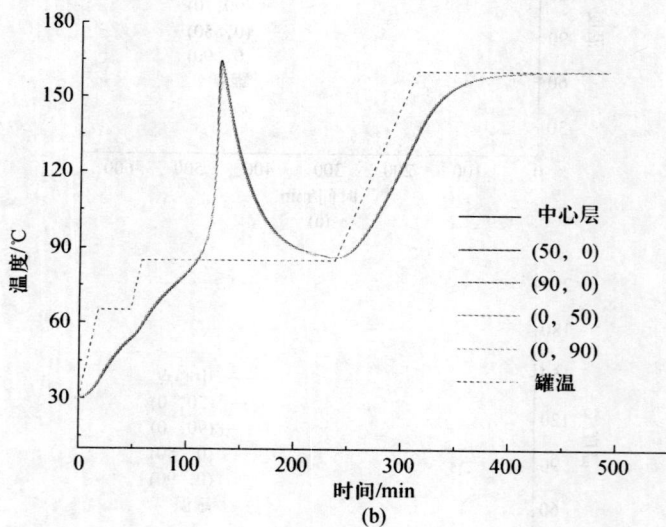

图 3 – 24　LT – 01/T300B 复合材料层板温度分布模拟结果
（a）中心层；（b）上 40/41。

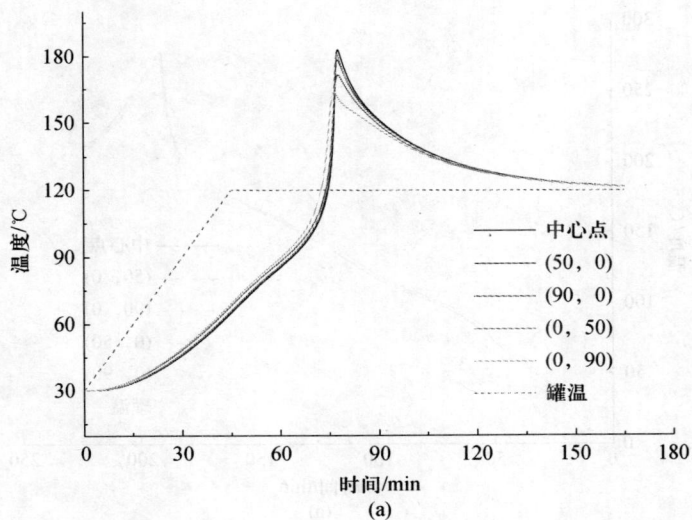

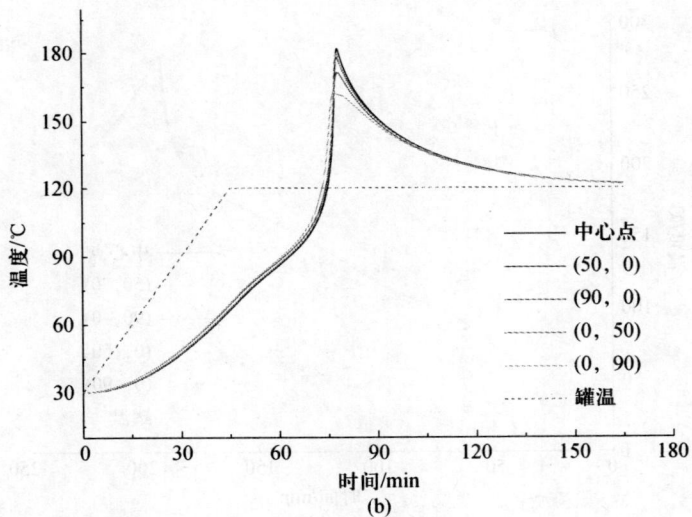

图 3-25　3266/T300B 复合材料层板温度分布模拟结果

(a) 中心层；(b) 上 40/41。

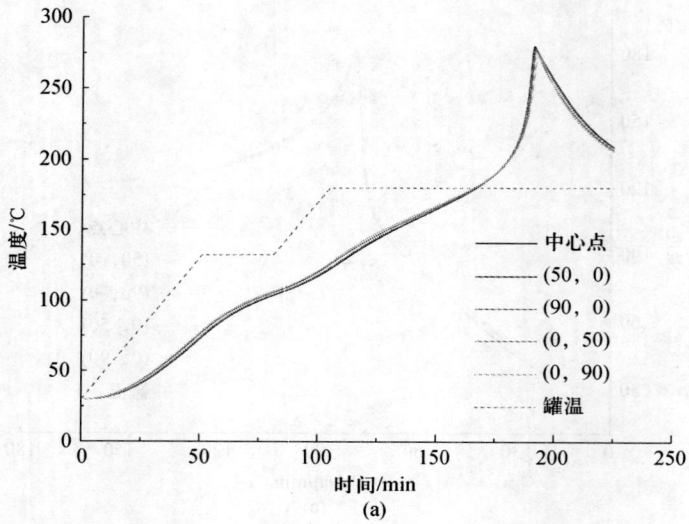

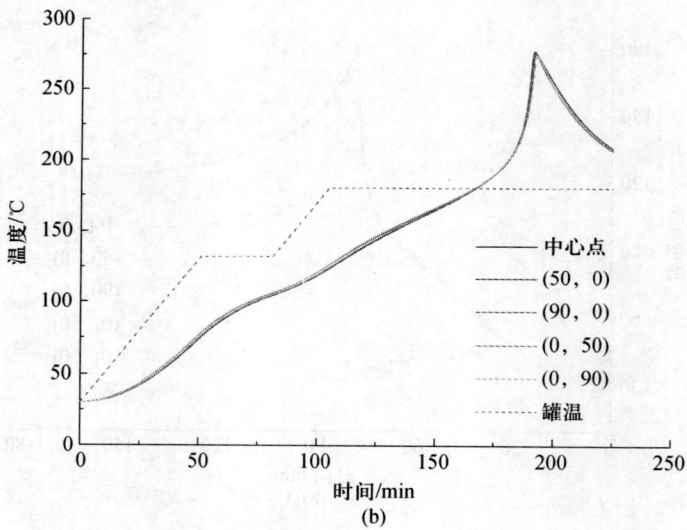

图 3 – 26 5224/T300B 复合材料层板温度分布模拟结果
(a) 中心层；(b) 上 40/41。

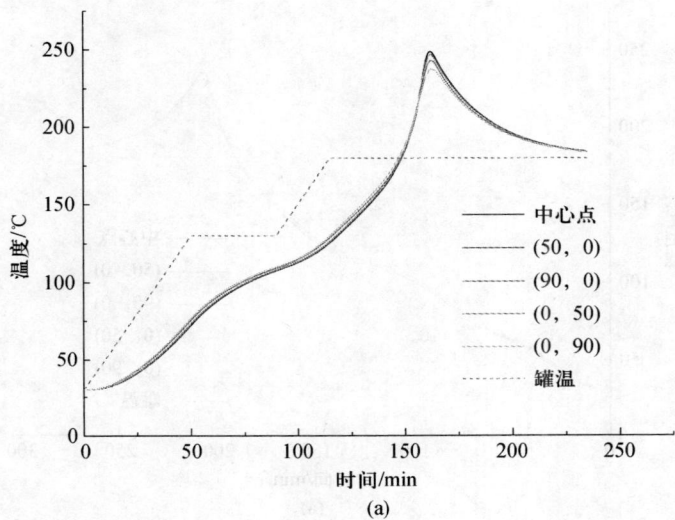

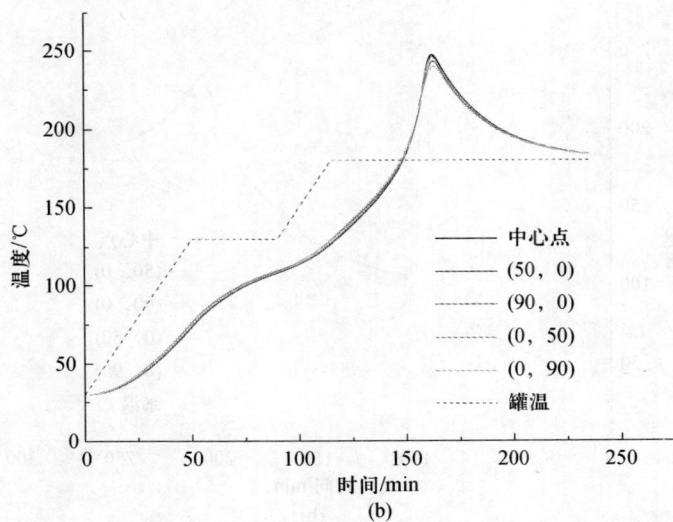

图 3 – 27 5228/T300B 复合材料层板温度分布模拟结果

（a）中心层；（b）上 40/41。

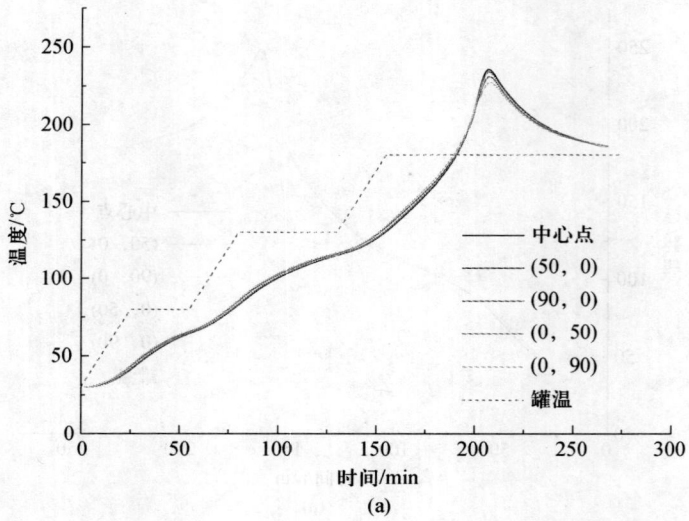

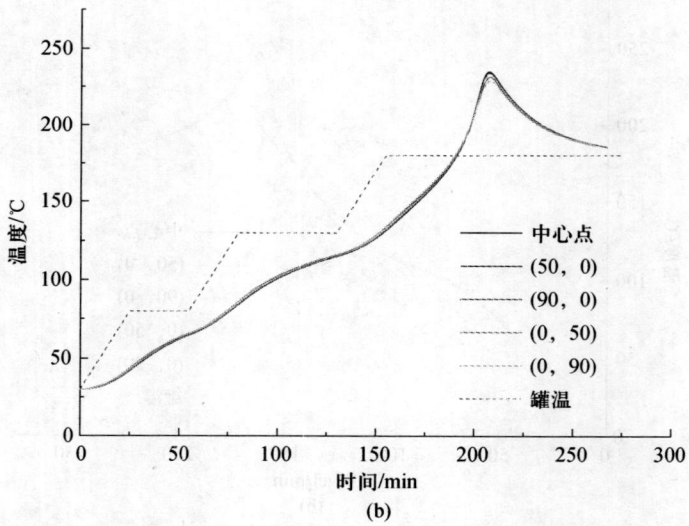

图 3 - 28 5288/T300B 复合材料层板温度分布模拟结果

(a) 中心层;(b) 上 40/41。

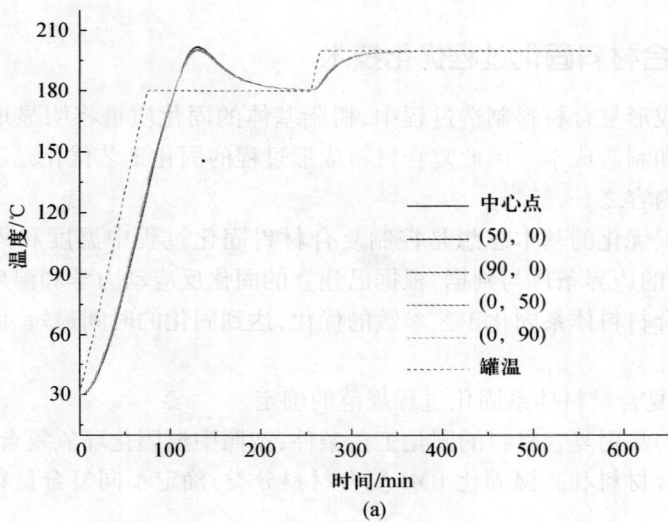

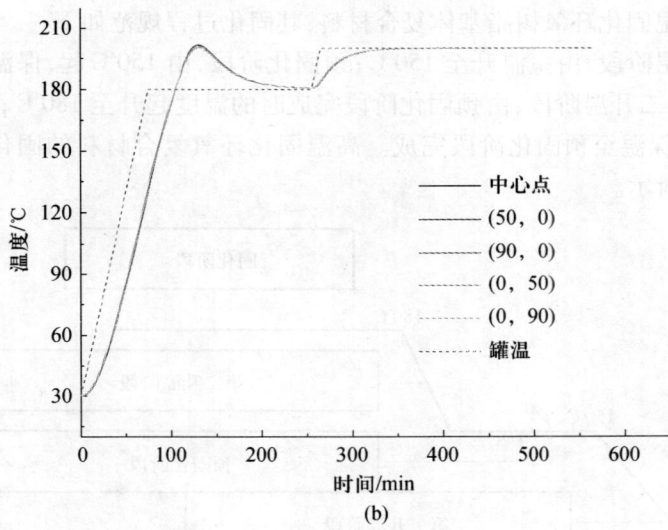

图 3 - 29　5429/T700SC 复合材料层板温度分布模拟结果
(a) 中心层；(b) 上 40/41。

3.5 热压成形复合材料制造过程优化

3.5.1 复合材料固化过程优化技术

在热压成形复合材料制造过程中,树脂基体的固化质量将明显地影响复合材料的性能和制造成本。因此复合材料成形过程的固化工艺优化是制造过程优化的最重要内容之一[24-30]。

固化过程优化的基本思想是控制复合材料固化过程中温度和固化度的变化,按照给定的边界条件与判据,根据已建立的固化反应动力学和温度分布模型进行不同复合材料体系固化工艺参数的优化,达到固化的时间最短、固化最均匀和完全[31-35]。

1. 不同复合材料体系固化过程规范的确定

根据目前常用复合材料的固化工艺条件,按照中温固化环氧复合材料、高温固化环氧复合材料和高温固化 BMI 复合材料分类,确定不同复合材料体系的固化过程规范:

对于高温固化环氧树脂基体复合材料,其固化过程规范如下:

第一升温阶段,由室温升至150℃;预固化阶段,由150℃起,保温至预固化阶段完成;第二升温阶段,由预固化阶段完成时的温度起升至180℃;固化阶段,由180℃起,保温至预固化阶段完成。高温固化环氧复合材料的固化过程规范如图 3-30 所示。

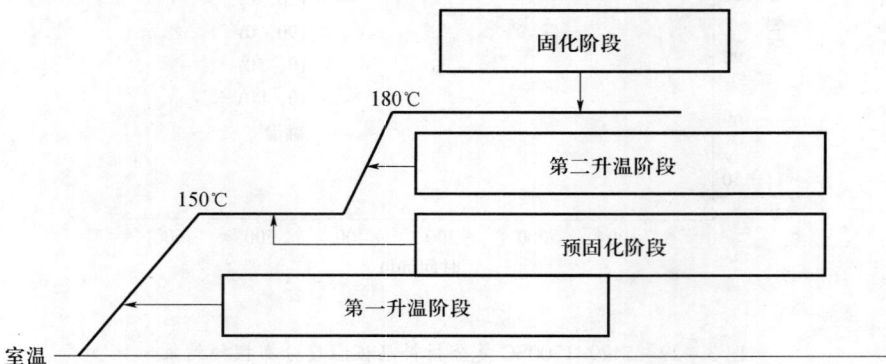

图 3-30　高温固化环氧复合材料的固化规范

对于中温固化环氧树脂基复合材料,其固化过程规范如下:

第一升温阶段,由室温升至95℃;预固化过程阶段,由95℃起,保温至预固化阶段完成;第二升温阶段,由预固化阶段完成时的温度起升至125℃;固化阶段,由125℃起,保温至预固化阶段完成。中温固化环氧复合材料的固化过程规范如图3-31所示。

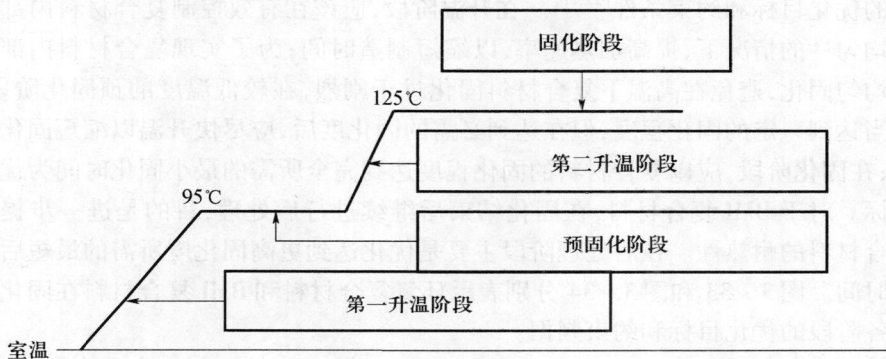

图3-31 中温固化环氧复合材料的固化过程规范

对于高温固化BMI树脂基复合材料,其固化过程规范如下:

第一升温阶段,由室温升至150℃;预固化阶段,由150℃起,保温至预固化阶段完成;第二升温阶段,由预固化阶段完成时的温度起升至180℃;固化阶段,由180℃起,保温至预固化阶段完成;第三升温阶段,由预固化阶段完成时的温度起升至200℃;后处理阶段,由200℃起,保温至后处理阶段完成。高温固化BMI复合材料的固化过程规范如图3-32所示。

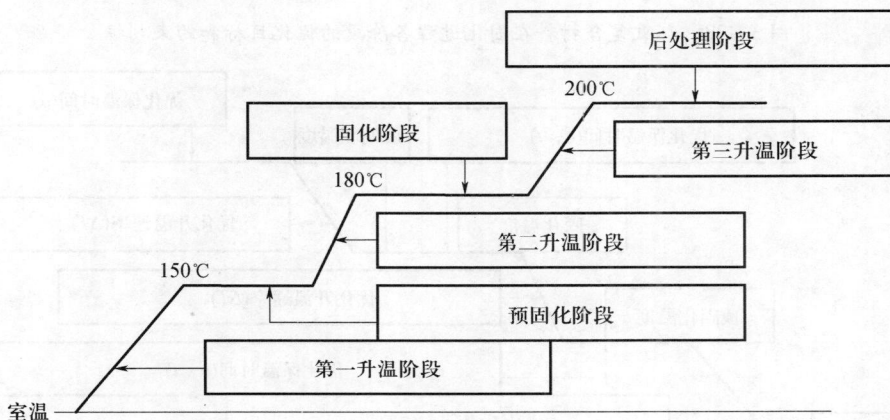

图3-32 高温固化BMI复合材料的固化过程规范

2. 热压成形复合材料固化过程优化目标和判据的确定

树脂基复合材料高质量、低成本生产要求其制造周期尽可能短并固化完全均匀。在这样的优化目标下,可以分解确定复合材料固化过程规范中的不同阶段的优化目标和约束条件[25,27]。在升温阶段,应该在有效控制复合材料内部温度均匀性的情况下,提高加热速率,以缩短制造时间;为了实现复合材料内部逐步均匀固化,避免在高温下复合材料固化过于剧烈,在较低温度的预固化阶段,应当达到一定的固化程度,但在达到必需的固化度后,应尽快升温以缩短固化时间;在固化阶段,应以复合材料的固化程度达到完全所需的最小固化时间为优化目标。对于 BMI 复合材料,在固化结束后继续进行后处理,目的是进一步提高复合材料的耐热性。在后处理阶段主要是优化达到更高固化度所需的最短后处理时间。图 3-33 和图 3-34 分别表示环氧复合材料和 BMI 复合材料在固化过程各阶段的优化目标和约束判据。

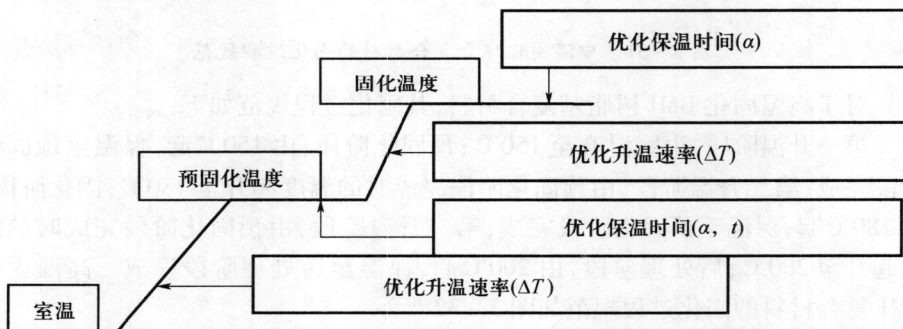

图 3-33 环氧复合材料在固化过程各阶段的优化目标和约束判据

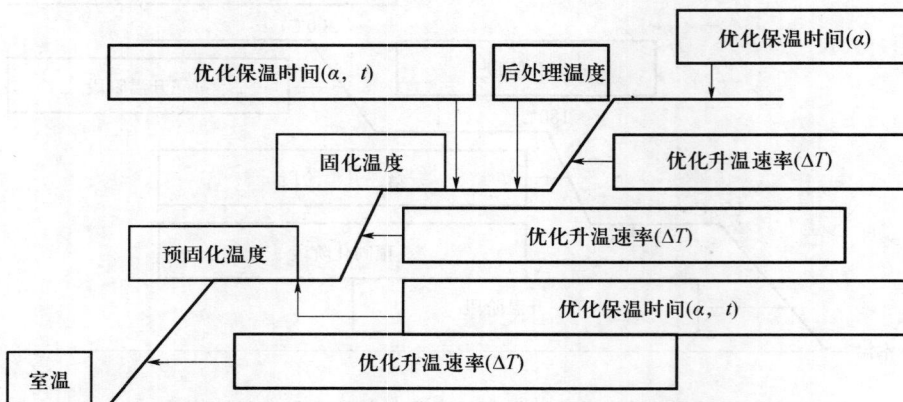

图 3-34 BMI 复合材料在固化过程各阶段的优化目标和约束判据

120

3. 复合材料固化过程优化模型的建立和求解

1）复合材料固化过程优化模型的建立

在复合材料固化过程中,温度和固化度是非常重要的两个参数,影响着复合材料构件的质量。通过对固化过程中温度和固化度变化的控制,就可以达到控制质量的目的。在不考虑树脂相变与流动的情况下,对于三维体系,热传导方程为

$$\begin{cases} \rho c \dfrac{\partial T}{\partial t} = \dfrac{\partial}{\partial z}\Big(k_z \dfrac{\partial T}{\partial z}\Big) + \dfrac{\partial}{\partial y}\Big(k_z \dfrac{\partial T}{\partial y}\Big) + \dfrac{\partial}{\partial x}\Big(k_z \dfrac{\partial T}{\partial x}\Big) + \rho_r \dot{H}V_r, \\ T(x,y,z,t_0) = T_0(x,y,z), (x,y,z) \in D \\ T_B(x,y,z,t) = \lambda(t), (x,y,z) \in D_0 \end{cases} \quad (3-23)$$

式中:ρ 为复合材料密度;c 为复合材料热容;k_x, k_y, k_z 为复合材料 x, y, z 方向的导热系数;T 为温度;t 为时间;ρ_r 为树脂密度;V_r 为树脂体积分数;$\dot{H}$ 为固化反应放热速率。

$T(x,y,z,t_0) = T_0(x,y,z)$ 表示初始的温度分布,D 为定义域,D_0 为 D 的边界,$T_B(x,y,z,t) = \lambda(t), (x,y,z) \in D_0$ 为边界条件,表示边界上的加温情况。

由于方程(3-23)中热源项的存在,使该问题复杂化了。方程(3-23)中的热源项的固化反应放热速率 $\dot{H}$ 是一个变量,其表达式为

$$\dot{H} = \frac{d\alpha}{dt}H_u \quad (3-24)$$

式中:α 为固化度;H_u 为反应过程总放热量。

而固化速率 $\dfrac{d\alpha}{dt}$ 又由固化动力学方程决定。固化动力学方程反映了固化反应速率对温度和固化度的依赖关系,可以用符号表示为

$$\frac{d\alpha}{dt} = f(T,\alpha) \quad (3-25)$$

从理论上,存在一个式(3-23)的温度分布 $T(x,y,z,t)$,和式(3-25)的固化度分布 $\alpha(x,y,z,t)$。将环氧体系的固化过程的优化模型整理为:求 $\lambda(t)$ $(t \geq t_0)$ 使得 t_4 最小,同时满足

（1）第一阶段升温温差控制:

$$\frac{\partial T(x,y,z,t)}{\partial t} \leq \Delta, T_0 \leq \lambda(t) \leq T_1, t_0 = \arg\{\lambda(t) = T_0\} \leq t \leq t_1$$

$$= \arg\{\lambda(t) = T_1\} \quad (3-26)$$

（2）第二阶段保温控制:

$$\lambda(t) = T_1, t_1 \leq t \leq t_2 \wedge \{[\alpha(x,y,z,t_2) \geq \alpha_1 \wedge 0.5 \leq t_2 - t_1] \vee t_2 - t_1 = 1]\}$$

$$(3-27)$$

（3）第三阶段升温温差控制：

$$\frac{\partial T(x,y,z,t)}{\partial t} \leqslant \Delta, T_1 \leqslant \lambda(t) \leqslant T_2, t_2 \leqslant t \leqslant t_3 = \arg\{\lambda(t) = T_2\}$$

$$(3-28)$$

（4）第四阶段保温控制：

$$\lambda(t) = T_2, t_3 \leqslant t \leqslant t_4 \wedge \{[\alpha(x,y,z,t_4) \geqslant \alpha_2 \wedge 1 \leqslant t_4 - t_3] \vee t_4 - t_3 = 2]\}$$

$$(3-29)$$

在以上四个阶段控制中，$\Delta, T_0, T_1, T_2, \alpha_1, \alpha_2$ 都为已知。T_0, T_1, T_2 分别表示初始边界温度、升温的第一阶段和第二阶段边界控制温度。Δ 为升温过程中材料内部温度变化差的控制量，α_1, α_2 分别为第二阶段和第四阶段保温过程中，固化度应该达到的下限。以上参数在不同的固化体系中的具体值见表 3－10。

表 3－10　环氧基体固化过程中的参数选取

参数 / 树脂体系	ΔT	T_0	T_1	T_2	α_1	α_2
低温固化环氧体系	20 °C	室温	75 °C	140 °C	0.8	0.99
中温固化环氧体系	20 °C	室温	95 °C	125 °C	0.3	0.99
高温固化环氧体系	20 °C	室温	120 °C	180 °C	0.3	0.99

高温固化双马来酰亚胺树脂基体的固化过程是一个六阶段的过程控制问题，其优化的基本原理同四阶段的环氧体系原理相同。

式（3－26）表示在第一个升温阶段，$\lambda(t)$ 从室温开始，升温到 T_1，但需要保证升温的速率不超过 Δ，式中的 $t_0 = \arg\{\lambda(t) = T_0\}$ 表示在 $\lambda(t) = T_0$ 时的时间为 t_0。式（3－28）有类似的解释。式（3－27）中的 $\wedge$ 表示逻辑的"与"，$\vee$ 表示逻辑的"或"。它表示边界温度保持在 T_1，且到一定的时间 t_2，使得固化度达到一个下界 α_1 或保温时间已经达到 1h。同样可以理解式（3－29）。如果将这些模型整理在一起，可以写成：求一个升温函数 $\lambda(t)$，使得

$$\min t_4$$

s. t. $\dfrac{\partial T(x,y,z,t)}{\partial t} \leqslant \Delta, T_0 \leqslant \lambda(t) \leqslant T_1, t_0 = \arg\{\lambda(t) = T_0\} \leqslant t \leqslant t_1$

$$= \arg\{\lambda(t) = T_1\}$$

$$\lambda(t) = T_1, t_1 \leqslant t \leqslant t_2 \wedge \{[\alpha(x,y,z,t_2) \geqslant \alpha_1 \wedge 0.5 \leqslant t_2 - t_1] \vee t_2 - t_1 = 1]\}$$

$$\frac{\partial T(x,y,z,t)}{\partial t} \leqslant \Delta, T_1 \leqslant \lambda(t) \leqslant T_2, t_2 \leqslant t \leqslant t_3 = \arg\{\lambda(t) = T_2\}$$

122

$$\lambda(t) = T_2, t_3 \leqslant t \leqslant t_4 \wedge \{[\alpha(x,y,z,t_4) \geqslant \alpha_2 \wedge 1 \leqslant t_4 - t_3] \vee t_4 - t_3 = 2]\}$$

$$(3-30)$$

2）复合材料固化过程优化模型的求解

式(3-30)的模型异常复杂,求解非常困难。只能通过一些启发式的算法求解。这里将模型进一步简化,假设升温过程函数满足 $\lambda(t) = T_0 + \mu t$,其中 μ 称为升温速率。不同的升温阶段的升温速率可以不同。优化控制的升温过程见图3-35。

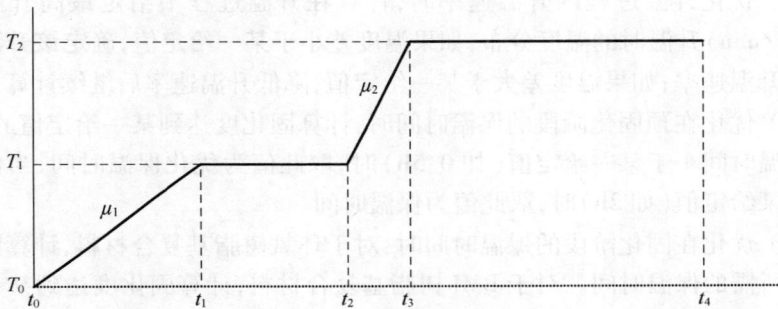

图3-35 优化控制的升温过程

简化升温过程后,求解式(3-30)的算法逻辑用伪程序表示为

STEP0 给出所有参数值 $\Delta, T_0, T_1, T_2, \alpha_1, \alpha_2$ 。 $t = t_0 = 0$ 。

STEP1(第一升温阶段)升温速率 μ 分为3个档次3,2,1。从3开始调用温度分布和固化度计算程序,如果不满足升温温差 Δ ,升温速率下降一个档次,直到最低档次。如果最低档次也无法满足升温温差要求,终止算法,无法优化。当满足升温温差控制时,计算 t_1 和 $T_1 = T_0 + \mu(t_1 - t_0)$ 。进入下一步。

STEP2(第一保温阶段)保持 T_1 温度,记 $a = t_1$ 。 t 从时间 t_1 开始,按步长 Δt 开始增加时间并调用温度分布和固化度计算程序,当固化度满足最低限 α_1 时,记下这时的时间为 t_2 ,转STEP3。否则,当 $t - a \geqslant 0.5\mathrm{h}$ 时, $t_2 = t$,转STEP3;当 $t - a < 0.5\mathrm{h}$ 时, $t := t + \Delta t$,重复STEP2。

STEP3(第二升温阶段)开始温度为 T_1 ,时间 $t = t_2$ 。升温速率 μ 分为3个档次3,2,1。从3开始调用温度分布和固化度计算程序,如果不满足升温温差 Δ ,升温速率下降一个档次,直到最低档次。如果最低档次也无法满足升温温差要求,终止算法,无法优化。当满足升温温差控制时,计算 t_3 和 $T_2 = T_1 + \mu(t_3 - t_2)$ 。进入下一步。

STEP4(第二保温阶段)保持 T_2 温度,记 $a = t_3$ 。 t 从时间 t_3 开始,按步长 Δt 开始增加时间并调用温度分布和固化度计算程序,当固化度满足最低限 α_2 时,

记下这时的时间为 t_4 ,转 **STEP5** 。否则,当 $t - a \geqslant 1h$ 时,停止计算,达不到性能要求;当 $t - a < 1h$ 时, $t:= t + \Delta t$,重复 **STEP4** 。

STEP5 输出 t_4 。式(3 - 30)得近似最优解。

4. 复合材料固化工艺参数优化计算

利用建立的固化反应动力学方程和温度场变化的模拟方法,根据给定的树脂体系、优化目标和优化约束,计算优化固化工艺参数。优化计算的主要过程如下:

(1)优化升温过程的升温速率时,计算在升温过程中给定最高升温速率(如 $3℃/\min$)升温时的温度分布,如果温度差小于某一给定值,确定该升温速率为优化升温速率;如果温度差大于某一给定值,降低升温速率后继续计算。

(2)优化在预固化阶段的保温时间时,计算固化度达到某一给定值的时间。但当保温时间小于某一给定值(如 0.5h)时,取此值为优化保温时间,当保温时间大于某给定值(如 2h)时,取此值为保温时间。

(3)优化在固化阶段的保温时间时,对于环氧树脂基复合材料,计算固化达到完全所需的保温时间。对于 BMI 树脂基复合材料,计算固化度达到某一给定值所需的保温时间,但当保温时间小于某一给定值(如 1h)时,取此值为优化保温时间,当保温时间大于某给定值(如 2h)时,取此值为保温时间。

(4)优化后处理阶段的保温时间时,计算以完全固化所需的保温时间。

上述计算过程在"先进树脂基复合材料制造模拟与优化系统"自动实现,在"先进树脂基复合材料制造模拟与优化系统"中,点击"工艺优化",得到如图 3 - 36 所示的界面。先在界面的左上角选择材料体系,然后在左下角选择具体的材料型号对应的材料参数。点击"开始优化"则开始优化计算。通过"查看结果"或"结果显示"观察优化计算结果。图 3 - 37 为结果显示的一个界面。

3.5.2 复合材料固化过程优化技术的应用

1)中温固化 3234 环氧复合材料固化工艺参数的优化

(1)建立 3234 树脂基体的固化反应动力学方程:

$$d\alpha/dt = 1.494 \times 10^{10} \exp(-94.75 \times 10^3/8.314/T) \times \alpha^{0.45}(1 - \alpha)^{1.877}$$

(2)建立 3234 树脂基体的热传导方程:

$$\rho c \frac{\partial T}{\partial t} = \frac{\partial}{\partial x}\left(k_x \frac{\partial T}{\partial x}\right) + \frac{\partial}{\partial y}\left(k_y \frac{\partial T}{\partial y}\right) + \frac{\partial}{\partial z}\left(k_z \frac{\partial T}{\partial z}\right) + \rho_r V_r H_R \frac{d\alpha}{dt}$$

有关固化反应动力学方程和热传导方程的建立和利用上述方程计算固化度与温度分布的方法详见本章 3.2 节,3.3 节。

(3)确定边界条件进行固化参数优化。设定 3234 中温固化的预固化温度

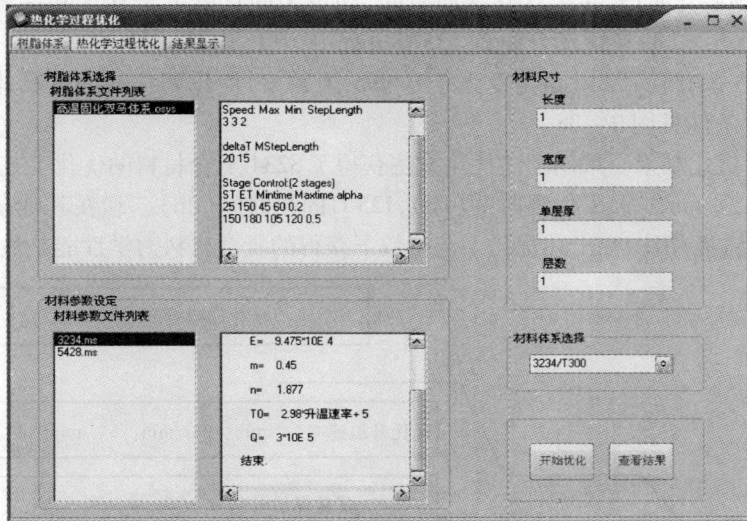

图 3-36　过程优化的参数控制界面

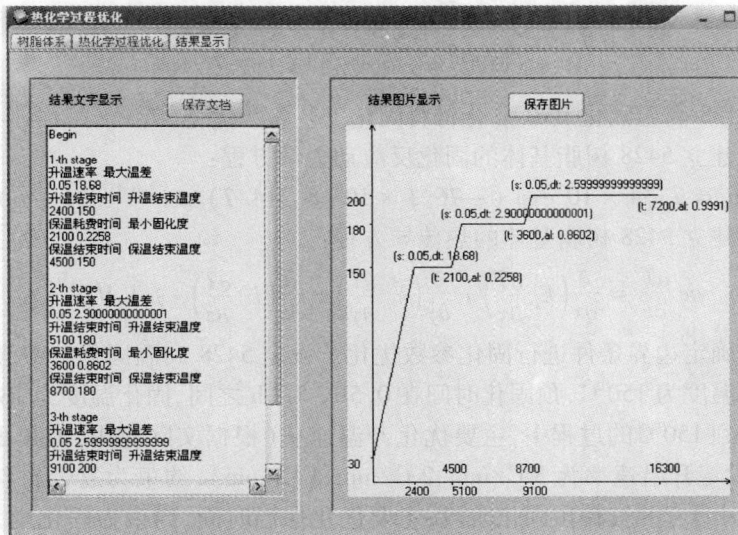

图 3-37　优化计算结果显示界面

为 95℃,预固化时间在 0.5h~1.0h 之间,固化温度为 125℃。在室温升温到 95℃的过程中,主要优化升温速率(根据实际应用,为减少优化计算时间,设定升温速率为 3℃/min、2℃/min、1℃/min),约束为复合材料内部的温度梯度小于

20℃;在预固化阶段,主要优化保温时间,约束为固化度大于 0.3 和保温时间在 0.5h~1.0h 之间;在继续升温到 125℃ 过程中,其优化目标和约束与前一升温过程相同;在固化阶段,以固化度大于 0.995 为约束,优化固化时间。具体优化目标和边界条件见图 3-38。

(4)优化结果。采用上述优化方法获得了 3234 复合材料的优化工艺参数:升温速率(1℃/min),95℃ 保温时间(1h),125℃ 固化时间(2h)。和在其他条件下获得的力学性能相比,在上述优化工艺参数下获得的复合材料力学性能是最高的。

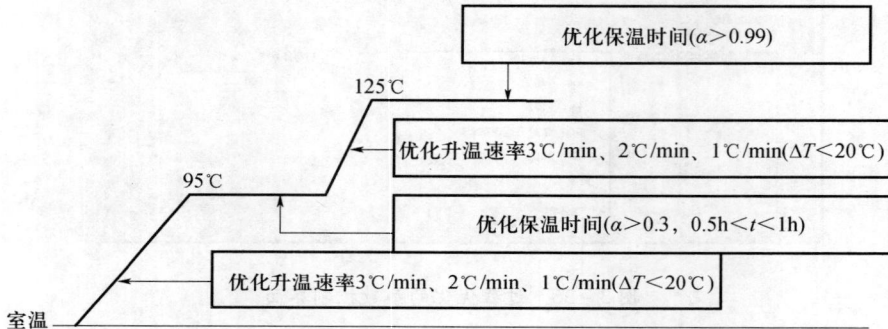

图 3-38 中温固化环氧复合材料体系工艺参数优化判据
注:所给定的边界条件按排列的先后顺序进行判断。

2)5428 高温固化 BMI 复合材料固化工艺参数优化

(1)建立 5428 树脂基体的固化反应动力学方程:

$$d\alpha/dt = 2.34 \times 10^5 \exp(-76.3 \times 10^3/8.314/T) \times \alpha^{-0.437}(1-\alpha)^{1.051}$$

(2)建立 5428 树脂基体的热传导方程:

$$\rho c \frac{\partial T}{\partial t} = \frac{\partial}{\partial x}\left(k_x \frac{\partial T}{\partial x}\right) + \frac{\partial}{\partial y}\left(k_y \frac{\partial T}{\partial y}\right) + \frac{\partial}{\partial z}\left(k_z \frac{\partial T}{\partial z}\right) + \rho_r V_r H_R \frac{d\alpha}{dt}$$

(3)确定边界条件进行固化参数优化。设定 5428 高温固化 BMI 复合材料的预固化温度为 150℃,预固化时间在 0.5h~1.0h 之间,固化温度为 180℃。在室温升温到 150℃ 的过程中,主要优化升温速率(根据实际应用,为减少优化计算时间,设定升温速率为 3℃/min、2℃/min、1℃/min),约束为复合材料内部的温度梯度小于 20℃;在预固化阶段,主要优化保温时间,约束为固化度大于 0.3 和保温时间在 0.5h~1.0h 之间;在继续升温到 150℃ 过程中,其优化目标和约束与前一升温过程相同;在固化阶段,以固化度大于 0.50 和固化时间在 1h~2h 为约束,优化固化时间;在继续升温到 200℃ 过程中,其优化目标和约束与前一升温过程相同;在后处理阶段,主要优化后处理时间,约束为固化度大于 0.995;具体优化目标和边界条件见图 3-39。

（4）优化结果。采用上述优化方法获得了 5428 复合材料体系的优化工艺参数：升温速率（3℃/min），150℃保温时间（1h），180℃固化时间（1h），200℃后处理时间（2h）。与在目前采用的固化工艺参数下相比，优化的工艺参数可实现固化周期减少 40%，但复合材料的力学性能相同。

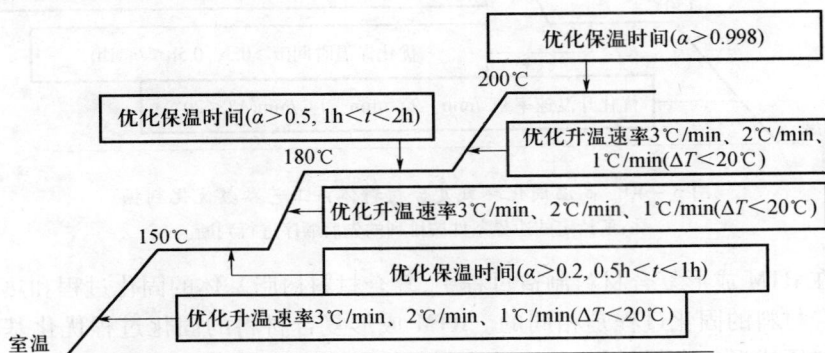

图 3-39　高温固化双马来酰亚胺复合材料体系工艺参数优化判据
注：所给定的边界条件按排列的先后顺序进行判断。

3）高温固化 5228/T300 环氧复合材料固化工艺参数优化

（1）建立 5228 树脂基体的固化反应动力学方程：

$$d\alpha/dt = 9226\exp\left(-61640/8.314/T\right)\alpha^{0.215}\left(1-\alpha\right)^{0.742}$$

（2）建立 5228 树脂基体的热传导方程：

$$\rho c\frac{\partial T}{\partial t} = \frac{\partial}{\partial x}\left(k_x\frac{\partial T}{\partial x}\right) + \frac{\partial}{\partial y}\left(k_y\frac{\partial T}{\partial y}\right) + \frac{\partial}{\partial z}\left(k_z\frac{\partial T}{\partial z}\right) + \rho_r V_r H_R\frac{d\alpha}{dt}$$

（3）确定边界条件进行固化参数优化。设定 5228 高温固化环氧复合材料的预固化温度为 150℃，预固化时间在 1h~2.0h 之间，固化温度为 180℃。在室温升温到 150℃的过程中，主要优化升温速率（根据实际应用，为减少优化计算时间，设定升温速率为 3℃/min、2℃/min、1℃/min），约束为复合材料内部的温度梯度小于 20℃；在预固化阶段，主要优化保温时间，约束为固化度大于 0.5 和保温时间在 1.0h~2.0h 之间；在继续升温到 180℃过程中，其优化目标和约束与前一升温过程相同；在固化阶段，以固化度大于 0.995 为约束，优化固化时间。具体优化目标和边界条件见图 3-40。

（4）优化结果。采用上述优化方法获得了 5228 复合材料体系的优化工艺参数：升温速率（1℃/min），150℃保温时间（1h），180℃固化时间（2.5h）。与在其他条件下获得的力学性能相比，在上述优化工艺参数下获得的复合材料力学性能是最高的。

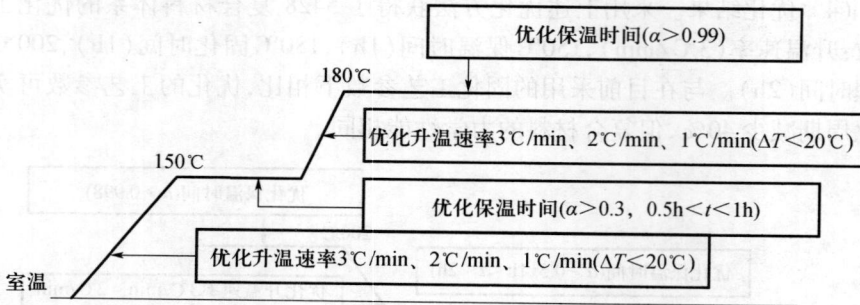

图 3-40 高温固化环氧复合材料体系工艺参数优化判据
注:所给定的边界条件按排列的先后顺序进行判断。

在 RTM 成形复合材料制造过程中,复合材料树脂基体的固化过程和热压成形复合材料的固化过程是相同的。RTM 成形复合材料的固化过程优化基本思想和热压成形复合材料相同,也是控制复合材料固化过程中温度和固化度的变化,按照给定的边界条件与判据,根据已建立的固化反应和温度分布模型进行不同复合材料体系固化工艺参数的优化,达到固化的时间最短、固化最均匀和完全。

由于目前应用的 RTM 树脂基体的类型也是环氧和 BMI 两大类,与热压成形复合材料的树脂基体类型相同,有关 RTM 成形复合材料固化过程的优化与热压成形复合材料固化过程优化完全相同。因此,这里仅仅给出几个 RTM 树脂基体固化过程优化计算的实例,有关 RTM 成形复合材料的固化过程优化的详细描述可以参见热压成形复合材料的固化过程优化。

4)中温固化 3266 环氧复合材料固化工艺参数的优化

(1)建立 3266 树脂基体的固化反应动力学方程:

$$\mathrm{d}\alpha/\mathrm{d}t = 29743800\mathrm{e}^{(-74260/RT)}\alpha^{0.5083}(1-\alpha)^{1.11}$$

(2)建立 3266 树脂基体的热传导方程:

$$\rho c \frac{\partial T}{\partial t} = \frac{\partial}{\partial x}\left(k_x \frac{\partial T}{\partial x}\right) + \frac{\partial}{\partial y}\left(k_y \frac{\partial T}{\partial y}\right) + \frac{\partial}{\partial z}\left(k_z \frac{\partial T}{\partial z}\right) + \rho_r V_r H_R \frac{\mathrm{d}\alpha}{\mathrm{d}t}$$

(3)确定边界条件进行固化参数优化。设定 3266 中温固化的预固化温度为 95℃,预固化时间在 0.5h ~ 1.0h 之间,固化温度为 125℃。在室温升温到 95℃的过程中,主要优化升温速率(根据实际应用,为减少优化计算时间,设定升温速率为 3℃/min、2℃/min、1℃/min),约束为复合材料内部的温度梯度小于 20℃;在预固化阶段,主要优化保温时间,约束为固化度大于 0.3 和保温时间在 0.5h ~ 1.0h 之间;在继续升温到 125℃过程中,其优化目标和约束与前一升温过

128

程相同;在固化阶段,以固化度大于 0.995 为约束,优化固化时间。具体优化目标和边界条件见图 3-41。

(4)优化结果。采用上述优化方法获得了 3266 复合材料体系的优化工艺参数:升温速率(1℃/min),95℃保温时间(1h),125℃固化时间(2h)。与在其他条件下获得的力学性能相比,在上述优化工艺参数下获得的力学性能是最高的。

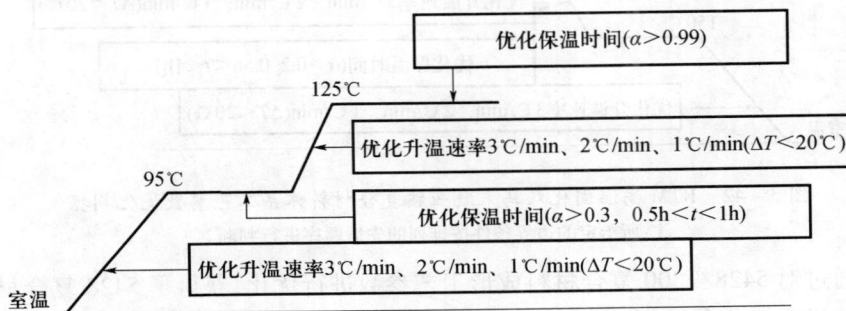

图 3-41 RTM 中温固化环氧复合材料体系工艺参数优化判据
注:所给定的边界条件按排列的先后顺序进行判断。

5)高温固化 6421 BMI 复合材料固化工艺参数优化

(1)建立 6421 树脂基体的固化反应动力学方程:
$$d\alpha/dt = 556130e^{(-79974/RT)}\alpha^{0.2417}(1-\alpha)^{1.0375}$$

(2)建立 6421 树脂基体的热传导方程:
$$\rho c \frac{\partial T}{\partial t} = \frac{\partial}{\partial x}\left(k_x \frac{\partial T}{\partial x}\right) + \frac{\partial}{\partial y}\left(k_y \frac{\partial T}{\partial y}\right) + \frac{\partial}{\partial z}\left(k_z \frac{\partial T}{\partial z}\right) + \rho_r V_r H_R \frac{d\alpha}{dt}$$

(3)确定边界条件进行固化参数优化。设定 6421 高温固化 BMI 复合材料的预固化温度为 150℃,预固化时间在 0.5h~1.0h 之间,固化温度为 180℃。在室温升温到 150℃的过程中,主要优化升温速率(根据实际应用,为减少优化计算时间,设定升温速率为 3℃/min、2℃/min、1℃/min),约束为复合材料内部的温度梯度小于 20℃;在预固化阶段,主要优化保温时间,约束为固化度大于 0.3 和保温时间在 0.5h~1.0h 之间;在继续升温到 150℃过程中,其优化目标和约束与前一升温过程相同;在固化阶段,以固化度大于 0.50 和固化时间在 1h~2h 为约束,优化固化时间;在继续升温到 200℃过程中,其优化目标和约束与前一升温过程相同;在后处理阶段,主要优化后处理时间,约束为固化度大于 0.995。具体优化目标和边界条件见图 3-42。

(4)优化结果。采用上述优化方法获得了 6421 复合材料基体的优化工艺参数:升温速率(2℃/min),150℃保温时间(1h),180℃固化时间(2h),200℃后处理时间(5h)。

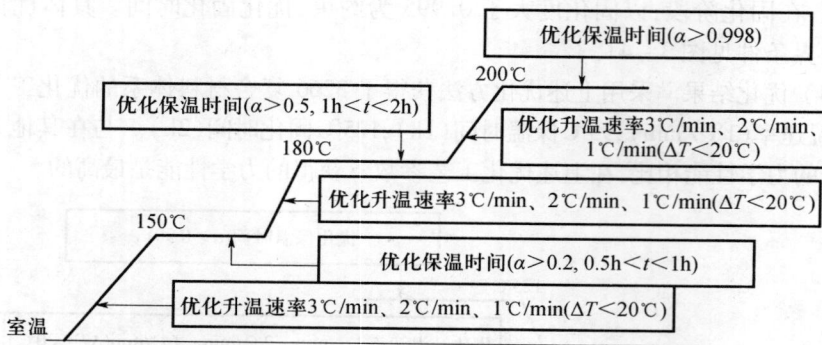

图 3-42　RTM 高温固化双马来酰亚胺复合材料体系工艺参数优化判据

注:所给定的边界条件按排列的先后顺序进行判断。

通过对 5428/T300 复合材料成形工艺参数进行优化,获得了 5428 复合材料体系的优化工艺参数:升温速率(3℃/min),150℃保温时间(1h),180℃固化时间(1h),200℃后处理时间(2h)。与在目前采用的固化工艺参数下相比,固化周期可缩短 40%。

为了验证工艺参数优化的准确性,本章采用优化的固化工艺参数、原固化工艺参数以及在优化工艺参数基础上增加 200℃/1h 后处理三种工艺成形制备了复合材料,比较不同工艺条件下获得的复合材料性能。结果表明,三种工艺获得的复合材料性能相当,表明优化的工艺参数是可靠的,见图 3-43～图 3-46。

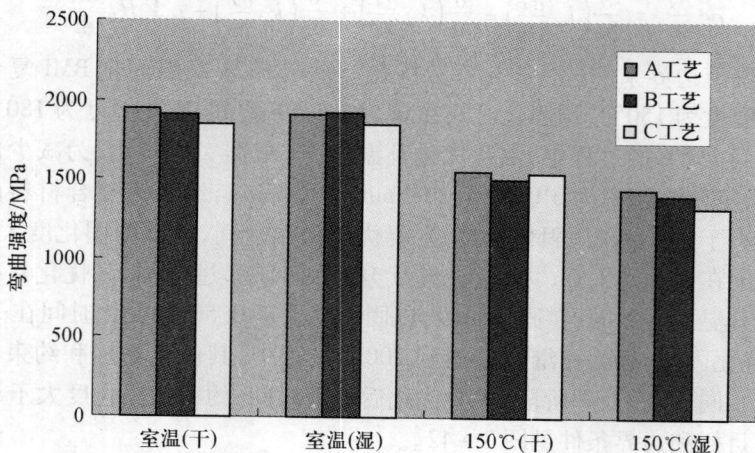

图 3-43　不同工艺条件下复合材料弯曲强度比较

A 工艺—优化固化工艺; B 工艺—A 工艺 +200℃处理 1h; C 工艺—原固化工艺。

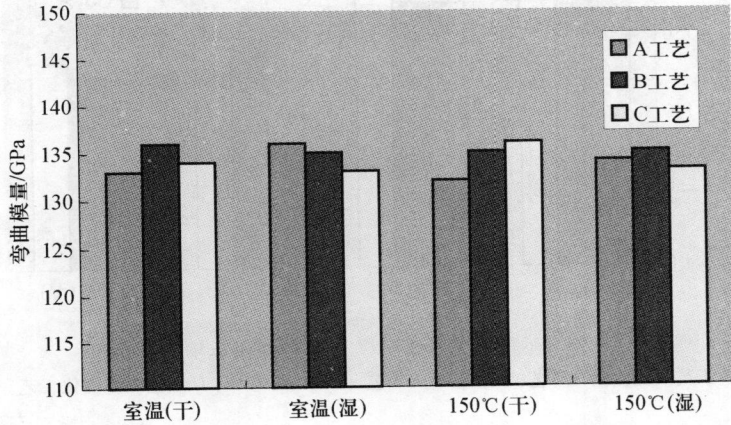

图 3-44 不同工艺条件下复合材料弯曲模量比较

A 工艺—优化固化工艺；B 工艺—A 工艺 +200℃处理 1h；C 工艺—原固化工艺。

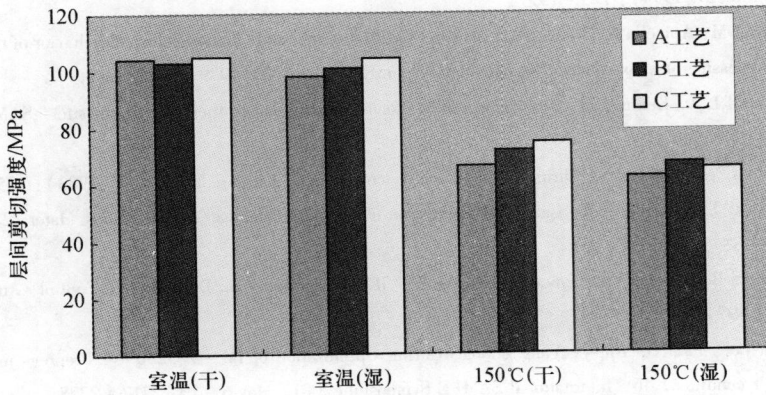

图 3-45 不同工艺条件下复合材料层间剪切强度比较

A 工艺—优化固化工艺；B 工艺—A 工艺 +200℃处理 1h；C 工艺—原固化工艺。

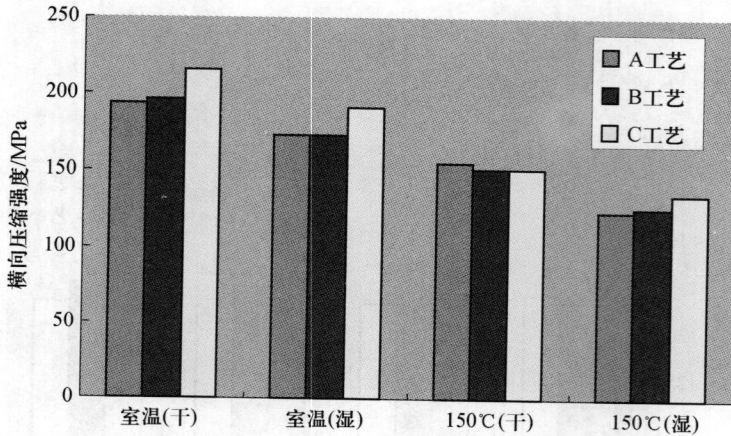

图 3－46　不同工艺条件下复合材料横向压缩强度比较

A 工艺—优化固化工艺；B 工艺—A 工艺＋200℃处理 1h；C 工艺—原固化工艺。

参 考 文 献

[1] Kenny J M. Application of modeling to the control and optimization of composites processing. Composite Structure,27(1994): 129－139.

[2] Kenny J M, Apicella A, Nicolais L. A model for the thermal and chemorheological behavior of thermosets, 1: Processing of epoxy － based composites. Polym. Eng. Sci. , 29(1989): 973－983.

[3] Berglund L A, Kenny J M, Processing science for high performance thermoset composites. SAMPE J. ,27 (2)(1991):1426.

[4] Loos A C, Springer G S. Curing of epoxy matrix composites. J Comp. Mater. , 17(1983): 135－169.

[5] Gutowski T G, Morigaki T, Cai Z. Consolidation of laminate composites. J. Compos. Mater. 21(1987): 172－188.

[6] Leclair S R, Abrams F L. Proceeding of the 27th IEEE Conference on Decision and Control. Austin, TX, 1988:197－209.

[7] Kevin Lee, Paul O. Biney, Yang Zhong. Curing Optimization of IM－7/5250－4 Prepregs under Field Repair condition. 46th International SAMPE Symposium 2001, May 6－10: 2217－2228.

[8] Lee S N, Chiu M T, Lin H S. Kinetic Model for the Curing Reaction of a Tetraglycidyl Diamino Diphenyl Methan/Diamine Diphenyl Sulphone (TGDDM/DDS) Epoxy Resin System. Polymer Engineering and Science, 1992, 32(15): 1037－1046.

[9] Sourour S, Kamal M R. Differential Scanning Calorimetry of Epoxy Cure: Isothermal Cure Kinetics, Thermochinmica Acta, 14(1976):41－59.

[10] Dusi M R, Lee W I, Ciriscioli P R et al. Cure Kinetics and Viscosity of Fiberite 976 Resin, Journal of

132

Composite Materials, 1987, 21: 243 –261.

[11] Shin D D, Hahn H T. A Consistent Cure Kinetic Model for As4/3502 Graphite/Epoxy, Composites Part A: 2000, 31: 991 –999.

[12] Lee W I, Loos A C, Springer G S. Heat of Reaction, Degree of Cure, and Viscosity of Hercules 3501 – 6 resin. Journal of Composite Materials, 1982, 16: 510 –520.

[13] Mijovic J, Lee C H. A comparison of chemorheological models for thermoset cure. Journal of Applied Polymer Science, 1989,38: 2155 –2170.

[14] Yoon K J, Kim J S. Effect of Thermal Deformation and Chemical Shrinkage on the Process Induced Distortion of Carbon/Epoxy Curved Laminates. Journal of Composite Materials, 2001, 35(3): 253 –263.

[15] Lee C W, Rice B P. Modeling of epoxy cure reaction rate by neural network, 28th SAMPE Technical Conference, November 4 –7, 1996, 827 –836.

[16] Hahn H T, Pagano N T. Curing stress in composite laminates. Journal of Composite Materials, 1975, 9: 91 –106.

[17] White S R, Hahn H T. process modeling of composite materials residual stress development during cure. Part Ⅱ: Experimental Validation, Journal of Composite Materials, 1992, 26(16): 2423 –2431.

[18] Cole K C, Hechler J J, Noel D. A new method to modeling the cure kinetics of epoxy amine thermosetting resin, 2. Application to a typical system based on Bis[4 – (diglycidylamino) phenyl] methane and Bis (4 – aminophenyl) sulfone. Macromolecules, 1991, 24:3098 –3110.

[19] Martinez G M. Fast cures for thick laminated organic matrix composites. Chem. Eng. Sci, 1991, 46 (2): 439 –450.

[20] Joshi S C, Liu X L, Lam Y C. A numerical approach to the modeling of polymer curing in fibre – reinforced composites. Composites Science and Technology, 1999, 59: 1003 –1013.

[21] Christos C. Chamis, Test method and design allowables for fibrous composite, 2nd volume.

[22] MIL – HDBK – 17 – 1F, volume 1, Polymer matrix composites guidelines for characterization of structural materials.

[23] HB 7618—1998 中华人民共和国航空工业标准—聚合物基复合材料力学性能数据表达准则.

[24] Yang Z L, Lee S. Optimized curing of thick section composite laminates, Materials and Manufacturing processes, 2001, 1 6, 4, 541 –560.

[25] Alefred C. Loos, George S. Springer, Curing of Epoxy Matrix composites, Journal of Composite Materials, 1983, 17, 135 –169.

[26] Twardowski T E, Lin S E, Gell P H. Curing in thick composite laminates: experiment and silmulation. Journal of Composite Materials, 1993, 27(3): 216 –250.

[27] Peter R. Ciriscioli and George S. Springer, An expert system for autoclave curing of composites. Journal of Composite Materials, 1991, 25, 1542 –11587.

[28] Cure cycle optimization for the reduction of processing – induced residual stresses in composite materials, Journal of Composite Materials, 1993, 27, 14, 1352 –1378.

第4章 电子束固化复合材料技术

4.1 概述

复合材料的电子束固化技术是最主要的辐射固化技术之一。树脂基复合材料电子束固化成形就是应用高能电子束引发预浸料中的树脂基体发生交联反应,制造高交联密度的热固性树脂基复合材料,电子束固化复合材料具有许多独特的优点:可以实现室温或者低温固化;固化速度快,成形周期短;适于制造大型复合材料制件;可选择区域固化;适用的电子束固化树脂体系少用或者不用易挥发的有毒有机溶剂以及有毒和致癌的化学固化剂,减小了对环境和人体的危害;电子束固化工艺便于实现连续化操作,可与 RTM、编织和拉挤等成形工艺结合起来,进一步降低制造成本;改善了材料的工艺操作性,电子束固化树脂体系和预浸料可在室温环境下长期储存;能耗低,复合材料电子束固化所需能量仅为热固化的 $1/10 \sim 1/20$。总之,电子束固化复合材料制造技术具有低成本和低污染两大特点。电子束固化树脂基复合材料的研究起步于 20 世纪 80 年代末 90 年代初[1]。国内电子束固化复合材料研究起始于 20 世纪末,北京航空材料研究院对电子束固化复合材料的树脂基体、成形工艺、固化反应机理与动力学以及复合材料界面等进行了系统的研究。

4.2 引发剂和环氧树脂电子束辐射效应

4.2.1 阳离子引发剂的辐射效应

除了环氧树脂之外,阳离子环氧树脂体系最基本的成分是阳离子光引发剂。根据阳离子光引发剂的化学结构,它们主要分为锍盐、铁芳烃配合物、非亲核阴离子、重氮盐等[2],它们的典型结构见表 4 - 1。

表 4 - 1 引发剂的典型类型及结构

类　型	典　型　结　构
二芳基碘锍盐	

类　型	典　型　结　构
三芳基硫鎓盐	$X^- {}^+S$—◯—S—◯—$S^+ X^-$
铁芳烃配合物	$Fe^+ PF_6^-$
非亲核阴离子引发剂	$B\left(\underset{F}{\overset{F}{\bigcirc}}F\right)_4^-$
重氮盐	$N^{\oplus}{=}N$　$PF_6^{\ominus}$　OCH_3

1. 鎓盐引发剂

二芳基碘鎓盐和三芳基硫鎓盐是这类阳离子引发剂的最重要的代表。鎓盐的阳离子是它的光敏部分。无机阴离子用于激活引发剂的波长没有吸收,因而在决定光引发剂的吸收特性中不起作用。只有对阳离子的改进才能影响吸收峰的位置和强度,因而对最后的光化学过程产生影响。

但是,在光聚合反应过程中,增长反应的速度受到生成的质子酸的类型的强烈影响,即由引发剂的阴离子部分所决定。因此,阳离子相同、阴离子不同的鎓盐的反应活性顺序为

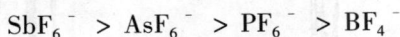

$$SbF_6^- > AsF_6^- > PF_6^- > BF_4^-$$

2. 铁芳烃配合物

这类有机金属化合物也被发现是有效的阳离子光引发剂。铁络合物在相当宽的 UV 光谱范围内都有很强的吸收,在可见光的重要部分也有弱的吸收。铁芳烃配合物的光敏性很容易通过使用敏化剂而得到提高。

这类阳离子引发剂有上述的一些优点,但有两个缺点:一是颜色较深,使之不适合于深层光固化;二是对环氧官能团的引发反应活性低。

3. 非亲核阴离子

四(五氟代苯基)硼酸根(tetrakis - (pentaflurophenyl) - borate)是一种很高

电负性的阴离子引发剂[3]。由于它的弱配位特性，这种非常大的阴离子(比 SbF_6^- 大得多)可以使聚合反应的增长速度提高。

当它和二芳基碘鎓盐或三芳基硫鎓盐阳离子结合时，发现在有机介质中它的反应活性至少和六氟化锑阴离子同系物的反应活性相当，但这类引发剂引发环氧硅烷体系的效率更高。

无论是共价键固体物质(如有机聚合物、有机固体)还是离子键固体物质(如某些盐类)高能辐射都可以破坏其分子的化学键，从而引起化学变化。

4. 重氮盐

重氮盐是较早发现的光引发剂之一，如重氮氟硼酸盐、重氮六氟磷酸盐、重氮高氯酸盐等，正是它们的发现才使辐射固化真正走向实用化。但是，重氮盐在分解引发聚合中会产生氮气，从而影响材料的性能。

其他引发剂还包括不饱和亚硝酸胺、氟化烷烃磺酸盐、硫代噁鎓盐等。但是，目前应用最成功、最广泛的还是碘鎓盐和硫鎓盐这两类引发剂。本节以二芳基碘鎓六氟化锑酸盐(CD1012)和戊茂铁配合物(261)引发剂为例说明电子束辐射对引发剂的影响。

从图4-1可以看出，辐射48kGy后的CD1012的FTIR图谱与没有辐射的基本一样。这说明CD1012在空气中经电子束辐射后并没有发生明显的化学变化，没有改变其化学结构。

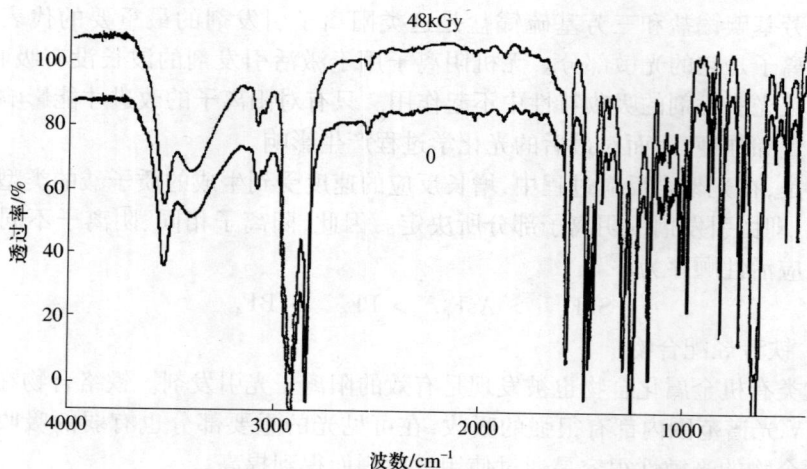

图4-1 CD1012分别辐射0、48kGy时的FTIR图谱

与CD1012的情况一样，261辐射48kGy后的FTIR图谱与其未辐射时一样(见图4-2)。说明它也没有发生明显的化学变化，没有改变其化学结构。

从图4-3、图4-4可以看出，辐射后的CD1012或261的紫外可见光谱图

136

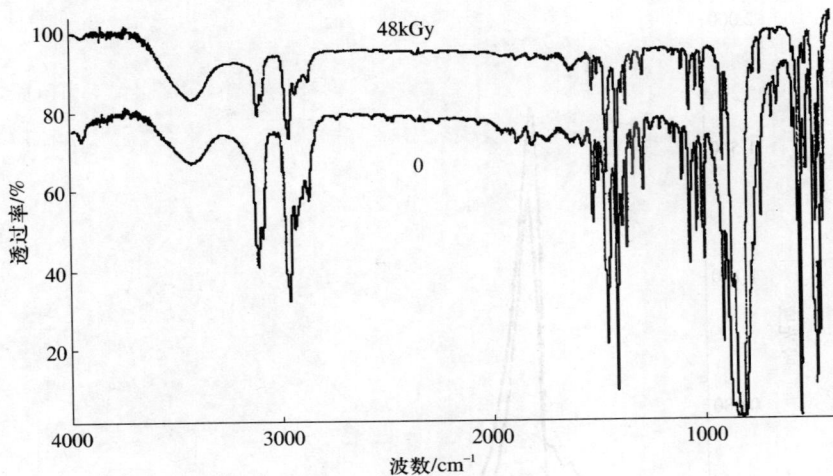

图 4 - 2　261 分别辐射 0、48kGy 时的 FTIR 图谱

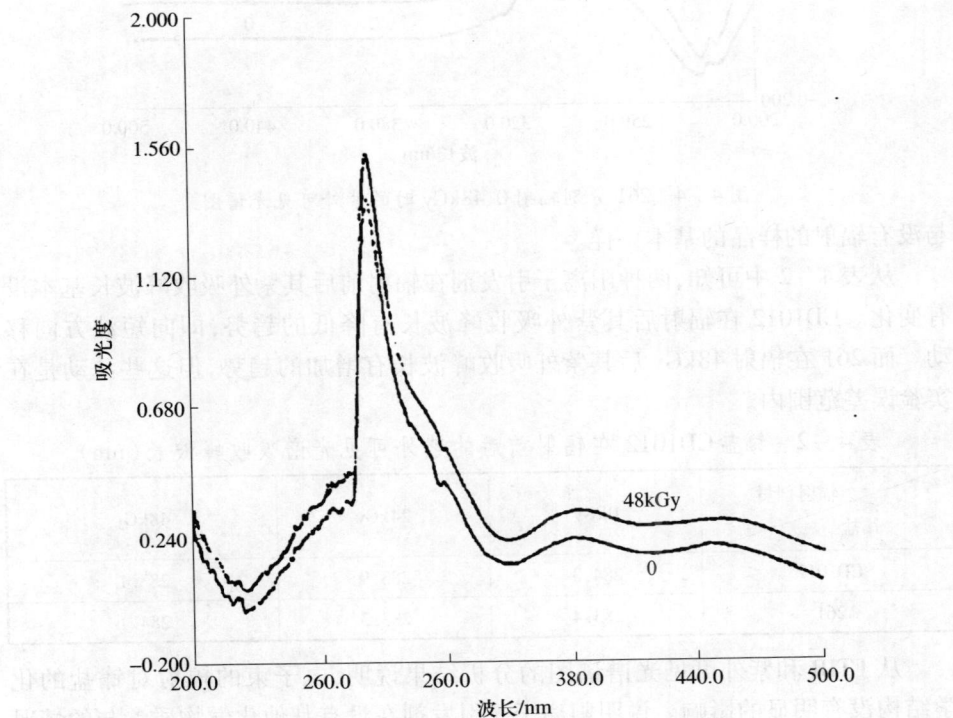

图 4 - 3　CD1012 分别辐射 0、48kGy 时的紫外可见光谱图

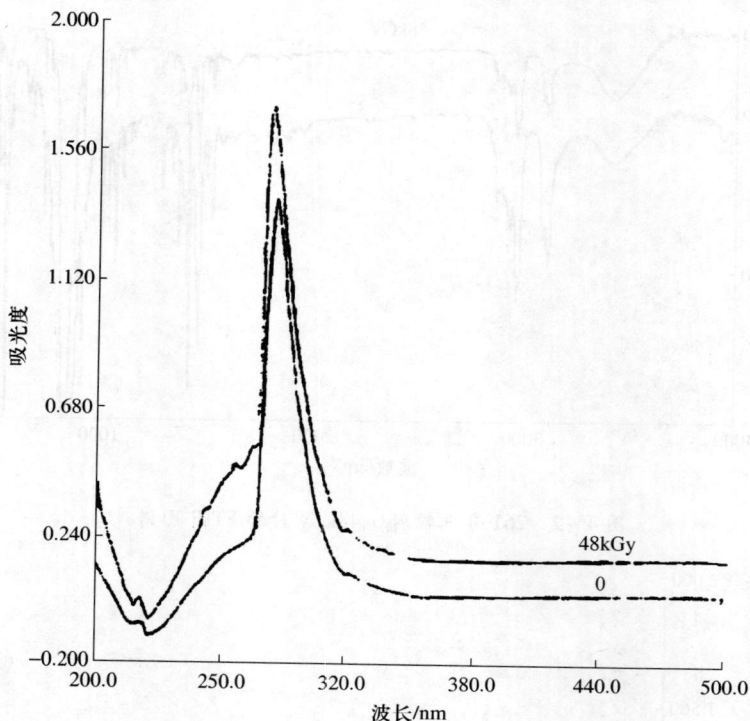

图 4-4　261 分别辐射 0、48kGy 时的紫外可见光谱图

与没有辐射的样品的基本一样。

从表 4-2 中可知,两种阳离子引发剂在辐射前后其紫外吸收峰波长基本没有变化。CD1012 在辐射后其紫外吸收峰波长有降低的趋势,即向短波方向移动。而 261 在辐射 48kGy 后其紫外吸收峰波长有增加的趋势,但这些波动是在实验误差范围内。

表 4-2　锍盐CD1012 在辐射前后的紫外可见光谱吸收峰波长(nm)

辐射剂量 锍盐	0kGy	24kGy	48kGy
CD1012	284.3	283.9	283.1
261	283.4	283.3	284.1

从 FTIR 和紫外可见光谱谱图的分析结果说明,电子束的辐射对锍盐的化学结构没有明显的影响。说明阳离子光引发剂在没有其他化学物质参与的情况下,在电子束的辐射下基本不会发生化学反应。

从图 4-5、图 4-6 可以看出,阳离子引发剂 CD1012 和 261 在辐射后其热

138

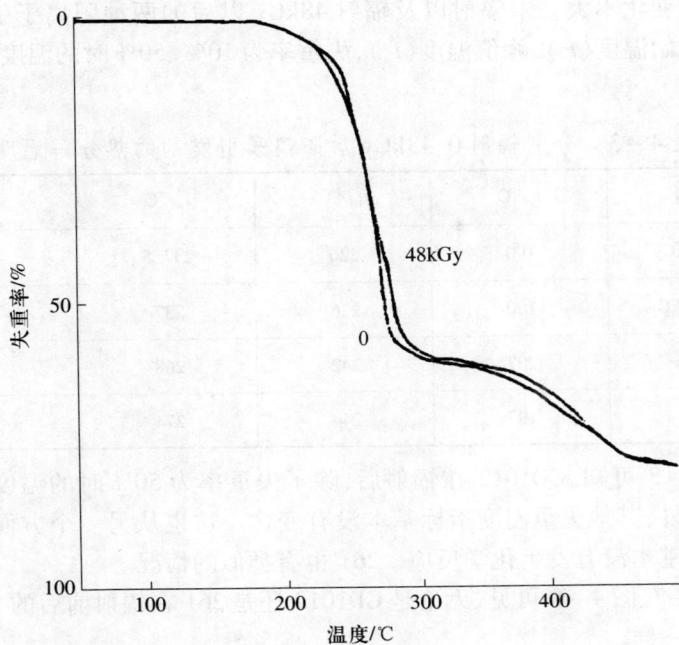

图 4 - 5　CD1012 分别辐射 0、48kGy 后的 TG 曲线

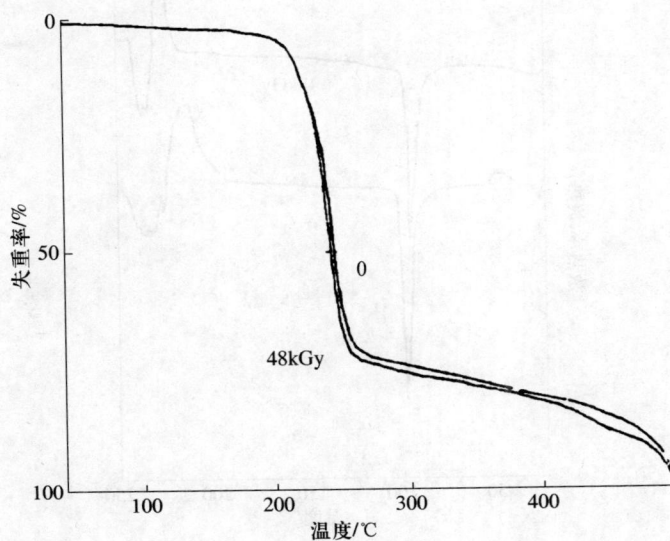

图 4 - 6　261 分别辐射 0、48kGy 后的 TG 曲线

分解温度均变化不大。未辐射以及辐射 48kGy 以后的两种阳离子引发剂的热分解峰的初始温度(t_s)、峰值温度(t_p),失重率为 10%、50% 时的温度 t_{10},t_{50}见表 4-3。

表 4-3　分别辐射 0、48kGy 后阳离子引发剂的热分解温度

引发剂	t_s/℃	t_{10}/℃	t_p/℃	t_{50}/℃
CD1012,0kGy	190	226	237.5	250
CD1012,48kGy	190	226	237	246
261,0kGy	207	242	268	275
261,48kGy	197	244	274	278

从表 4-3 可知,CD1012 在辐射后,除了失重率为 50% 时的温度略低于未辐射的样品外,其他失重温度指标基本没有变化。这也从另一个方面说明其在辐射过程中基本没有发生化学反应。261 也有类似的情况。

从图 4-7、图 4-8 可见,无论是 CD1012 还是 261 在辐射前后的 DSC 峰形、峰温都基本一样。

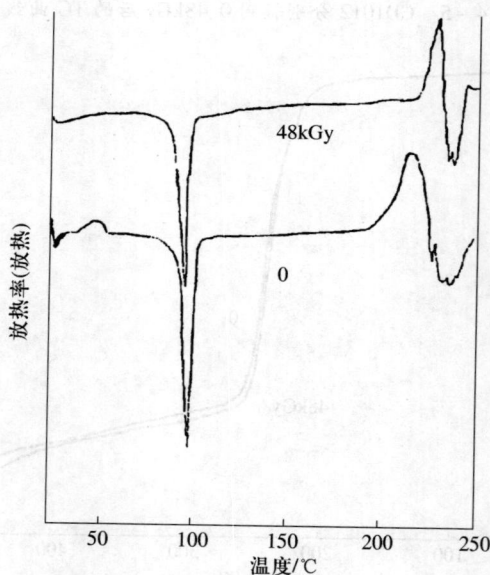

图 4-7　CD1012 辐射前后的 DSC 曲线

140

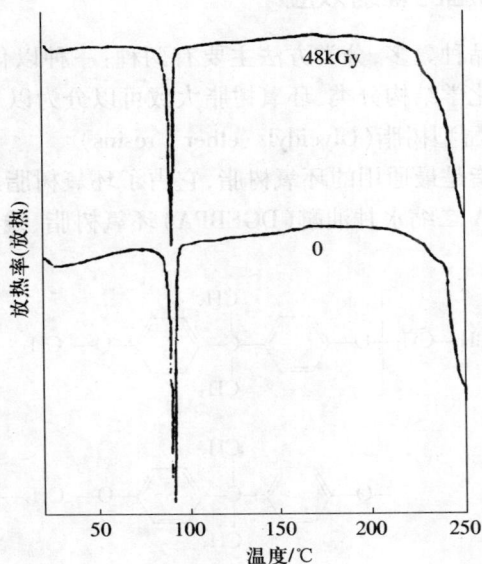

图 4-8　261 辐射前后的 DSC 曲线

综合对阳离子引发剂的红外光谱、紫外光谱、热失重及 DSC 分析。实验表明,阳离子光引发剂在没有其他化学物质参与的情况下,在电子束的辐射下基本不会发生化学反应。

综合上述几种针对阳离子引发剂的研究,说明在阳离子环氧树脂的电子束固化过程中,阳离子引发剂分子吸收辐射能量而呈激发态,然后激发态阳离子引发剂发生分解,其分解反应的第一步是一个可逆过程,如果没有带活性"H"原子的有机化合物"RH"参与其分解反应,消耗掉分解反应的第一步反应的产物,则分解化学反应不会继续向分解反应方向进行(如下式)。同时,一旦离开辐射源,则处于激发态的引发剂分子将释放所吸收的能量,返回基态。因此,对纯引发剂辐射效应的研究表明,纯引发剂在经过电子束辐射后基本没有发生辐射分解反应。而且实验表明,将引发剂溶解在含活性氢的有机溶剂中,如果没有受到辐射则溶液的 pH 值基本没有变化,而如果将溶液用电子束辐射则其 pH 值随时间增加而增加,这进一步证明了下式的反应过程:

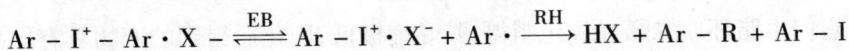

$$Ar-I^+-Ar \cdot X- \underset{EB}{\overset{}{\rightleftharpoons}} Ar-I^+ \cdot X^- + Ar \cdot \overset{RH}{\longrightarrow} HX + Ar-R + Ar-I$$

4.2.2 环氧树脂的辐射效应

环氧树脂的品种繁多,分类方法主要有两种:一种以化学结构来分;另一种以形态来分。按化学结构分类,环氧树脂大致可以分为以下几类[4]:

1. 缩水甘油醚型树脂(Glycidyl ether resins)

这类环氧树脂是最通用的环氧树脂,它占了环氧树脂总量75%以上。其最典型代表是双酚 A 二缩水甘油醚(DGEBPA)环氧树脂、线性酚醛多缩水甘油醚环氧树脂:

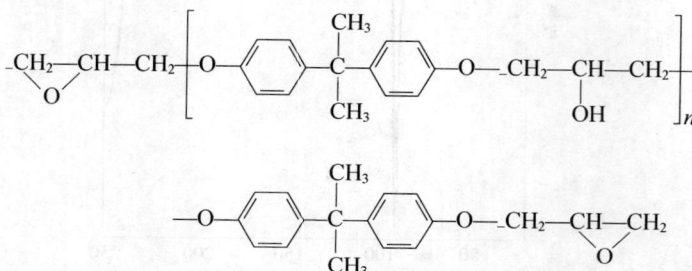

双酚 A 二缩水甘油醚(DGEBPA)环氧树脂

2. 缩水甘油酯型树脂(Glycidyl ester resins)

缩水甘油酯型环氧树脂具有黏度小、耐候性好等优点,其典型代表是四氢邻苯二甲酸二缩水甘油酯(711 环氧)树脂:

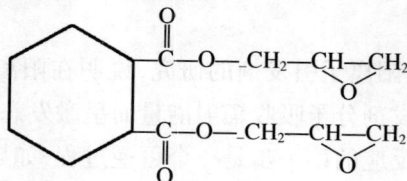

3. 缩水甘油胺型树脂(Glycidyl amine resins)

该类环氧树脂最大的特点是具有良好的耐热性和与增强碳纤维之间良好的界面性能,其典型代表是 4,4 - 二氨基二苯甲烷缩水甘油胺(AG - 80):

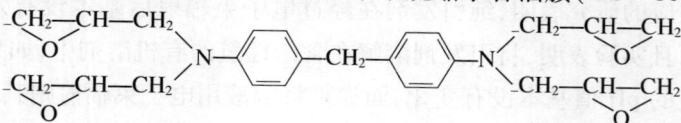

4. 脂环族环氧化合物(Alicyclic epoxides)

它们由脂环族二烯烃氧化制得,其黏度极低,固化后得到的产物具有较高的耐热性、电绝缘性和耐候性。但是它们通常较为昂贵,大部分产品有味,固化物性脆,耐冲击性能差。其最具代表性的是 3,4 - 环氧基环己甲酸 - 3′,4′ - 环氧基环己甲酯(4221)和二氧化二戊烯(269 环氧)。

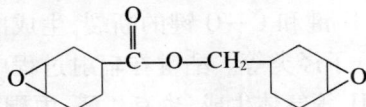

4221 环氧树脂

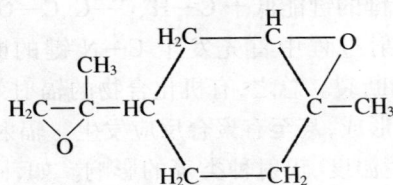

269 环氧树脂

5. 线型脂肪族环氧化合物(Aliphatic epoxides)

如:氧化聚戊二烯环氧树脂。还有一些环氧树脂,它们同时含有两种甚至两种以上的环氧官能团,如 TDE - 85 环氧树脂同时含有缩水甘油酯和脂环环氧基团,而 AFG - 90 树脂含有缩水甘油醚和缩水甘油胺环氧基团。

当前在实际应用中最常用的环氧树脂是缩水甘油醚,其次是缩水甘油酯环氧树脂,再次是缩水甘油胺环氧树脂和脂环族环氧树脂。各种环氧树脂除了其所含的环氧基团的结构不同之外,其他化学结构也各不相同,因此它们在辐射条件下会发生各种各样的辐射化学反应,这些辐射反应过程和辐射反应产物不仅会影响树脂体系的固化反应,也将影响固化产物的物理化学性能。

有机物在电子束辐射作用下,各类化学键的断裂基本上是没有选择性的,例如在烷烃中,其 C—C、C—H 键都有断裂的可能性,因此其分解产物是多种多样的。但是,根据化合物的结构不同,各个原子的电负性差异不同,各个化学键发生辐射断裂的概率是大不一样的[5-7]。

在本节讨论的环氧树脂中,主要涉及烷烃、芳烃、醚、酯、胺基等官能团。烷烃的辐射分解产物及其产额与烷烃分解化学键的键能、支链和链长等因数有关。根据辐射分解之后形成的自由基或离子的稳定性,饱和烃的 C—H 键的辐射脱氢敏感顺序为:$C_叔$—H > $C_仲$—H > $C_伯$—H。同理,烷烃 C—C 键断裂的敏感程度也有如下顺序:$C_季$—C > $C_叔$—C > $C_仲$—C > $C_伯$—C。烷烃辐射分解产物,除了 H_2、CH_4 等小分子气体外,也有碳原子数小于被辐射烷烃的烷烃分子,也可能会生成由于辐射产生的自由基偶合终止而生成碳原子数大于被辐射烷烃的烷烃分子,甚至有聚合物生成。对于芳香烃,由于它们具有高度共轭的 π 电子,因此它

143

们的激发能是高度离域的，而不是和个别的化学键相关。因此芳香烃结构对辐射非常稳定，但在高剂量辐射下仍会分解出氢气、乙炔等。含醚键结构的辐射分解，主要发生 α 位的 C—H 键和 C—O 键的断裂，生成的主要产物有氢气、二聚物、羰基化合物、醇和小分子烃类等。酯键在辐射过程中生成相应的酸，同时有氢气、CO、CO_2、CH_4 和 C_2H_6 等气体生成，也有乙醛、丙酮和聚合物生成，生成的羧酸也将进一步辐射分解，发生脱羧和脱氢反应。与其他化合物不同之处在于，含胺基的化合物中，C—N 键的键能低于 C—H、C—C、C—O 等，是其结构中最不稳定的化学键，因此在辐射过程中首先发生 C—N 键的断裂，当然也伴随着有C—H、C—C、C—O 键的断裂。总之，有机化合物的辐射效应，有小分子产生，有偶合产生的较大分子的形成，甚至有聚合反应发生。辐射分解的各产物的产额，也受化合物的相态、环境温度、辐射种类等的影响。如，同一化合物在气相状态下，其小分子辐射分解产物的产率高于液相和固相条件的，因为在后两种相态下存在笼蔽效应，使小自由基有较大的概率发生偶合反应生成较大分子，导致小分子产率降低。

通过对未添加引发剂的 E54、F51、TDE85、AG80、711、4221 等六种环氧树脂的电子束辐射效应实验表明，经 150kGy 辐射后，各种环氧树脂均有显著的放气现象，只是由于各种环氧树脂的黏度不同，其放气速率不同。对于低黏度的 4221、711 环氧树脂，其产生的气体在辐射结束之后基本放完，TDE85 树脂在辐射后 1h 左右放完，E54 在 24h 后放完，而 AG80 和 F51 由于黏度很大，在辐射后四天仍有气体继续释放。通过湿润的 pH 试纸测试表明，TDE85、711、4221 环氧树脂辐射分解放出的气体能使湿润的 pH 试纸显弱酸性，初步说明这些环氧树脂的分解气体产物中含有二氧化碳气体。同时，从辐射树脂的外观看，除 AG80 树脂经过辐射后其颜色变深外，其他树脂的颜色均变浅，尤其是含酯基的 4221、711 和 TDE85 树脂，由于具有助色功能的酯基的分解，使树脂的颜色变浅。

对比研究各种环氧树脂经过电子束辐射前后的高压液相色谱分析结果（如图 4 - 9 ~ 图 4 - 13 是各种环氧树脂的高压液相色谱立体图），表明各种环氧树脂辐射前后的色谱均有不同程度的变化，尤其是 4221 环氧树脂辐射前后的高压液相色谱变化最为显著。说明它们在辐射条件均发生了不同程度的辐射化学反应。

测试辐射前后的环氧树脂的黏度变化（见表 4 - 4）也表明，各种环氧树脂在辐射过程均发生了不同程度的辐射化学反应。从黏度变化来看，只有 AG80 环氧经辐射后，其黏度从 27300mPa·s 突降到了 17300mPa·s（降低 36.6%），说明其辐射反应中生成的小分子对黏度的变化起了主要作用。

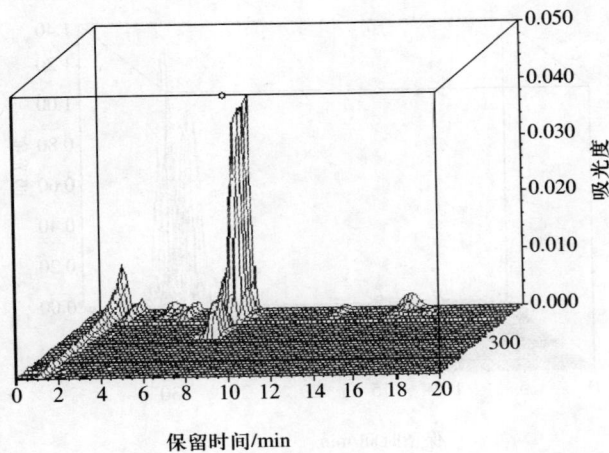

(a)

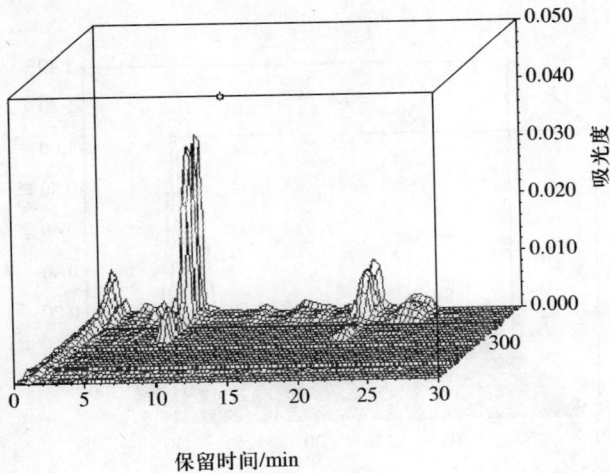

(b)

图 4 - 9   E54 环氧树脂辐射前后高压液相色谱立体图
(a) 辐射前；(b) 辐射后。

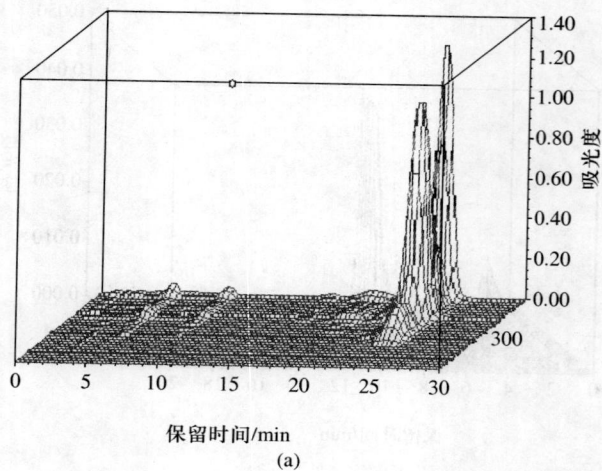

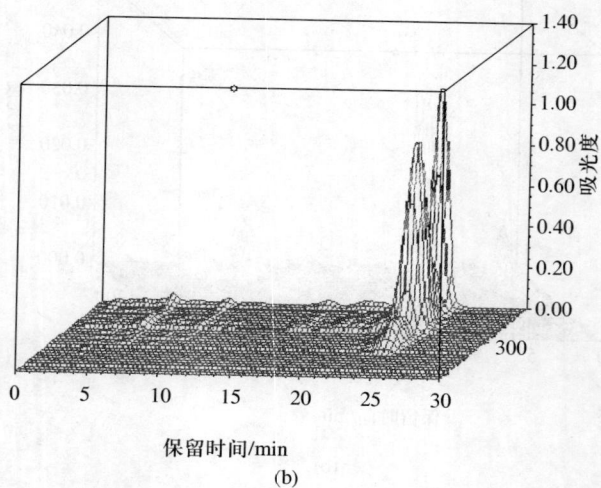

図 4 − 10 AG80 环氧树脂辐射前后高压液相色谱立体图
（a）辐射前；（b）辐射后。

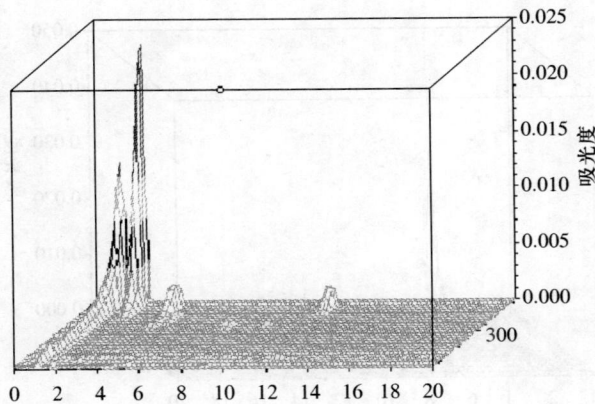

(a)

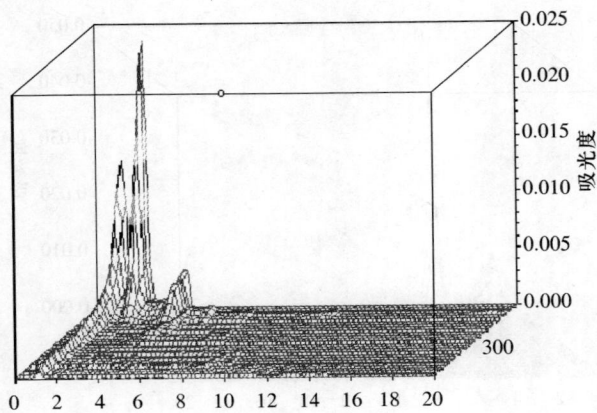

(b)

图 4 - 11 TDE85 环氧树脂辐射前后高压液相色谱立体图
(a) 辐射前；(b) 辐射后。

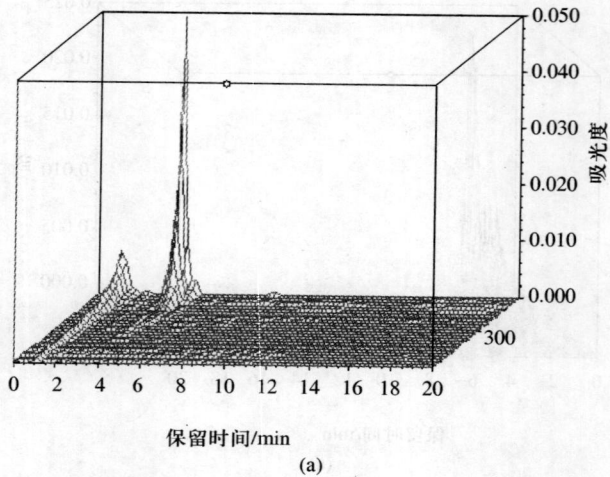

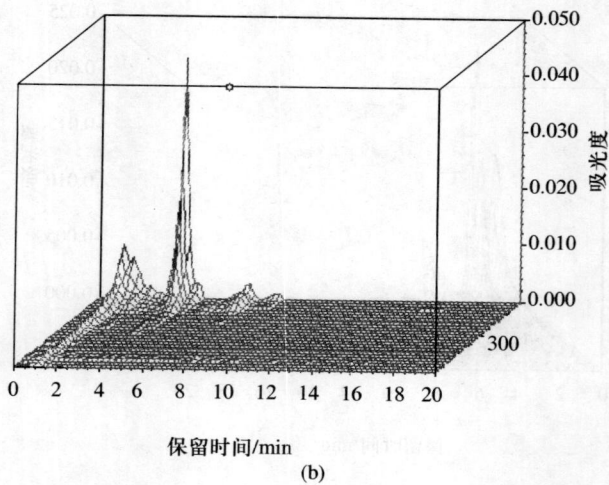

图 4 - 12 711 环氧树脂辐射前后高压液相色谱立体图
(a) 辐射前; (b) 辐射后。

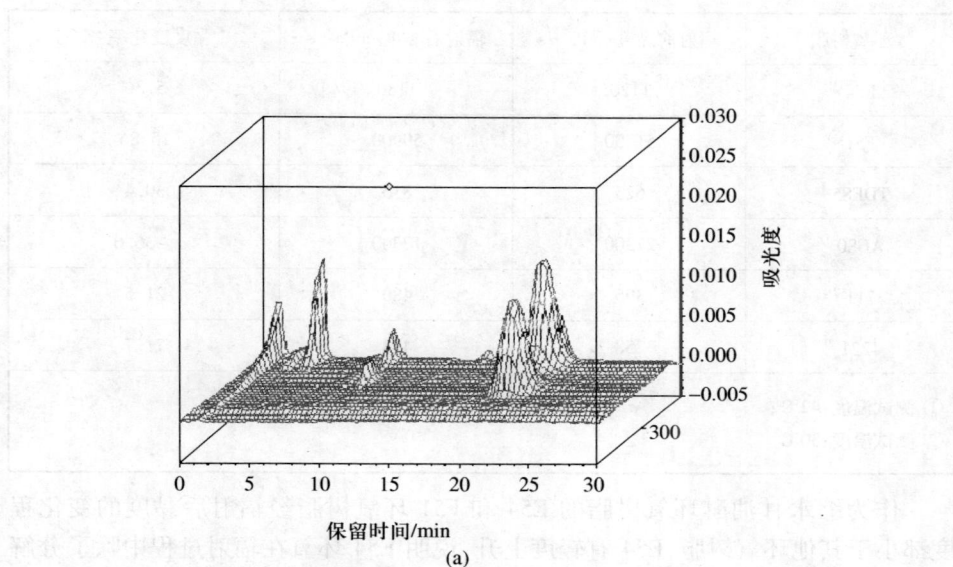

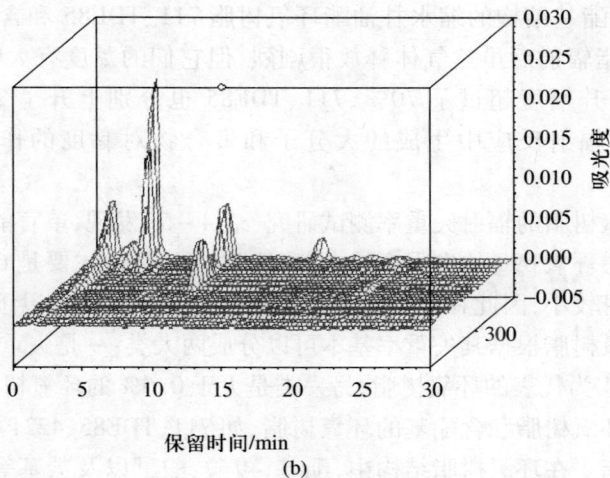

图 4 - 13　4221 环氧树脂辐射前后高压液相色谱立体图

（a）辐射前；（b）辐射后。

表 4 - 4　辐射前后的环氧树脂的黏度比较

环氧树脂	辐射前黏度/mPa·s	辐射后黏度/mPa·s	黏度变化率/%
E54[①]	1120	1180	5.36
F51[①]	51700	59900	15.86
TDE85[①]	625	815	30.4
AG80[①]	27300	17300	-36.6
711[②]	395	480	21.5
4221[②]	258	443	71.7

① 测试温度:42℃;
② 测试温度:30℃

　　作为缩水甘油醚环氧树脂的 E54 和 F51 环氧树脂经辐射后黏度的变化程度都小于其他环氧树脂,E54 有轻度上升,说明 E54 环氧在辐射过程中除了分解释放小分子外,也伴随着自由基偶合反应而生成大分子化合物。同时由于环氧树脂骨架结构的差异,F51 环氧树脂黏度上升幅度大于 E54,说明 F51 树脂经辐射以后有更多的对黏度影响较大的大分子化合物的生成。

　　相反,含有酯基结构的缩水甘油酯环氧树脂 711、TDE85 和含酯基的 4221 脂环族环氧树脂辐射后虽然气体释放很剧烈,但它们的黏度有大幅度的上升,尤其是 4221 上升幅度超过了 70%,711、TDE85 也分别上升了 21%、30% 左右,说明它们的辐射反应中生成的大分子和聚合物对黏度的作用起了主要作用。

　　通过对环氧树脂的辐射失重率测试研究(表 4 - 5)发现,单官能模型化合物苯基缩水甘油醚环氧 690 的失重率最大,高达 7% 以上,这主要是 690 树脂的相对分子质量本身较小,因此在辐射条件下更易于生成在 150℃ 以下挥发的小分子。而其他环氧树脂根据其失重率基本可以分成两大类:一是失重率小于 0.6% 的以 F51 和 E54 为代表的环氧树脂;另一类是大于 0.6% 的环氧树脂,它们主要是缩水甘油酯环氧树脂和含酯基的环氧树脂,如 711、TDE85、4221 等,以及缩水甘油胺环氧树脂。在环氧树脂结构中,酯基、羧酸、酸酐以及羰基等对电子束辐射最为敏感,尤其是其结构中邻近羰基的碳—碳键耐辐射能力很差,使这类化合物极易在此断键分解,因此这类树脂也就易于降解失重。同时,分子中的碳—氮键也较弱,因此缩水甘油胺环氧树脂的辐射失重率也较大。在缩水甘油醚环氧树脂结构中,醚键的耐辐射能力也较差。

150

表 4 - 5　辐射后的环氧树脂的质量失重比较

环氧树脂	失重率 1[①]/%	失重率 2[①]/%	失重率 3[①]/%
690	2.411613	5.330524	7.248107
711	0.697127	1.285492	1.591779
E54	0.21848	0.478504	0.593494
4221	0.300162	0.52087	0.635638
TDE85	0.345864	0.617234	0.7946
F51	0.180462	0.427217	0.438265
AG80	0.246728	0.575699	0.715154
E54 - CD1012	—	—	0.062224

① 失重率 1：经过 150kGy 电子束辐射后的树脂经 100℃ 加热处理 1h；

　失重率 2：测试失重率 1 后的树脂再经 150℃ 加热处理 1h；

　失重率 3：测试失重率 2 后的树脂再经 150℃ 加热处理 1h

　　双酚 A 缩水甘油醚环氧树脂的化学结构中连接两个苯环的异丙基和与苯环相连的醚键是树脂结构中辐射分解薄弱环节。因此,综合分析双酚 A 缩水甘油醚环氧树脂的化学结构及其辐射反应化学现象,它主要按照以下辐射化学反应过程(见图 4 - 14),首先环氧树脂分子吸收电子束的能量,从而处于激发状态,激发态分子从其薄弱结构点发生均裂,生成多种自由基,生成的各种自由基经相互反应生成多种新的化合物,包括比原分子小的分子和大分子。其中小分子分解产物主要为氢气、甲烷、乙烷等小分子,这些小分子一部分在辐射过程中或放置过程中被释放。通过在 150℃ 小加热蒸馏经辐射后 E54 环氧树脂,蒸馏产物的红外光谱分析表明,分解产物中含有二缩水甘油醚、甲醇缩水甘油醚、环氧丙烷等具较高沸点的小分子(见图 4 - 15),它们在树脂体系中起着稀释作用。大分子产物主要有(A)、(B)、(C)(见图 4 - 14)等明显比原来环氧树脂分子大的分子,这些分子将明显增大树脂的黏度,甚至在辐射条件进一步发生聚合反应生成对树脂的流动性影响更大的聚合物分子,如与 α - 苯基苯乙烯结构类似的(A)分子在辐射条件下就将发生聚合反应。F51 环氧树脂与 E54 有相似的电子束辐射化学反应历程。

　　在缩水甘油酯环氧树脂中,酯基是其结构中对辐射最敏感的基团,因此,在它们的辐射分解中,除了常规的烷基脱氢导致的系列反应外,其最主要的特征就是缩水甘油酯基的辐射分解反应。通过对辐射缩水甘油酯环氧树脂的蒸馏馏分的红外光谱分析表明(见图 4 - 16),这类环氧树脂也有与缩水甘油醚环氧树脂基本相同的辐射反应产物——二缩水甘油醚等产物。如图 4 - 17 是以 711 为例

简写为：(E54)*

(a)

(b)

(c)

EB

(E54)*

$CH_4, C_2H_6, \sqrt{O}\sqrt{} \longrightarrow CH_4, C_2H_6, \sqrt{O}\sqrt{}$

$\sqrt{O}\sqrt{} + CH_3 \longrightarrow CH_3$

$\sqrt{O}\sqrt{} + H \longrightarrow H_2, \sqrt{O}\sqrt{}$

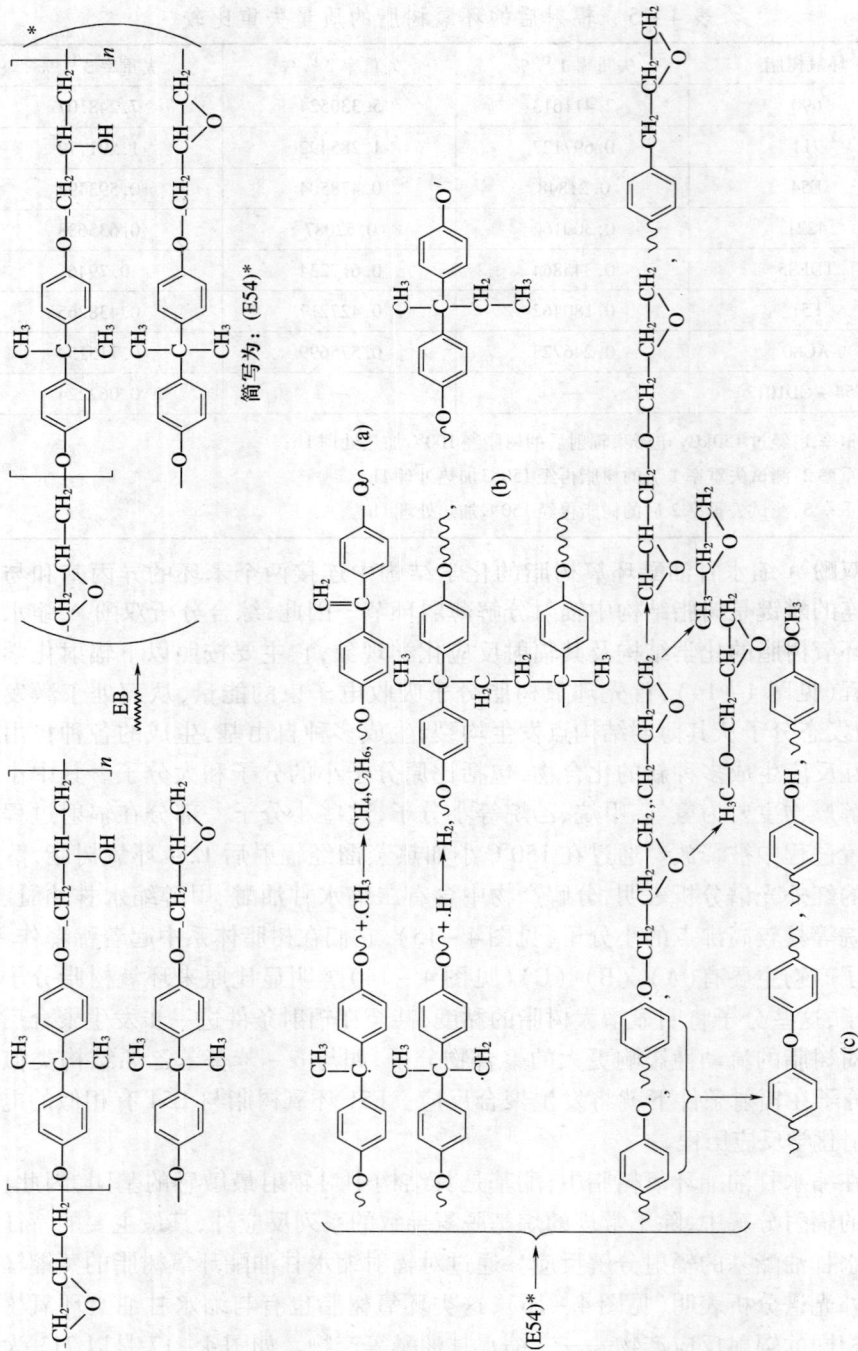

图4-14　E54环氧树脂辐射主要分解历程

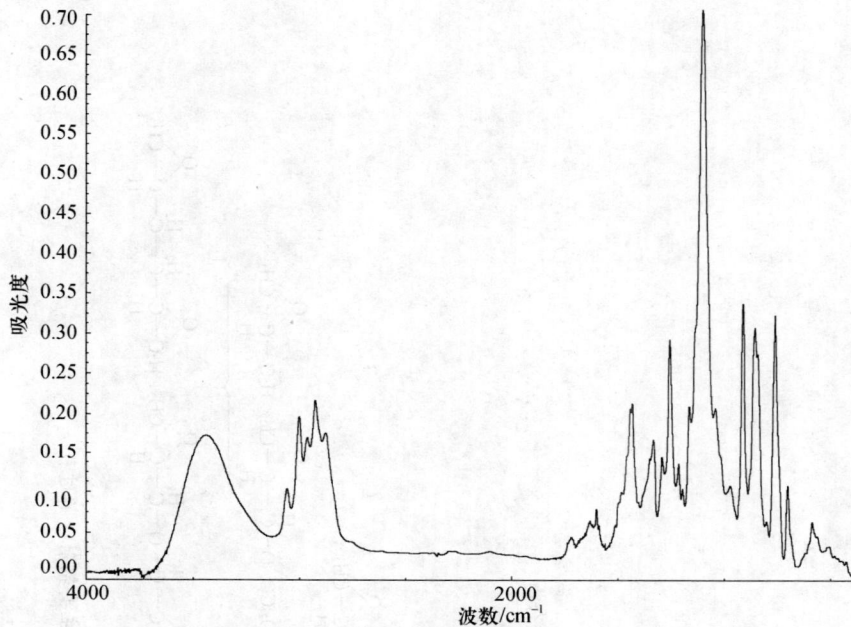

图 4 – 15 辐射后 E54 环氧树脂蒸馏产物的红外光谱

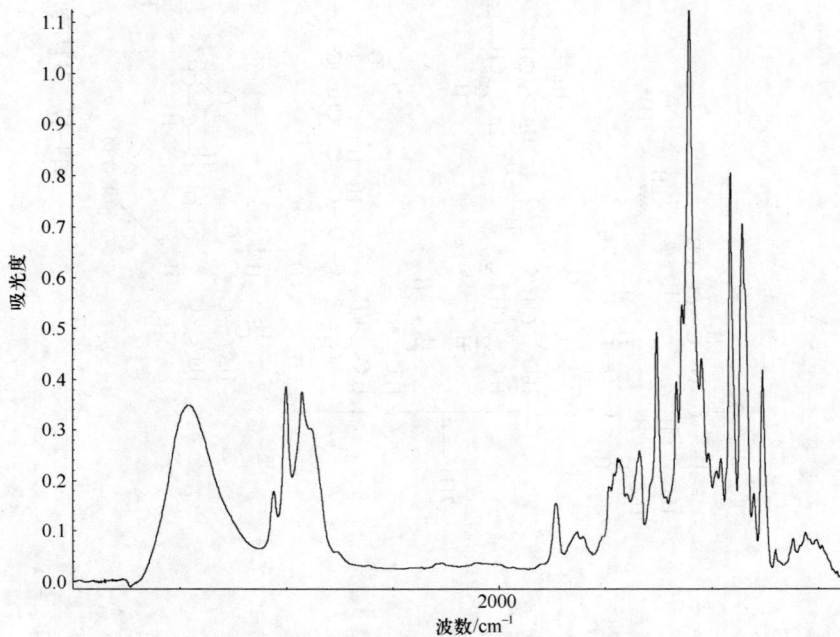

图 4 – 16 辐射后缩水甘油酯环氧树脂蒸馏馏分的红外光谱

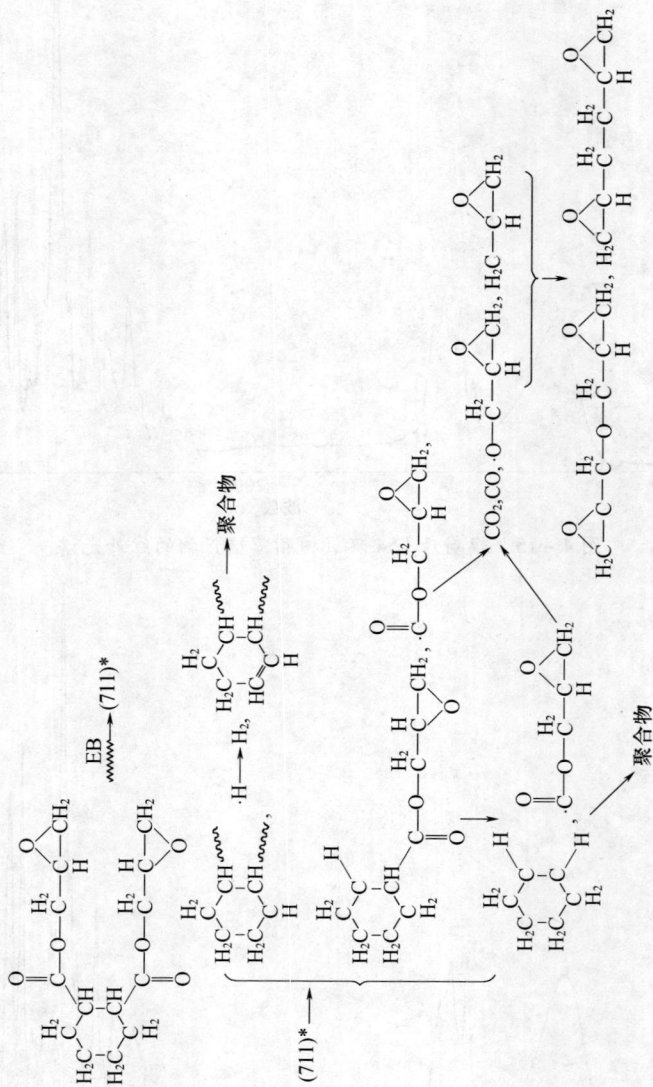

图4-17 711环氧树脂主要辐射分解过程

154

说明缩水甘油酯的辐射分解过程。分解产物中有 H_2、CO_2、CO 等气体,也有小分子环氧,也有导致树脂黏度上升的大分子。在分子结构中含有酯基的脂环族环氧树脂 4221 的酯基的辐射分解过程与缩水甘油酯的酯基的分解过程相似。

从辐射失重率比较看,AG80 的失重率较低,这主要是根据 AG80 的结构特征,其辐射分解生成的气体以质量数最小的氢气为主,较少生成质量数较大的低沸点气体物质(如甲烷、二氧化碳等),同时由于 AG80 的黏度较大,笼蔽效应使分解产生的小质量数基团偶合反应或歧化反应生成沸点大于 150℃的化合物。但在辐射过程中很少有机会生成大分子或聚合物分子。所以,经辐射以后虽然 AG80 的黏度大幅度下降,同时失重率也较高。通过对辐射 AG80 环氧树脂的蒸馏馏分的红外光谱分析表明(见图 4 - 18),AG80 辐射分解物与缩水甘油醚和缩水甘油酯分解物明显不同。首先,在蒸馏馏分中环氧官能团的特征峰已大大减弱,出现了明显的羟基特征峰,而在 AG80 环氧树脂中只有环氧官能团含有氧原子,因此体系中羟基的出现必然与环氧官能团的化学反应有关,即环氧基团反应生成了羟基。图 4 - 19 是 AG80 环氧树脂的辐射分解主要过程。

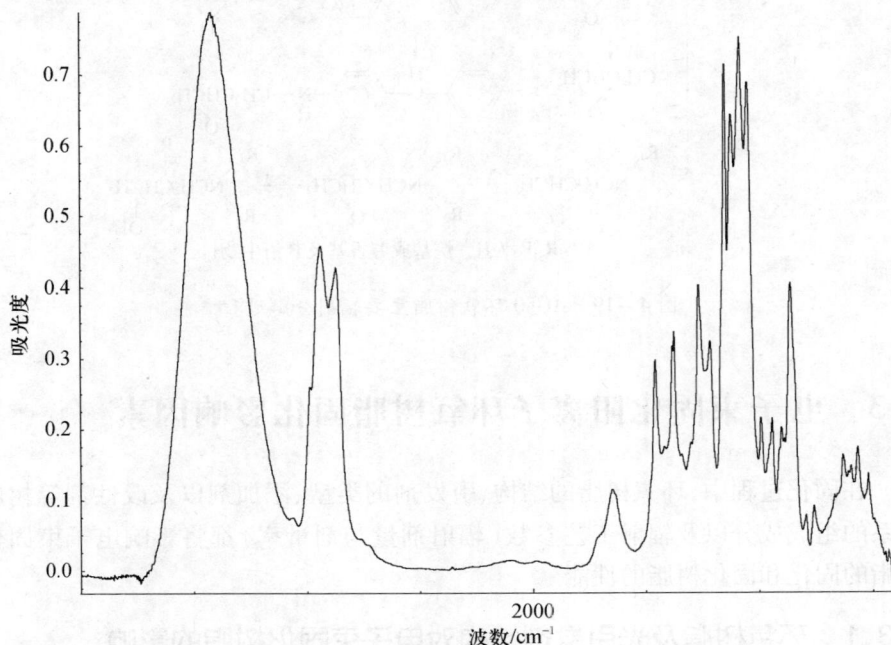

图 4 - 18　辐射后 AG80 环氧树脂蒸馏馏分的红外光谱

(AG80)

(AG80)*
EB

$(R_1, R_2, R_3$ 为 H、烷基或芳香基及其衍生物)

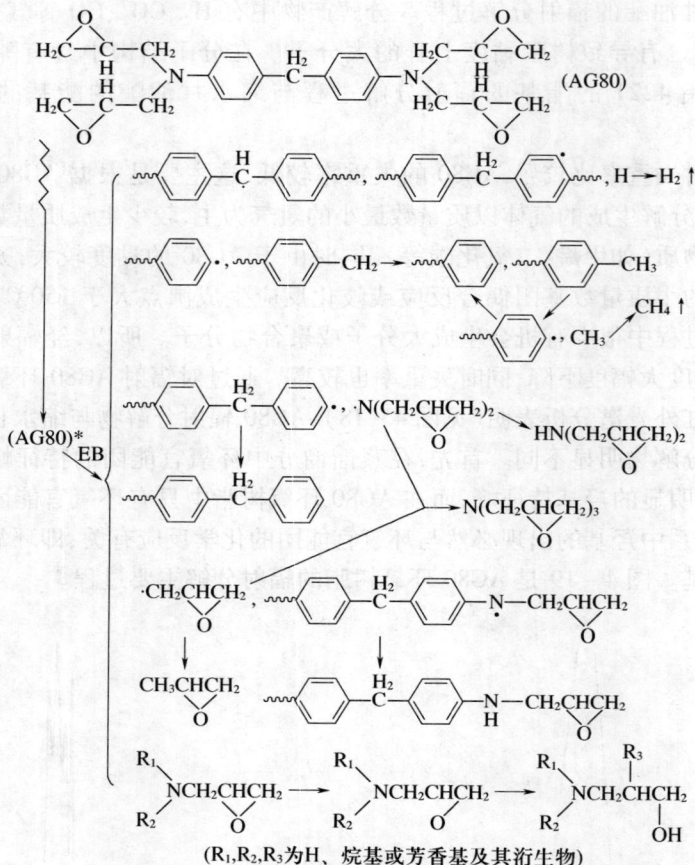

图 4-19 AG80 环氧树脂主要辐射分解过程

4.3　电子束固化阳离子环氧树脂固化影响因素

在固化过程中,环氧树脂的结构、引发剂的类型、添加剂以及改性剂等树脂体系的组成成分以及辐射工艺参数(辐射剂量与剂量率)都将影响电子束固化树脂的固化和固化树脂的性能。

4.3.1　环氧树脂及光引发剂结构对电子束固化树脂的影响

由于环氧树脂环氧官能团的化学结构不同,它们对不同的固化剂和不同的固化反应机理的反应活性各不相同。表 4-6 是采用"chemoffice"软件根据休克

156

规则模拟计算各种环氧树脂的环氧官能团的化学结构参数（包括氧原子所带部分负电荷数、环氧基团中的各化学键键长和键角）。通常情况下，在环氧官能团上吸电子基团会有利于环氧基团与亲核型固化剂的反应，而推电子基团则有利于亲电固化剂的反应。例如，各种环氧树脂均能与酸酐固化反应。但是，胺类固化剂除了不能固化脂环族环氧树脂，能固化其他各种环氧树脂，这是因为在脂环族环氧树脂的化学结构中，与环氧基相邻的都是具有推电子效应的烷基，从而降低了环氧基团上的碳原子的正电性，减弱了胺基对它们的亲核进攻，同时，由于脂环环氧的环氧基在环结构上，因此氨基进攻碳原子时的空间位阻很大。因此，胺类固化剂基本不能与脂环环氧反应。其典型事例是，在研究 TDE－85/DDS 体系中发现，体系中环氧基团没有完全参与固化，也就是 TDE－85 树脂上的缩水甘油酯与氨基发生了固化反应，而氨基没有与在同一分子结构上的脂环族环氧基团发生固化反应。

表 4－6 各种环氧树脂环氧官能团的结构参数

R——C^{1}H——C^{2}H$_2$
        __O__/

树脂		部分电荷数			键长/Å			键角/(°)		
		O	C$_1$	C$_2$	C$_1$—O	O—C$_2$	C$_2$—C$_1$	C$_1$—O—C$_2$	C$_2$—C$_1$—O	C$_1$—C$_2$—O
E54		−0.461	0.249	0.154	1.440	1.439	1.478	61.788	59.088	59.123
AG80		−0.466	0.254	0.151	1.439	1.439	1.478	61.798	59.088	59.111
AFG90	1	−0.461	0.243	0.157	1.438	1.439	1.479	61.884	59.102	59.055
	2	−0.467	0.251	0.151	1.44	1.438	1.479	61.852	59.015	59.132
269	3	−0.517	0.328	0.221	1.443	1.436	1.480	61.886	58.845	59.272
	4	−0.484	0.341	0.124	1.439	1.440	1.478	61.755	59.168	59.076
4221		−0.497	0.244	0.236	1.444	1.435	1.483	61.998	58.716	59.287
711		−0.459	0.245	0.154	1.441	1.438	1.480	61.873	58.957	59.17
731		−0.458	0.240	0.164	1.440	1.438	1.479	61.859	59.029	59.111
TDE85	5	−0.479	0.257	0.247	1.441	1.446	1.479	61.81	59.013	59.175
	6	−0.459	0.240	0.164	1.437	1.439	1.479	61.83	59.06	59.109

注：1. AFG90 环氧树脂中的缩水甘油醚环氧基团；
   2. AFG90 环氧树脂中的缩水甘油胺环氧基团；
   3. 269 环氧中的脂环环氧基团；
   4. 269 环氧中的脂族环氧基团；
   5. TDE85 环氧树脂中的脂环环氧基团；
   6. TDE85 环氧树脂中的缩水甘油酯环氧基团

对于环氧树脂结构对电子束固化树脂体系的主要研究目的在于探索何种类型的环氧树脂适合与阳离子环氧树脂电子束辐射固化,以及各种光敏引发剂对不同类型的环氧树脂的引发效率,实验结果见表4-7。

表4-7 环氧树脂化学结构对EB固化树脂的影响

化 学 组 成	辐射剂量/kGy	固化状况	环氧基团反应程度/%	T_g/℃
E54 - CD1010(2%)	150	固化,深褐色	69.45	120.6
E54 - CD1011(2%)	150	固化,深褐色	66.58	104.2
E54 - CD1012(2%)	150	固化,深褐色	86.06	186.3
E54 - IG261[①](2%)	150	未固化,少量反应	12.0	—
F46 - CD1010(2%)	150	固化,深褐色	79.45	227.2
F46 - CD1011(2%)	150	固化,深褐色	65.35	148.0
F46 - CD1012(2%)	150	固化,深褐色	81.15	240.2
4221 - CD1012(2%)	120	固化,浅黄色	100	223.4
269 - CD1012(2%)	120	固化,浅黄色	100	169.5
711 - CD1012(2%)	150	未固化,黏稠状	100[②]	—
TDE85 - CD1012(2%)	150	固化	95.8	—
501 - CD1012(2%)	150	半固体状	100	—
AG80 - CD1010(2%)	150	未固化	—	—
AG80 - CD1012(2%)	150	未固化	—	—
AG80 - CPFeP(2%)	150	未固化	—	—
AFG90 - CD1010(2%)	150	未固化	—	—
AFG90 - CD1011(2%)	150	未固化	—	—
AFG90 - CD1012(2%)	150	未固化	—	—
E54 - CD1012(4%)	150	固化,深褐色	87.43	187.2

① IG261 为茂铁盐阳离子引发剂;
② 711 树脂的环氧官能团几乎完全反应

实验表明,缩水甘油醚类环氧树脂(如 E54、F46 等)、脂环族环氧树脂(4221、269)以及线性脂肪族环氧树脂(501 环氧稀释剂)在碘鎓盐或硫鎓盐的引发下基本能固化,而且从固化反应速率看,脂环族环氧的固化速率明显快于缩水甘油醚环氧。这一点也可以从它们的 DSC 曲线得到佐证(见图4-20~见4-22)。脂环族环氧 4221 - CD1012 体系和 E54 - CD1012 的 DSC 曲线比较发现,4221 体系的反应温度比 E54 低,而且 4221 的反应放热峰明显比 E54 体系更窄,这些也说明 4221 - CD1012 体系的反应活性更高,反应速率更快(反应放热集中)。因为在环氧树脂的电子束固化反应过程中,其反应机理遵循亲电反应历

158

程,即引发剂辐射分解产生的 H^+ 离子进攻带部分负电荷的环氧氧原子而使环氧官能团开环聚合。根据环氧树脂阳离子固化反应的这一基本机理,如果氧原子所带部分负电荷数越大,则质子越易于进攻该环氧基团,也就是说该环氧官能团的固化反应活性越大。根据表 4-6 的模拟计算结果可见,E54 环氧树脂的缩水甘油醚环氧官能团氧原子的部分电荷数为"-0.460"左右,而 4221 环氧的脂环族环氧基团的部分电荷数为"-0.497"。因为在 4221 或其他脂环环氧树脂的化学结构中,与环氧官能团的两个碳原子相邻的都是烷基,由于烷基的推电子效应,使环氧氧原子的部分电荷数增大,使脂环环氧官能团更易于发生亲电开环反应。而在缩水甘油醚环氧中,与环氧丙基相接的是醚键,由于醚键氧原子的吸电子效应,与环氧碳原子相邻的亚甲基不但没有因为其推电子效应使环氧氧原子的电子云密度增大,反而可能会使环氧氧原子的部分电荷数减小,从而降低了它的亲电反应能力,因此缩水甘油醚环氧树脂的阳离子电子束固化能力不及脂环族环氧树脂,在脂环环氧树脂的电子束固化中甚至出现了爆聚现象。例如,在 269 环氧树脂中,其中一个环氧基团为脂环环氧官能团,在此脂环环氧基团中受到两个次甲基和一个甲基的推电子效应作用,使环氧基团氧原子的电负性大大增强(其模拟计算部分负电荷数为"-0.517"),另一环氧基团(脂肪族环氧)氧原子的电荷数为"-0.484",其辐射固化反应活性比 4221 还大,因此 269 的 DSC 反应的主反应峰温度(106.7℃)也远小于 E54 和 4221 环氧(分别为 271.1℃ 和 170℃)。线型脂肪族环氧树脂与脂环族环氧具有相似的化学结构,其电子束辐射化学反应特性也相似。

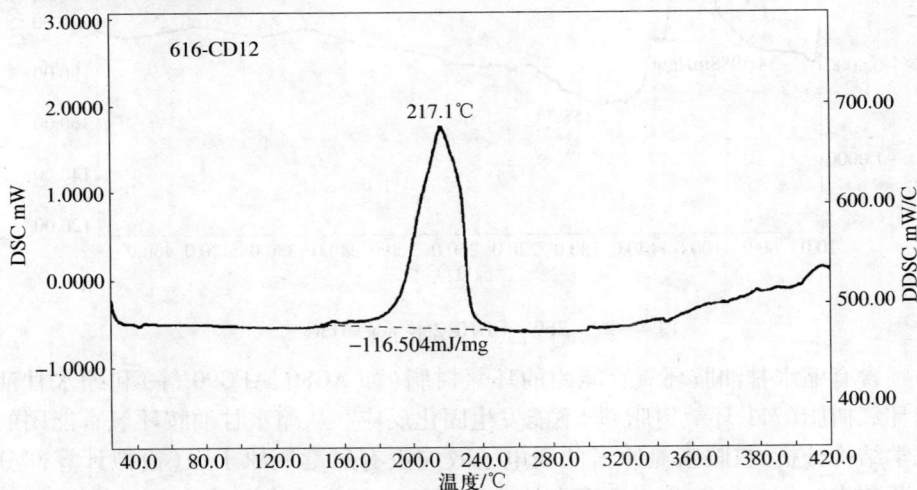

图 4-20 E54-CD1012 体系的 DSC 曲线

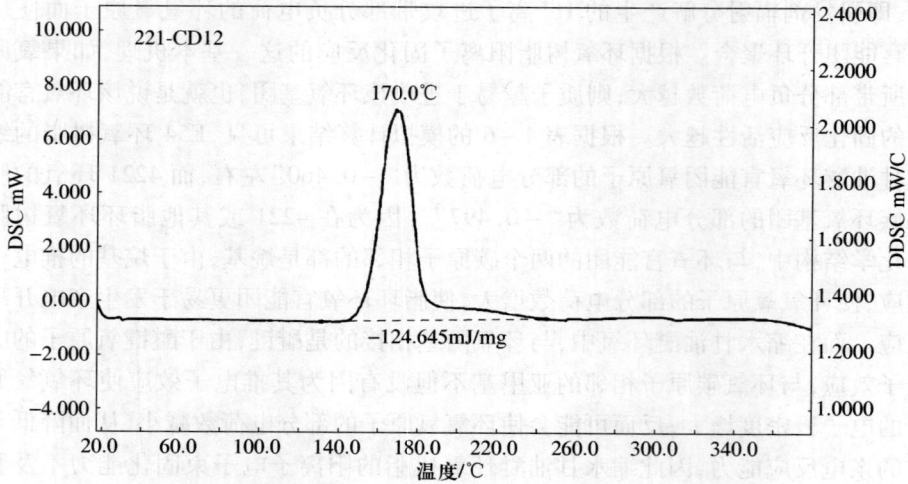

图 4 - 21　4221 - CD1012 体系的 DSC 曲线

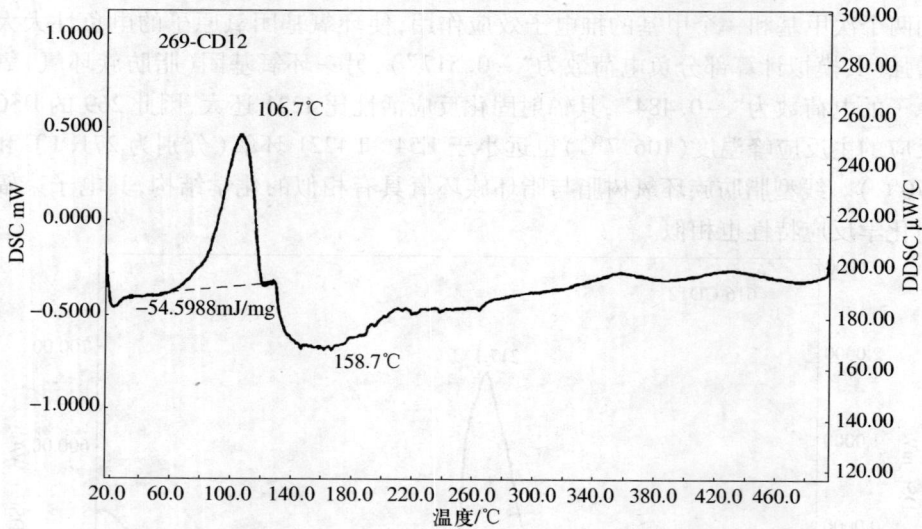

图 4 - 22　269 - CD1012 体系的 DSC 曲线

含有缩水甘油胺环氧官能团的环氧树脂(如 AG80、AFG90 等)和缩水甘油酯环氧树脂(711 环氧树脂)均不能发生固化反应。从缩水甘油胺环氧官能团的化学结构分析,叔胺基氮原子的吸电子效应没有醚键氧原子强(模拟计算部分电荷数为" -0.466",稍大于缩水甘油醚环氧),因此单从电子效应角度分析,缩水甘油胺环氧树脂的电子束辐射阳离子反应能力应该比缩水甘油醚环氧强。但

160

是,鎓盐在电子束辐射下分解产生 HMFn 强质子酸,而缩水甘油胺实际上是一个碱性的叔胺官能团,因此强质子酸 HMFn 一旦生成就与碱性叔胺发生中和反应,使 HMFn 失去了引发环氧官能团开环固化反应的能力与机会。这一点可以从 AFG90 的辐射效应得到验证。AFG90 环氧树脂中,既有缩水甘油胺环氧基团,也有缩水甘油醚环氧基团(它们的环氧基团氧原子的电荷数分别为"−0.467"和"−0.461"),而正是在缩水甘油胺基团与辐射分解产生的强质子酸发生酸碱中和反应,从而使 AFG90 环氧树脂中的缩水甘油醚环氧基团也不能在强质子酸的催化下发生开环聚合反应。而且,傅里叶红外光谱分析表明,这两种树脂在电子束辐射前后的红外光谱图中的环氧基团的特征峰强度基本没有变化(见图 4−23),说明树脂没有固化,树脂分子结构中的环氧基团也没有发生化学变化。

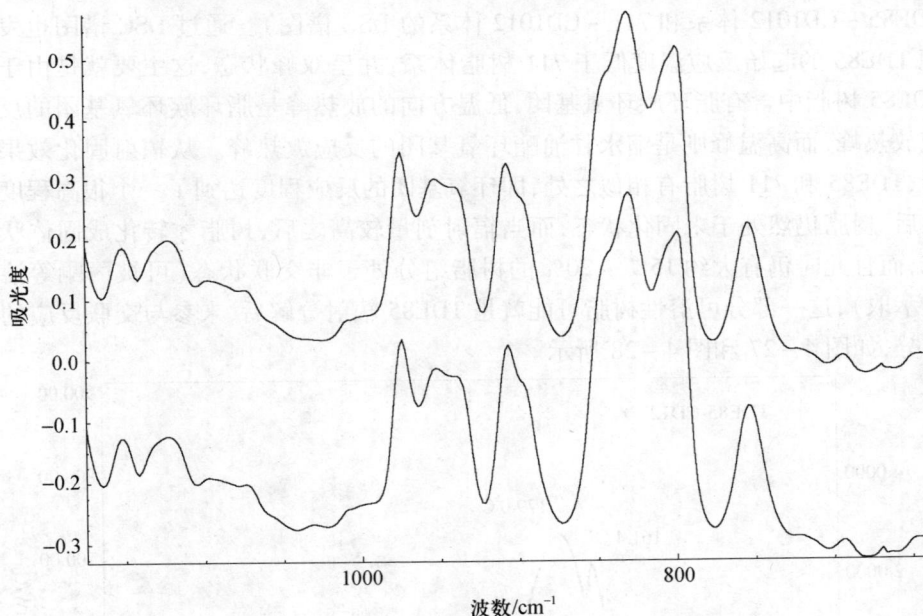

图 4−23 AG80−CD1012 树脂体系辐射前后的红外光谱

在缩水甘油酯环氧树脂中,由于酯基的两个氧原子和羰基碳原子的共同作用,使酯基对环氧基团氧原子的电子云密度的影响不大,使其部分负电荷数只比缩水甘油醚型环氧氧原子略小(−0.458 ~ −0.459 之间),其参与亲电开环反应的能力与缩水甘油醚环氧树脂基本相当。在实际实验研究中发现,711−CD1012 和 TDE85−CD1012 体系经 150kGy 的电子束辐射后均未固化。傅里叶红外光谱分析表明,经辐射后的 711 树脂体系在 $915cm^{-1}$ ~ $920cm^{-1}$ 之间的环氧基团特征峰已完全消失,说明其环氧官能团已完全参与化学反应。与同样不能被电子束辐射固化的缩水甘油胺型环氧树脂不同的是,对比 711 树脂体系辐射前后的红外光谱图也发现它们之间有较大的差异(见图 4-26),这说明在辐射过程中除了环氧官能团参与化学反应外,也有其他明显的化学反应存在,如 711 树脂的某些化学结构(如酯基)在辐射条件下发生裂解,因此 711 树脂在辐射条件下虽然环氧基团发生了开环反应,但是伴随的裂解反应使树脂体系仍处于非固体状态。TDE85 树脂中除了含有与 711 树脂结构相似的缩水甘油酯环氧基团外,还含有一个脂环族环氧基团,通过模拟计算表明,缩水甘油酯环氧基团氧原子的部分电荷数与其他树脂(如 711)基本相等,脂环族环氧基团由于受其化学环境的影响使其氧原子部分负电荷数(-0.479)比 4221 树脂的小,它们的电子结构特性也可以通过它们的 DSC 谱图得到印证(见图 4-24 和图 4-25 所示为 TDE85-CD1012 体系和 711-CD1012 体系的 DSC 谱图)。通过 DSC 谱图也发现 TDE85 的起始反应温度低于 711 树脂体系,并呈双峰状态,这主要就是由于 TDE85 树脂中含有脂环族环氧基团,低温方向的放热峰是脂环族环氧基团的反应放热峰,而高温峰则是缩水甘油酯环氧基团的反应放热峰。从辐射固化效果看,TDE85 和 711 树脂有相似之处,即环氧基团的反应程度达到了一个很高程度之后,树脂仍然处于未固化状态,而当辐射剂量较高之后,树脂才转化成固体状态,而且此时仍有大约 15% ~ 20% 的树脂组分处于非交联状态(可被丙酮等溶剂萃取),这一部分可溶性树脂可能就是 TDE85 辐射分解后,未参与交联反应的组分,如图 4-27 和图 4-28 所示。

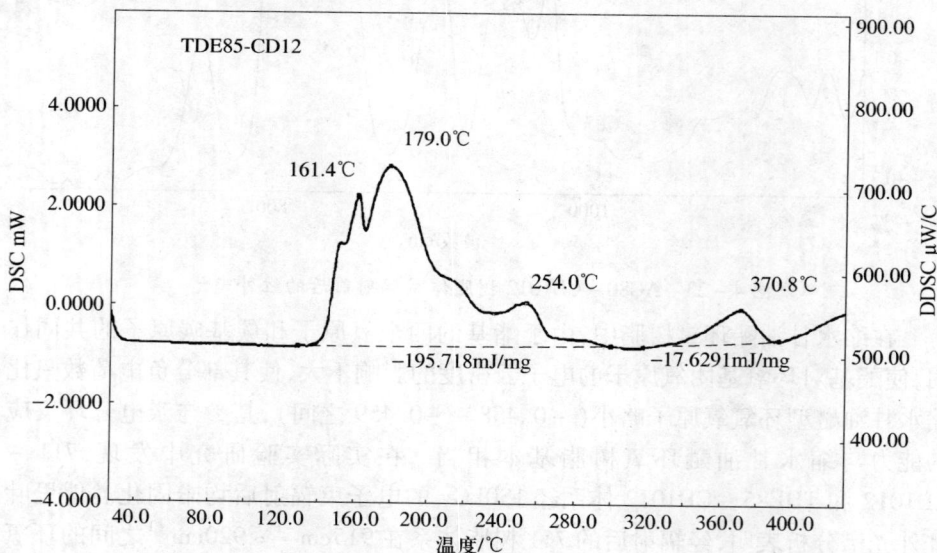

图 4-24　TDE85-CD1012 体系的 DSC 谱图

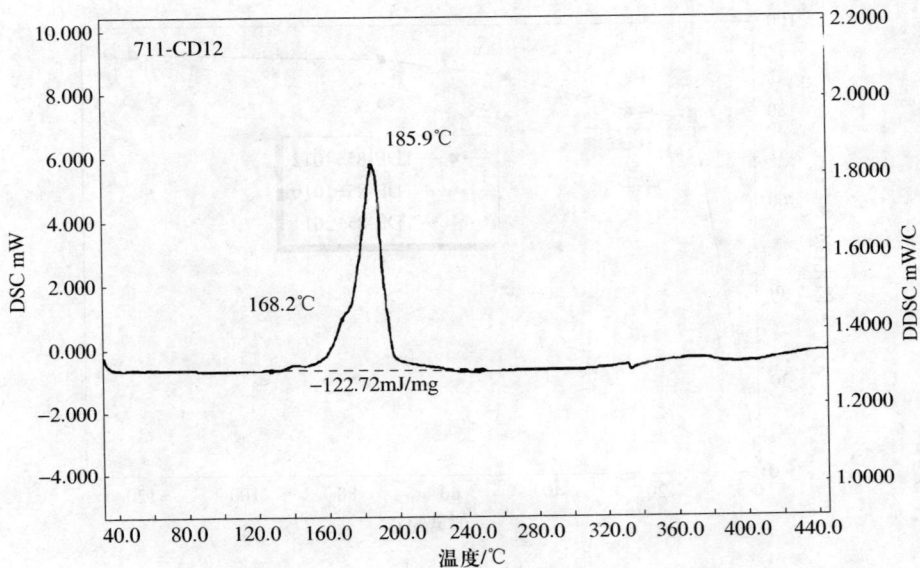

图 4 - 25　711 - CD1012 体系的 DSC 谱图

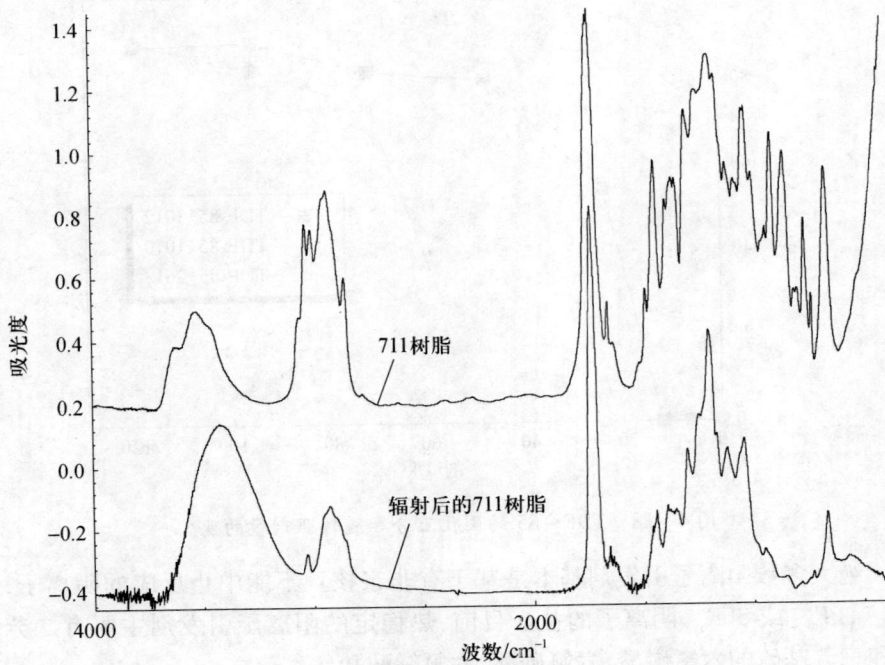

图 4 - 26　711 树脂体系辐射前后的红外光谱图

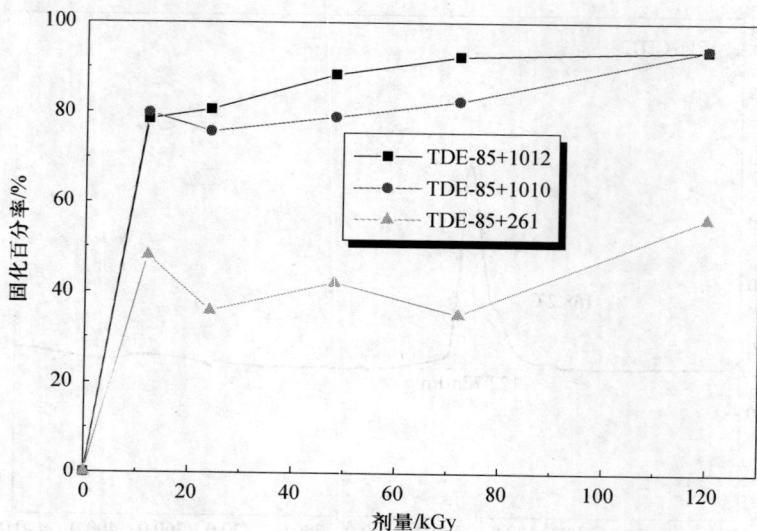

图 4-27　TDE-85 的固化度随辐照剂量的变化

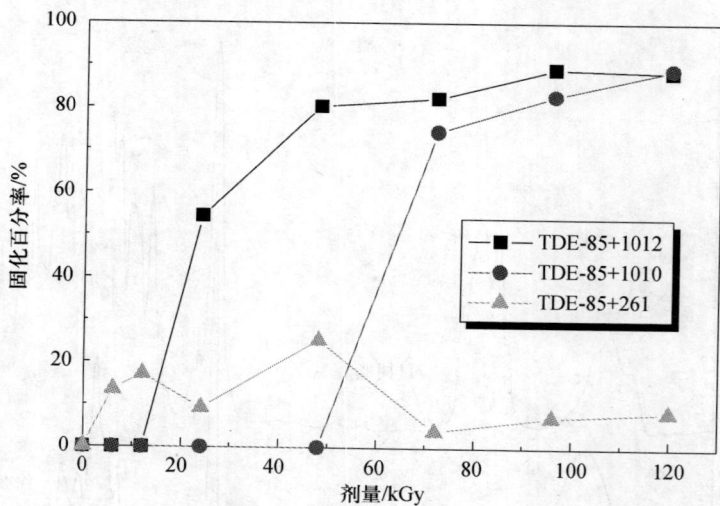

图 4-28　TDE-85 的固化百分率随辐照剂量的变化

绝大多数阳离子引发剂基本是基于有非亲核且不能中止反应的阴离子,如 BF_4^-,PF_6^- 或 SbF_6^- 阴离子的盐。目前,热稳定的阳离子引发剂主要有二芳基碘和三芳基硫的六氟磷酸、六氟砷酸、六氟锑酸盐:

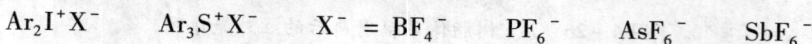

$$Ar_2I^+X^- \qquad Ar_3S^+X^- \qquad X^- = BF_4^- \qquad PF_6^- \qquad AsF_6^- \qquad SbF_6^-$$

其中六氟锑酸盐被认为是引发活性最高的一类阳离子引发剂。本实验主要采用的引发剂为六氟化锑二芳基碘鎓盐，其结构式为：

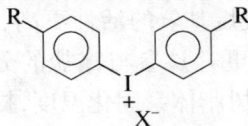

二芳基碘鎓盐

有效的阳离子引发剂还包括其他类型的引发剂，如戊茂铁配合物等。但是，电子束固化阳离子环氧树脂体系主要采用鎓盐为引发剂，在其辐射固化过程中，鎓盐引发剂首先分解产生强质子酸，然后强质子酸以阳离子机理引发环氧官能团开环聚合，并在一定条件下通过一个羟基去质子化而这一质子被转移到阴离子，使链转移而使聚合反应终止，从而使起引发作用的强质子酸得以再生。

在鎓盐的化学结构中，阳离子是它的辐射敏感部分，而无机阴离子部分在辐射过程中没有吸收，因而鎓盐的阴离子在决定引发剂的辐射能量吸收特性中不起作用，而是引发剂的阳离子部分决定引发剂在辐射固化过程中的分解速率。

从各个树脂配方的固化度看，含鎓盐树脂的固化度远远高于茂铁盐阳离子引发剂，而且茂铁盐阳离子引发剂引发的树脂的固化度仅为 12%，树脂仍呈膏状，因为茂铁盐阴离子部分对电子束辐射的敏感性较差，远不及鎓盐类引发剂；六氟化锑二芳基碘鎓盐（CD1012）树脂的固化度高于六氟化锑三芳基硫鎓盐（CD1010），含阴离子 SbF_6^- 的碘鎓盐（CD1012）的树脂的固化度高于阴离子 PF_6^- 的六氟化磷二芳基碘鎓盐（CD1011）。在鎓盐中，由于碘鎓盐在辐射条件下的分解速率高于硫鎓盐，因此碘鎓盐（CD1012）的引发效率高于相同阴离子硫鎓盐。辐射分解产生的质子酸的酸性越强（即鎓盐阴离子的亲核性越弱），则引发单体阳离子聚合的活性越强。不同阴离子的鎓盐引发单体阳离子聚合的顺序为：$SbF_6^- > AsF_6^- > PF_6^- > BF_4^-$。因此，六氟化锑二芳基碘鎓盐的引发效率高于其他碘鎓盐（如二芳基六氟化磷碘鎓盐）。

各种引发剂的引发效率不同，使固化树脂的固化度不同，从而导致它们的耐热性（玻璃化转变温度）也各不相同。同时，环氧树脂的化学结构不同，其电子束固化树脂的耐热性也有很大的差异。在表 4-7 中，可电子束固化的 E54 和 F46 树脂中，F46 树脂体系的耐热性远远好于 E54 环氧树脂体系，因为固化的 F46 酚醛环氧树脂的分子链段中含有大量的苯环，使分子链段的刚性较高，从而导致其耐热性好。

通过对同一类环氧树脂但环氧值不同的环氧树脂的阳离子固化反应的 DSC 分析表明，环氧值越低，DSC 反应温度越低，也就是其反应活性越高。如图

4 - 29 ~ 图 4 - 31 是 CD1012 引发 E51、E44、E20 树脂固化的 DSC 曲线。同为双酚 A 缩水甘油醚环氧树脂,环氧值越低,相对分子质量越大,分子结构中的羟基含量越高。由于羟基氢原子较烷基氢的活性更高,根据锍盐引发环氧树脂固化反应的机理,高活性的羟基氢更容易参与锍盐的分解反应,加速锍盐的分解产生强质子酸的速率,从而降低树脂体系固化温度,提高树脂体系的反应活性。比较 F51 和 F46 的 DSC 曲线(见图 4 - 32、图 4 - 33),也有相同的结论。

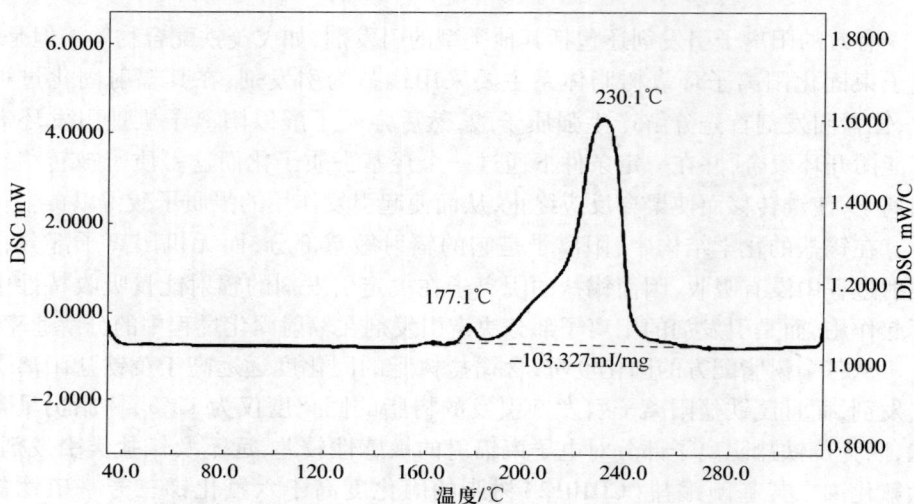

图 4 - 29　CD1012 引发 E51 树脂固化的 DSC 曲线

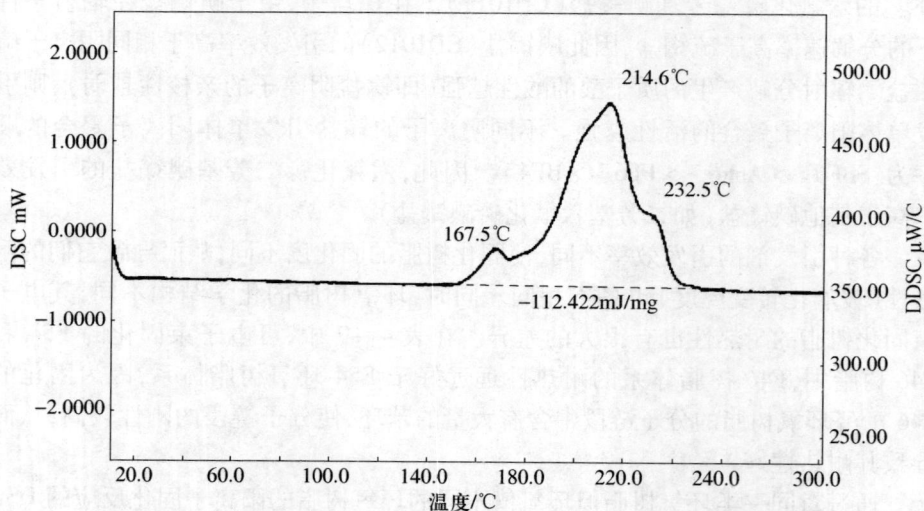

图 4 - 30　CD1012 引发 E44 树脂固化的 DSC 曲线

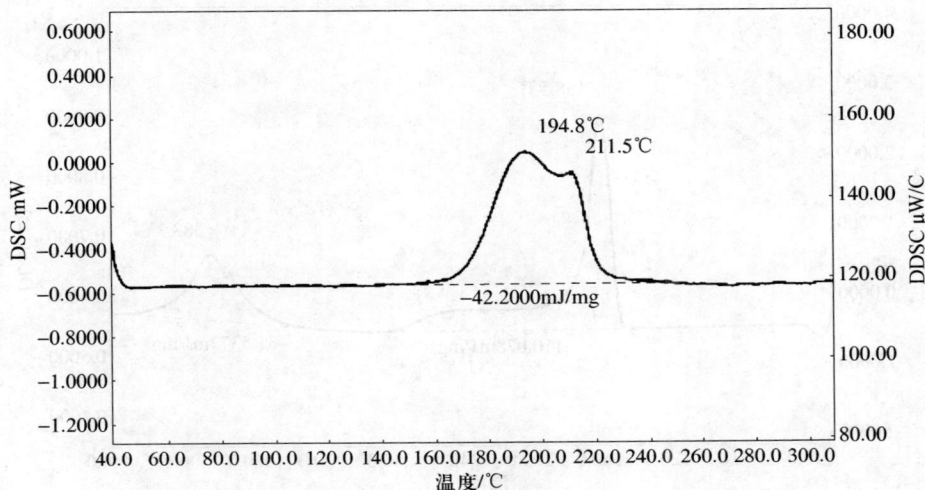

图 4 - 31　CD1012 引发 E20 树脂固化的 DSC 曲线

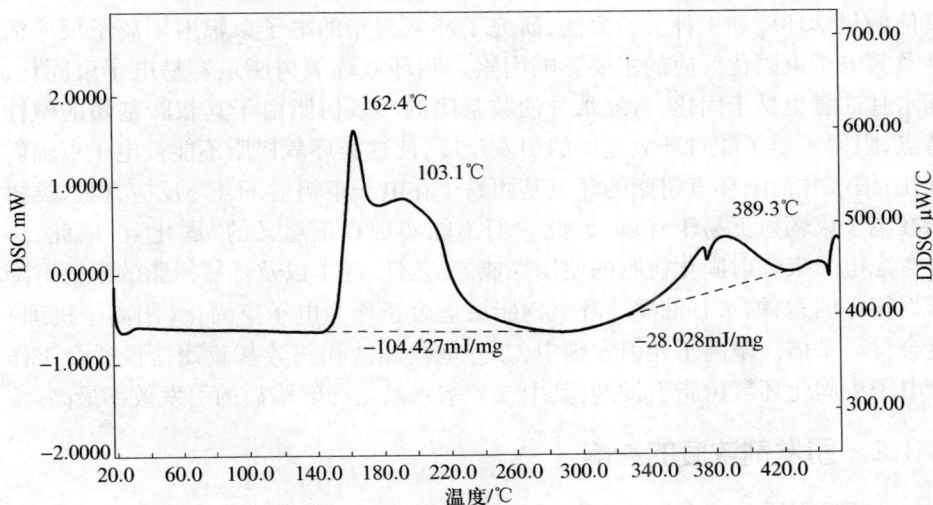

图 4 - 32　CD1012 引发 F51 树脂固化的 DSC 曲线

综合上述研究结果,脂环族环氧树脂最容易电子束固化,缩水甘油醚也易于固化,含缩水甘油胺基团的环氧树脂及缩水甘油酯环氧不能被电子束辐射固化。但是,综合考虑辐射固化树脂的使用性能、工艺性、成本以及环氧树脂的耐辐射降解性能等因素,缩水甘油醚类环氧最适合于作为电子束固化(阳离子机理)复合材料基体。在现有的光引发剂中,二芳基六氟化锑碘鎓盐的引发效率最高。

通过对各类环氧树脂的环氧官能团的电子结构的理论计算,结合环氧树脂

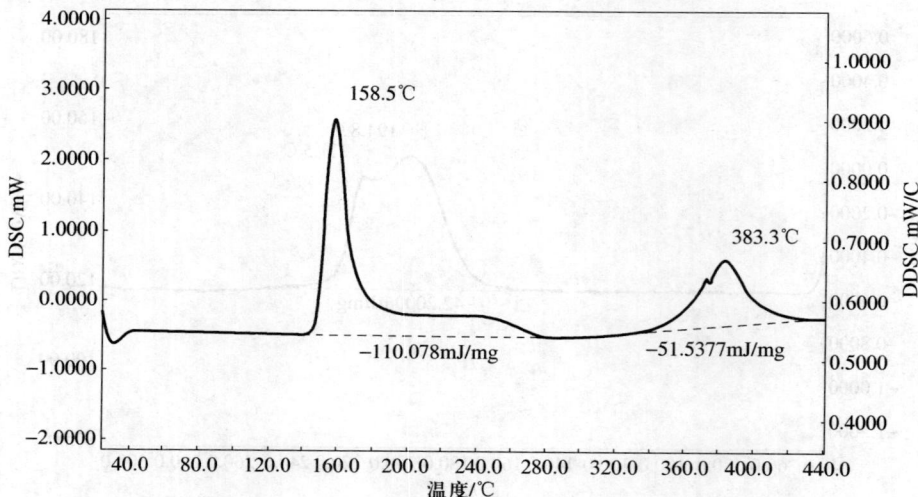

图 4 - 33　CD1012 引发 F46 树脂固化的 DSC 曲线

具体的化学环境和多种实验方法,研究了环氧树脂的电子束辐射阳离子反应活性及其电子束固化反应的主要影响因素。脂环族环氧树脂最容易电子束固化;缩水甘油醚也易于固化;含缩水甘油胺基团的环氧树脂由于其叔胺基团的碱性特点,阻碍了质子酸对环氧基团的引发反应,使这类环氧树脂不能被电子束辐射固化;缩水甘油酯环氧树脂的环氧基团易于在电子束辐射下开环反应,但这类树脂在电子束辐射下易于降解,因此它们不能实现真正意义的"固化"。因此,综合考虑电子束辐射固化树脂的使用性能、工艺性、成本以及环氧树脂的耐辐射降解性能等因素,缩水甘油醚类环氧树脂最适合于作为电子束固化(阳离子机理)复合材料基体。阳离子光引发剂中,二芳基碘鎓盐和三芳基硫鎓盐最适合于作为电子束固化环氧树脂引发剂,其中二芳基六氟化锑碘鎓盐的引发效率最高。

4.3.2　引发剂浓度的影响

选择辐射固化综合性能最好的缩水甘油醚环氧树脂 E54 作为研究引发剂用量对固化反应影响的对象。

从图 4 - 34 中可以看出,在辐射剂量低于 24kGy 时,在相同的辐射剂量下,环氧树脂的固化百分率开始随阳离子引发剂用量的增加而增加;但在引发剂用量大于 2% 以后,环氧树脂的固化百分率随引发剂用量的增加而减少。在辐射剂量大于 24kGy 以后,添加不同量引发剂的环氧树脂的固化百分率基本一致。当然,固化树脂在辐射剂量大于 24kGy 以后达到了几乎接近 100% 的固化百分率,这并不说明树脂的固化度达到了 100%,因为根据固化百分率的测定原理,

168

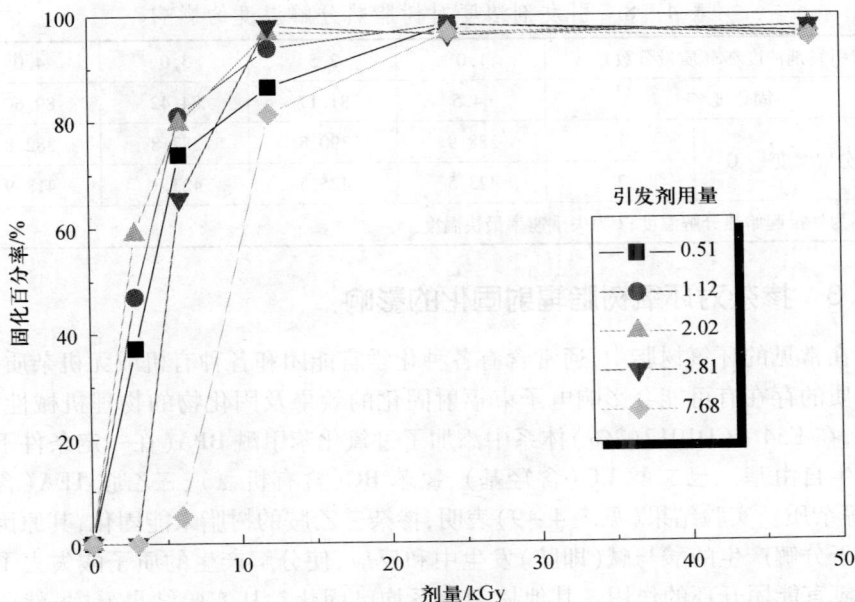

图 4-34 引发剂 CD1012 浓度对 E54 电子束固化百分率的影响

只能说明此时树脂中的绝大部分分子已经完成了从小分子到线性大分子再到三维结构大分子的完全转变(不能溶解在萃取溶剂中),而树脂中的环氧官能团并未完全反应(即树脂的固化度并未达到 100%),如表 4-7 中的 E54-CD1010 (2%)体系的固化度仅为 69.45%,而其固化百分率已经达到了接近 100%(见图 4-34)。在表 4-7 中,E54-CD1012(2%)和 E54-CD1012(4%)是引发剂 CD1012 的含量分别为 2% 和 4% 的树脂体系。实验表明,将引发剂的浓度从 2% 提高到 4%(质量分数)并不能明显提高电子束固化树脂的固化度和耐热性。这说明,在环氧树脂的辐射固化中,阳离子引发剂的用量并不是越多越好。引发剂浓度过高除增加树脂成本外,还可能对固化树脂的某些性能带来负面影响,因为 1mol 阳离子引发剂的分解将产生 3mol ~ 4mol 的小分子,这些小分子中的有机小分子在固化的网络结构的大分子中起增塑作用而降低树脂基体的耐热性。而且,这些引发剂分解产生的小分子在测定固化树脂的固化百分率时将溶解在萃取剂中,因此,在引发剂浓度大于 2% 时,固化树脂的固化百分率表现为有下降的趋势。在"X⁻"中含有金属或半导体元素(Sb、As、P、B 等),因此含有"X⁻"小分子也将严重影响树脂基体的电性能。这些含"X⁻"的化合物的存在也会影响固化树脂的热氧化稳定性。例如,表 4-8 的实验数据表明引发剂浓度的提高会使固化树脂(F46 环氧树脂)热分解温度下降。研究实践表明,光引发剂的浓度控制在树脂量的 2% 左右较为合适。

表 4 - 8 引发剂浓度对树脂热分解温度的影响

引发剂浓度/%（质量分数）		1.0	2.5	3.0	4.0
固化度/%		64.5	81.17	84.42	89.60
热分解温度①/℃	1	388.9	390.8	387.8	382.8
	2	423.5	425.5	423.1	418.9

① 1 为外推起始热分解温度;2 为失重速率最快温度

4.3.3　掺杂对环氧树脂辐射固化的影响

在常见的环氧树脂中,通常含有各种化学官能团和各种有机或无机杂质,这些物质的存在有可能会影响电子束辐射固化的效果及固化物的物理机械性能。因此,在 E54 - CD1012(2%)体系中添加了过氧化苯甲酰 BPA(在一定条件下可能产生自由基)、己二醇 EG(含羟基)、氯苯 BC(含有机氯)、三乙胺 TEA(含氨基)等杂质。实验结果(见表 4 - 9)表明,掺杂三乙胺的树脂未能固化,其原因也是由于分解产生的酸与碱(即胺)发生中和反应,使分解产生的质子酸失去了引发环氧官能团开环的作用。其他掺杂体系均已固化。从实验结果看,虽然前三种掺杂树脂体系的固化度均比未掺杂的树脂高,但其耐热性(T_g)却比未掺杂的固化树脂低 10℃ 以上,这可能是由于掺杂小分子参与了树脂的交联反应降低了固化树脂的交联密度或者小分子残留在固化树脂中起了增塑剂的作用。这些杂质除了影响固化树脂的最终性能外,还能影响树脂体系的固化反应速率,例如,根据阳离子机理,醇类和自由基引发剂类杂质将参与引发剂的分解过程,加速直接起引发作用的强质子酸的生成,加快环氧树脂的固化速率。

表 4 - 9 掺杂对树脂的影响

编号	化学组成	固化状态	固化度/%	T_g/℃
EB - 15	E54 + BPA(2%) + CD1012(2%)	固化,深褐色	91.5	177.92
EB - 16	E54 + EG(2%) + CD1012(2%)	固化,深褐色	92.38	176.98
EB - 17	E54 + BC(2%) + CD1012(2%)	固化,深褐色	91.14	178.08
EB - 18	E54 + TEA(2%) + CD1012(2%)	未固化	—	—

由于二苯甲酮可以作为含有自由基机理的辐射固化的敏化剂,而单质碘又是一种自由基清除剂,因此也研究了二苯甲酮和碘对阳离子电子束固化树脂的影响。从图 4 - 35 可知,添加二苯甲酮的 E54 + CD1012 体系的固化百分率与不添加任何物质的 E54 + CD1012 体系的固化百分率基本一样,在辐射剂量超过 24kGy 以后就达到 100%。在相同辐射剂量下,添加碘的 E54 + CD1012 体系的固化百分率比不添加任何物质的 E54 + CD1012 体系的固化百分率稍低。

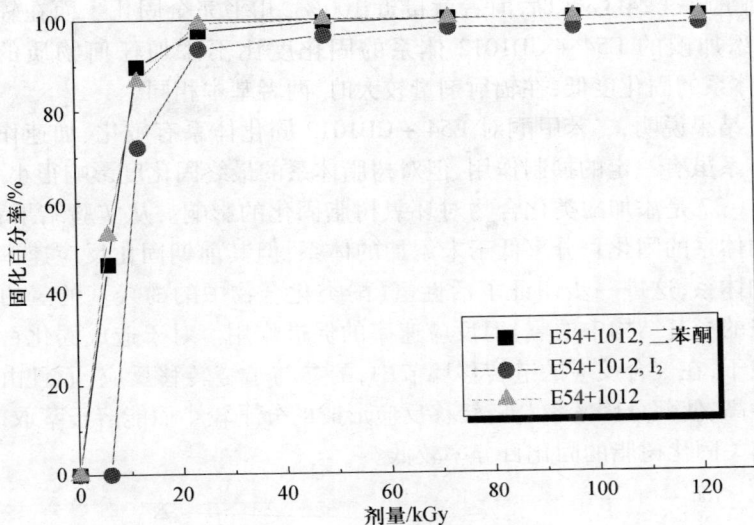

图 4 - 35　添加二苯甲酮和碘的 E54 + CD1012 的
固化百分率随辐射剂量的变化

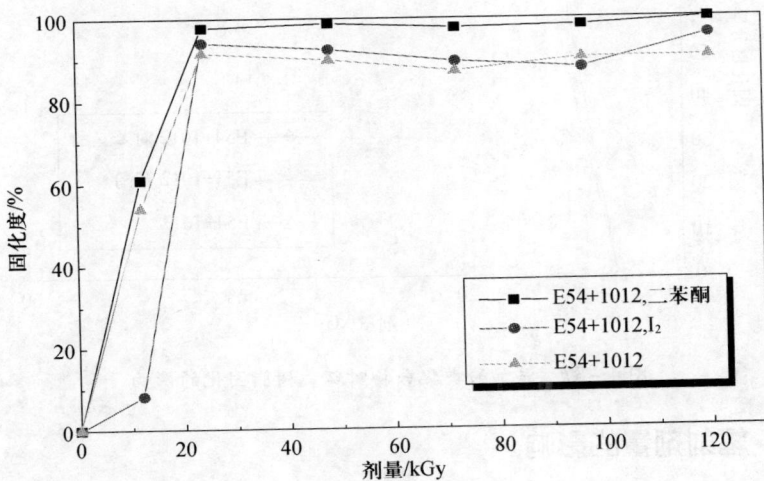

图 4 - 36　添加二苯甲酮和碘的 E54 + CD1012 的
固化度随辐射剂量的变化

从图 4 - 36 红外分析法测定的固化度结果看,添加二苯甲酮的 E54 +
CD1012 体系的固化度比不添加任何物质的 E54 + CD1012 体系的固化度要高,

在辐射剂量超过 24kGy 以后前者就接近 100%，几乎完全固化。而在辐射剂量较小时，添加碘的 E54 + CD1012 体系的固化度比不添加任何物质的 E54 + CD1012 体系的固化度低，在辐射剂量较大时，两者基本相同。

以上结果说明，二苯甲酮对 E54 + CD1012 固化体系有敏化、加速作用。碘对这一体系虽有一定的抑制作用，但对树脂体系的最终固化度影响很小。

图 4 - 37 是添加酚类化合物对环氧树脂固化的影响。从实验结果看，虽然添加酚的体系的固化百分率低于未添加的体系，但其前期固化反应速率明显快于未添加体系，这进一步印证了活性氢（酚类化合物中的酚羟基的氢的活性远大于一般的烃基结构中的氢）对反应速率的促进作用。对于造成固化百分率低的原因在于，在聚合反应的链转移环节中，酚参与了链转移反应，而且由于酚羟基的活性高，使部分因酚参与链转移反应形成的分子较小而能溶于萃取剂中，从而导致相关固化树脂的固化百分率较低。

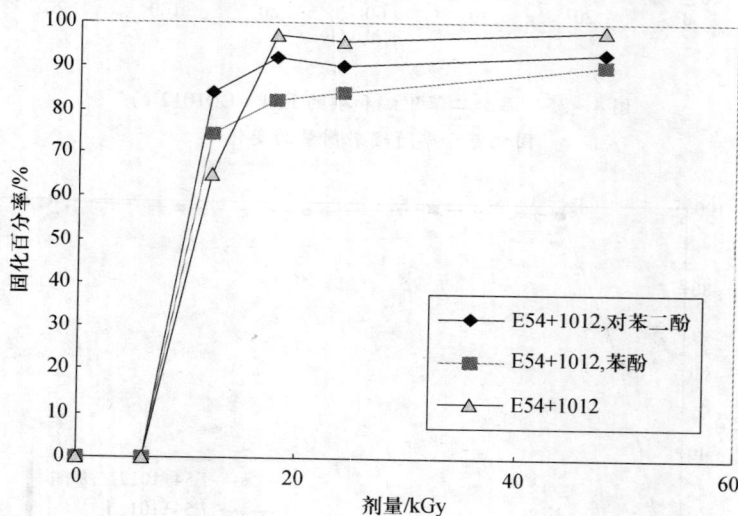

图 4 - 37　添加酚类化合物对环氧树脂固化的影响

4.3.4　辐射剂量的影响

辐射剂量的控制对提高材料的性能也是非常重要的，如果辐射剂量不足，树脂固化不完全，影响固化树脂的力学性能和耐热性等；如果辐射剂量过大，不仅会造成不必要的浪费和降低生产效率，而且可能会造成树脂在过量辐射下裂解，从而降低材料性能。表 4 - 10 是 E54 - 12 树脂体系在不同辐射剂量条件下的实验结果。实验表明，在该树脂体系中，辐射剂量在 100kGy 时，其固化度已基本接近饱和值,在150kGy时已完全固化。对F46-12体系的研究表明,150kGy的辐射剂量已树脂固化度达到平衡值(见表4-11)。而进一步加大辐射剂量到200kGy,甚至300kGy,不会明显提高树脂的固化度,相反还可能导致某些性能的下降,并造成能源的浪费和生产效率的下降。同时,在树脂固化以后,加大辐射剂量,基本不会有小分子气体的放出(未固化树脂有此现象),因为树脂固化以后,分子在树脂内部的扩散能力大大降低,辐射生成的绝大部分结构较小的自由基无法及时扩散出去与其他自由基偶合反应或自己发生歧化反应生成小相对分子质量的化合物,而是在"笼蔽"内与和它同时生成的另一个自由基偶合反应而"还原"成原来的分子结构。当然,也有少数自由基在"笼蔽"内不与和它同时生成的另一个自由基反应,而是和笼内其他自由基发生反应,甚至也有少量小分子物质的生成,从而影响材料的性能。但是,当辐射剂量累积到一定程度以后,材料性能也将明显下降。

表4-10 辐射剂量对E54-12树脂固化的影响

编号	组 成	剂量/kGy	固化度/%	$T_g/℃$
1	E54-CD1012	50	65.80	105.71
2	E54-CD1012	70	71.46	123.46
3	E54-CD1012	90	89.30	181.59
4	E54-CD1012	110	92.63	187.33
5	E54-CD1012	130	97.37	191.40
6	E54-CD1012	150	96.9	191.78

表4-11 辐射剂量对F46-12树脂固化的影响

编号	组 成	剂量/kGy	固化度/%	$T_g/℃$
1	F46-CD1012	50	55.2	123.58
2	F46-CD1012	70	68.35	151.99
3	F46-CD1012	90	74.85	223.67
4	F46-CD1012	110	78.21	228.61
5	F46-CD1012	130	81.27	235.69
6	F46-CD1012	150	81.30	236.16
7	F46-CD1012	200	81.62	232.36
8	F46-CD1012	300	82.29	234.70

4.3.5 固化环境温度的影响

图 4-38 是辐射固化环境温度对树脂固化的影响。实验表明,在相同辐射剂量,不同温度下树脂的固化度有一定程度的差异,固化度基本遵循固化温度越高固化度越高的规律,但是当温度超过室温以后固化度没有明显的上升趋势。当然,虽然固化环境温度对固化树脂的最终固化度影响(因为这些温度均远远低于固化树脂的玻璃化温度)不大,但这些温度对固化过程中的固化速率(尤其是固化树脂玻璃化温度低于环境温度阶段的固化速率)有明显的影响。因为在固化树脂玻璃化温度小于环境温度阶段,引发剂和树脂官能团的扩散速度对树脂的固化速率影响极大,因此环境温度越高,树脂中的各组分扩散能力越强,树脂的固化速率越快,就越能在较短时间内达到较高的固化度和较高的固化树脂玻璃化温度。

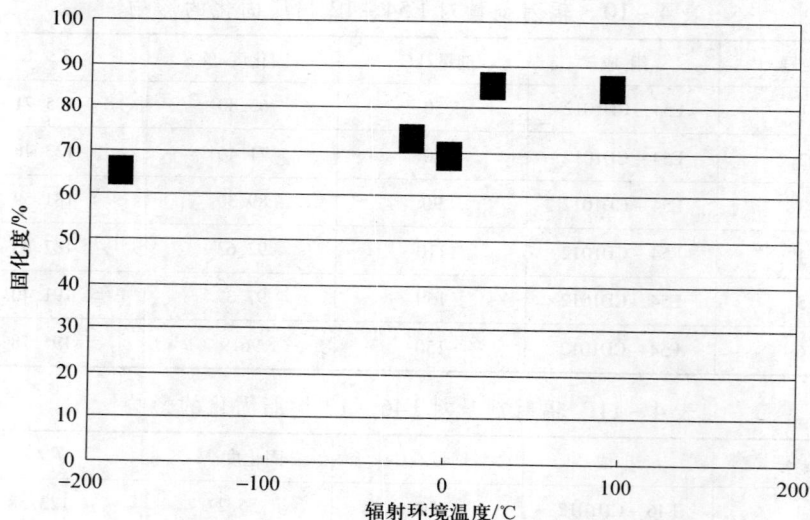

图 4-38　辐射环境温度对树脂固化的影响(24kGy)

4.3.6 辐射后效应

通常认为,在阳离子环氧树脂体系中,光引发剂在电子束辐射下产生的强质子酸在电子束辐射停止后仍能在树脂中较长时间地存在,从而使电子束固化树脂在停止辐射后仍能进一步发生固化反应,直到质子酸和参与反应过程的基团的扩散运动受到严重制约。基于电子束固化阳离子环氧树脂的这一特点,探索

174

电子束固化环氧树脂的电子束辐射后效应的规律,对提高电子束辐射效率和进一步节约能源具有重要意义。图 4-39~图 4-43 表示对几个不同的辐射固化体系分别测定其在辐射不同剂量后立即处理得到的固化百分率以及在样品辐射后放置一周后处理测得的固化百分率。

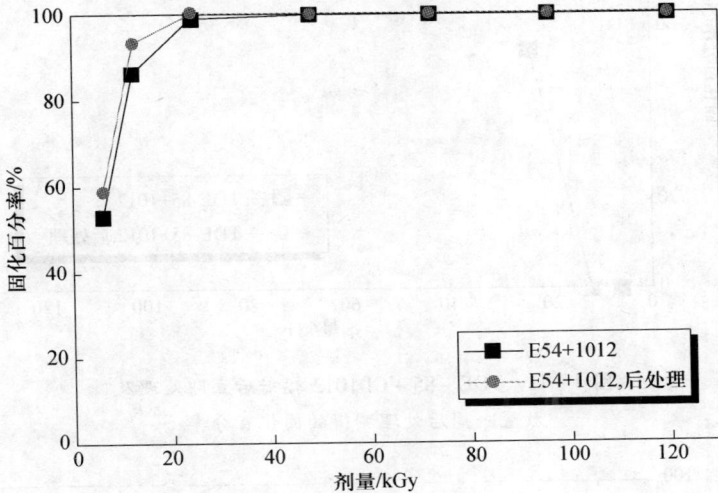

图 4-39　E54+CD1012 辐射后立即处理以及
放置一周后处理测得的固化百分率

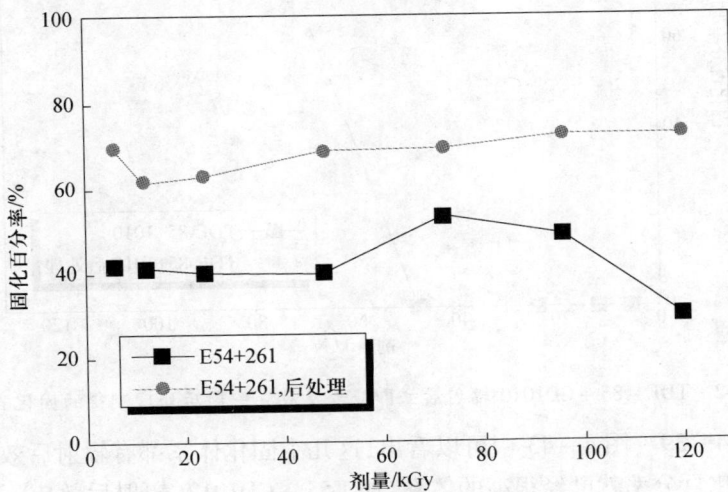

图 4-40　E54+261 辐射后立即处理以及
放置一周后处理测得的固化百分率

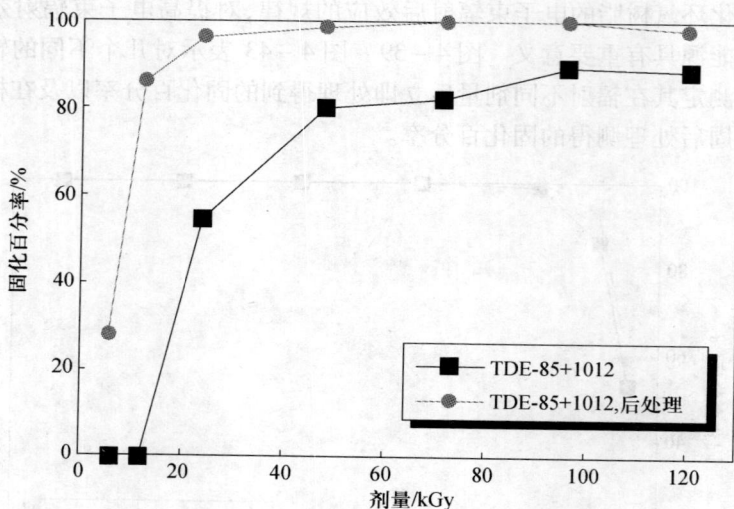

图 4 – 41　TDE – 85 + CD1012 辐射后立即处理及
放置一周后处理测得的固化百分率

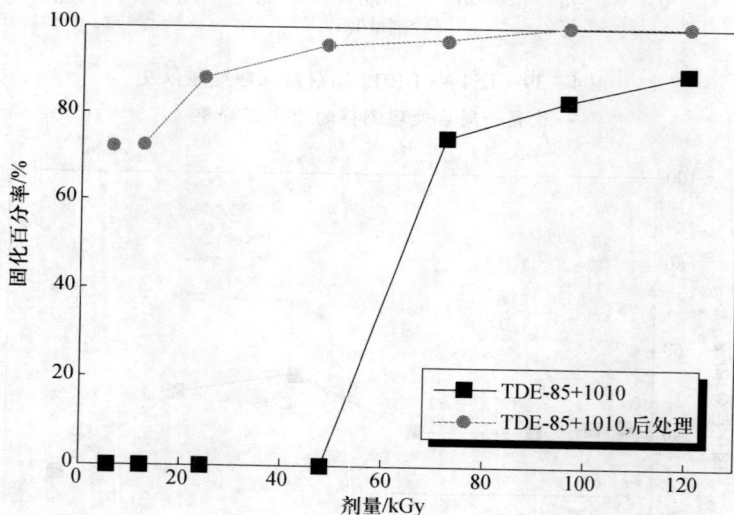

图 4 – 42　TDE – 85 + CD1010 辐射后立即处理及放置一周后处理测得的固化百分率

　　从图 4 – 39 ~ 图 4 – 43 中可以看出,这几个固化体系都有辐射后效应存在。
对原来固化百分率就已经很高的体系,如 E54 + CD1012,辐射后效应不很明显。
但对辐射后立即处理时固化百分率很低或根本不固化的体系,如 TDE – 85 +
CD1010 体系,辐射后效应就非常明显。

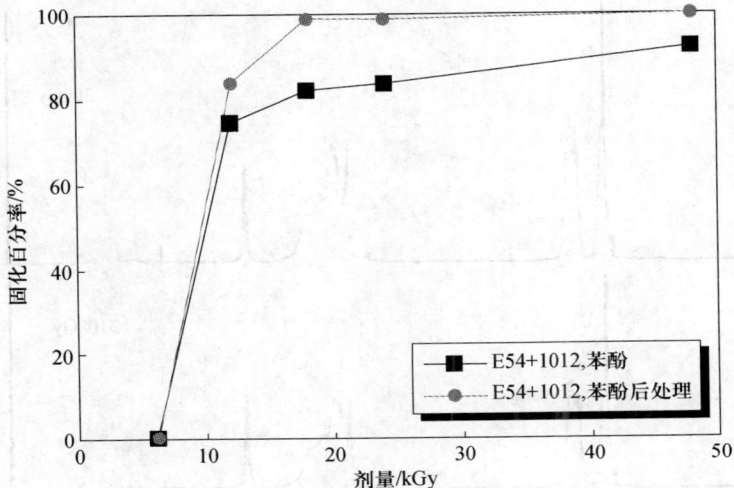

图 4 – 43　添加苯酚的 E54 + CD1012 辐射后立即处理以及
放置一周后处理测得的固化百分率

4.4　电子束辐射固化反应机理及反应动力学研究

4.4.1　环氧树脂电子束固化机理

　　由于双官能团或多官能团环氧树脂在经过 EB 辐射到一定剂量后,其化学结构发生交联化学反应,使树脂不溶不熔,从而无法在树脂经过较高辐射剂量辐射后进行 NMR、GPC、HPLC 分析。而应用单官能环氧模型化合物进行电子束辐射反应,即使其环氧官能团的反应程度达到 100% 后仍能溶解或熔融,从而可将辐射反应物进行 NMR、GPC、HPLC 分析。实验表明,辐射剂量分别为 30kGy、70kGy、90kGy、130kGy、150kGy、200kGy、310kGy、510kGy 的反应物的 ^{1}H 和 ^{13}C 谱图基本没有差异(见图 4 – 44、图 4 – 45),而且它们的环氧官能团的转化率都达到了 100% 。HPLC 测试也表明,除了小剂量的试样的 HPLC 谱图稍有差异外,其它剂量的反应物的 HPLC 谱图基本相同。表 4 – 12 是不同辐射剂量的反应物的 GPC 实验结果,结果表明不同辐射剂量的化合物的相对分子质量在实验误差范围是基本相同。同时不同引发剂浓度的化合物的相对分子质量随引发剂浓度的增加有下降的趋势(见表 4 – 13),因为引发剂浓度的增加,树脂固化反应的引发中心增加,增加了相同质量的固化树脂的摩尔数,也就是说降低了反应化合物的相对分子质量。这些基本可以说明,在一定辐射剂量范围内,环氧树脂只遵循阳离子固化反应机理,而且大剂量的辐射并不会引起已经聚合的大分子的明显辐射降解。

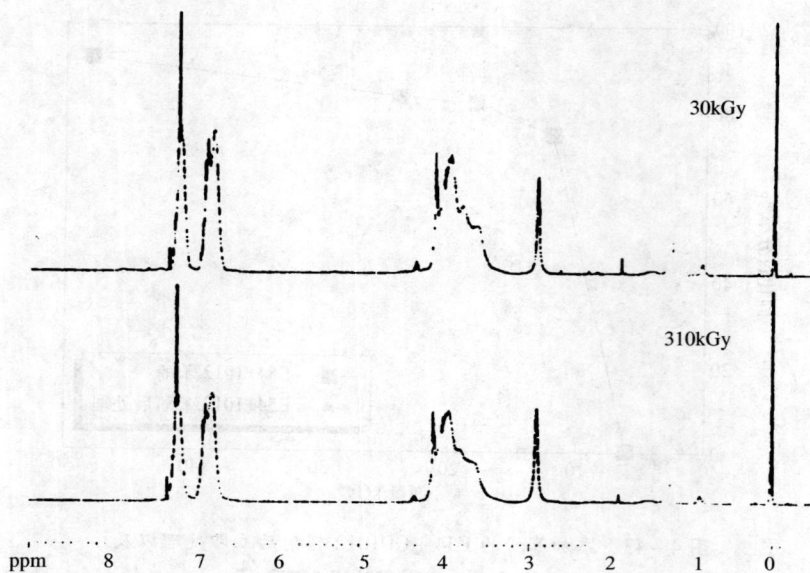

图 4 - 44 模型化合物反应物的 ^1H 谱

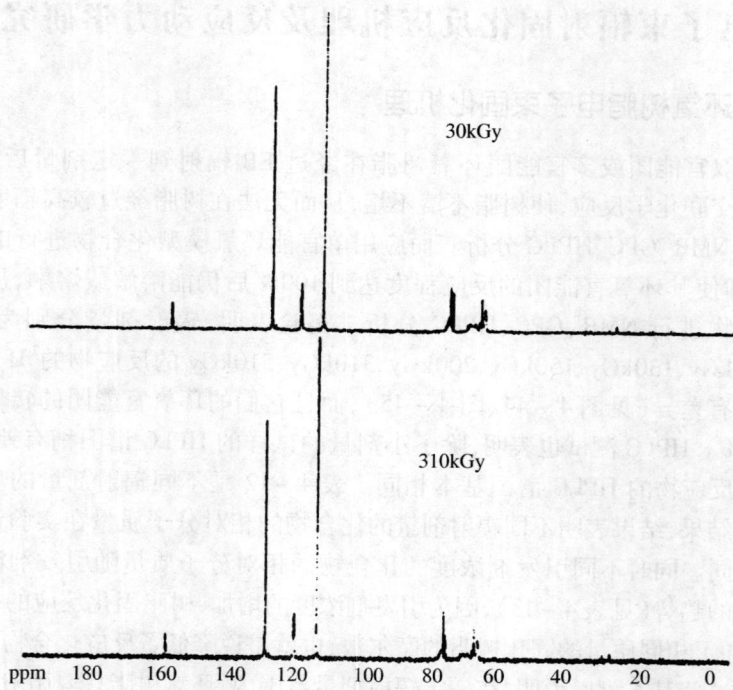

图 4 - 45 模型化合物反应物的 ^{13}C 谱

表 4 - 12　　不同辐射剂量的反应物的 GPC 实验结果

辐射剂量/kGy	30	130	310	510
数均相对分子质量	815	791	824	787
重均相对分子质量	1107	1035	1138	1150
固化度/%	100	100	100	100

表 4 - 13　　不同引发剂浓度的化合物的相对分子质量(130kGy)

引发剂浓度/%	1	2	3	5
数均相对分子质量	888	747	712	707
重均相对分子质量	1132	1017	998	1068
固化度/%	100	100	100	100

为了研究带活性氢原子官能团化合物(如醇类)对环氧树脂阳离子固化反应的影响,在模型化合物苯酚缩水甘油醚中添加一定量的乙醇,在六氟化锑二芳基碘鎓盐的引发下进行电子束辐射化学反应,将辐射后的产物在真空干燥箱中进行真空处理,以除去在反应体系中未参与辐射化学反应的乙醇。然后将处理后的样品进行凝胶色谱分析(GPC)和核磁共振分析(NMR)。

凝胶色谱分析表明,反应产物的相对分子质量(M_n、M_p、M_w、M_z)随着乙醇添加量的增加而减小(见表 4 - 14),说明乙醇参与了环氧树脂聚合反应过程中的链转移反应,使聚合反应活性中心与乙醇的羟基反应,使反应活性中心终止,并再生出具有引发功能的强质子酸 $HSbF_6$。这一反应也使聚合反应产物的聚合度降低,即相对分子质量减小。虽然醇羟基影响聚合产物的相对分子质量,但它仅仅使聚合反应的活性中心发生转移而已,并不会导致活性中心的彻底终止,因此这不会减缓分子中的环氧基团的开环反应速率。从反应产物的红外光谱图(见图 4 - 46)也可以看出,不论添加多少乙醇,环氧基团的残存率为零,即环氧基团基本完全开环发生反应。

表 4 - 14　　相对分子质量随着乙醇添加量的变化

乙醇添加量/%	M_n	M_p	M_w	M_z	M_{z+1}	分散系数
0	933	1257	1430	2129	3102	1.53269
1	809	1055	1215	1874	2918	1.501854
2	762	1038	1087	1521	2058	1.426509
4	653	760	889	1205	1605	1.361409
6	567	607	738	964	1241	1.301587

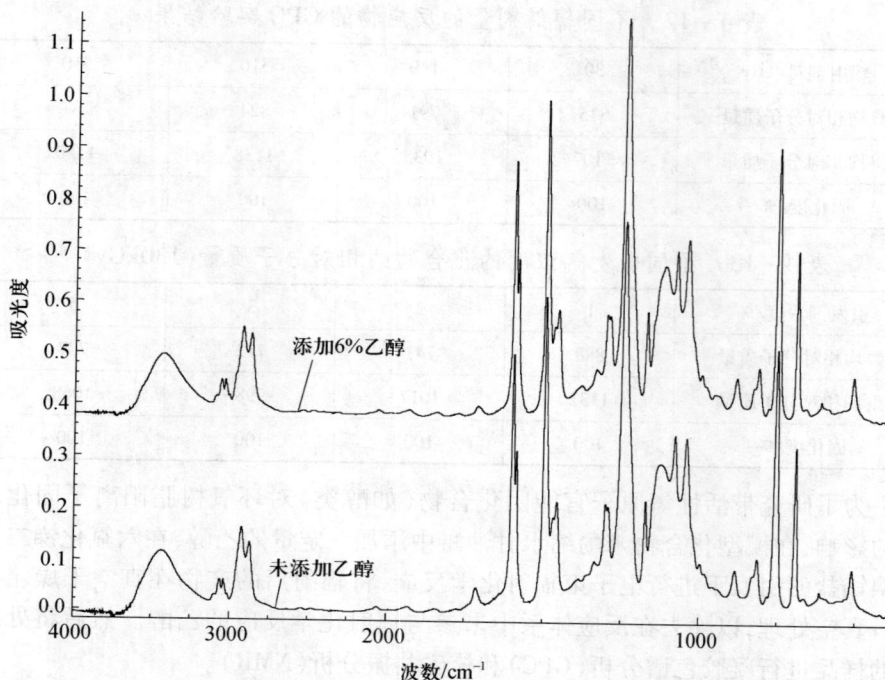

图 4 - 46　反应产物的红外光谱图

图 4 - 47 和图 4 - 48 是未添加乙醇的样品和添加 6% 的乙醇样品的核磁共振谱(^1H 和 ^{13}C 谱)。从 ^1H 谱可见,添加 6% 乙醇的样品与未添加乙醇的样品的最大差异在于,在添加 6% 乙醇的样品的 ^1H 谱中出现了未添加乙醇的样品中没有的位于 1.1ppm 左右的化学位移,1.1ppm 处的特征谱线就是甲基氢的特征谱。同时在 ^{13}C 谱中也出现了甲基碳原子的特征谱线(15ppm),这进一步说明乙醇通过醇羟基参与了环氧树脂的聚合反应,并将乙氧基残留在了聚合产物的分子链上。

综合环氧树脂体系中各组分的辐射效应、环氧树脂辐射固化影响因素以及对模型化合物的阳离子聚合反应的研究,锍盐引发剂引发环氧树脂固化反应主要包括锍盐分解(强质子酸的产生)、链引发、链增长、链终止或链转移等。

强质子酸的产生即锍盐分解有两种方式,即锍盐直接吸收辐射能量产生激发态分解和锍盐吸收溶剂化电子分解。在电子束固化环氧树脂中,它是一个稀溶液体系,环氧树脂和其他组分相当于溶剂,锍盐是溶质,而且锍盐在溶液中的浓度很低。因此,在电子束固化环氧树脂体系中主要是环氧树脂分子吸收能量而发生辐射分解,并由溶剂辐射分解产生的活性粒种将能量传递给锍盐分

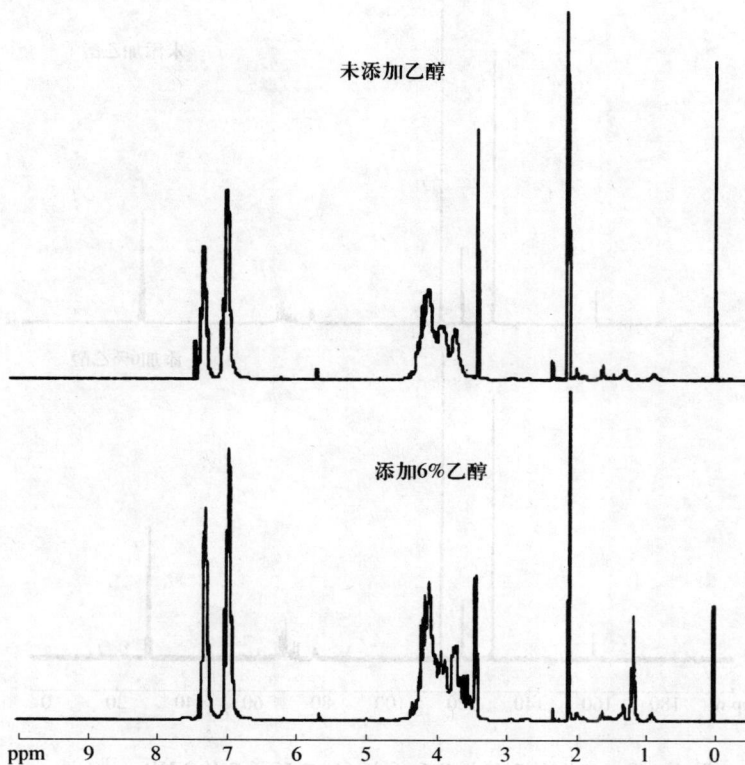

未添加乙醇

添加6%乙醇

图 4-47 未添加乙醇样品和添加 6% 乙醇样品的 NMR-^{1}H 谱

子而使其活化分解。因此,在这一体系中电子束辐射时锍盐通过激发态分解已变为次要的,更主要的过程是锍盐作为氧化剂吸收溶剂化电子或氧化自由基。但是随着体系黏度的增大,溶剂接受辐射能量产生的活性粒种的扩散运动受到限制,使其参与锍盐的活化反应概率减少,而锍盐通过激发态分解的概率增加,甚至当树脂体系呈固体或半固体状态时,激发态分解又成为质子酸产生的主要途径。

锍盐辐射分解产生的强质子酸上的质子进攻环氧官能团中呈负电性的氧原子,反应生成三级氧锍离子活性中心,氧锍离子和质子酸的阴离子形成离子对,从而引发了环氧基团的阳离子聚合反应。

接着,反应进入链增长阶段。在引发形成的氧锍离子活性中心中,由于氧锍离子带正电荷,从而使 α-碳原子成强正电性,有利于环氧基团上呈负电性的氧原子的亲核进攻。而且,根据环氧基团的结构特点及固化反应特性,这一亲核

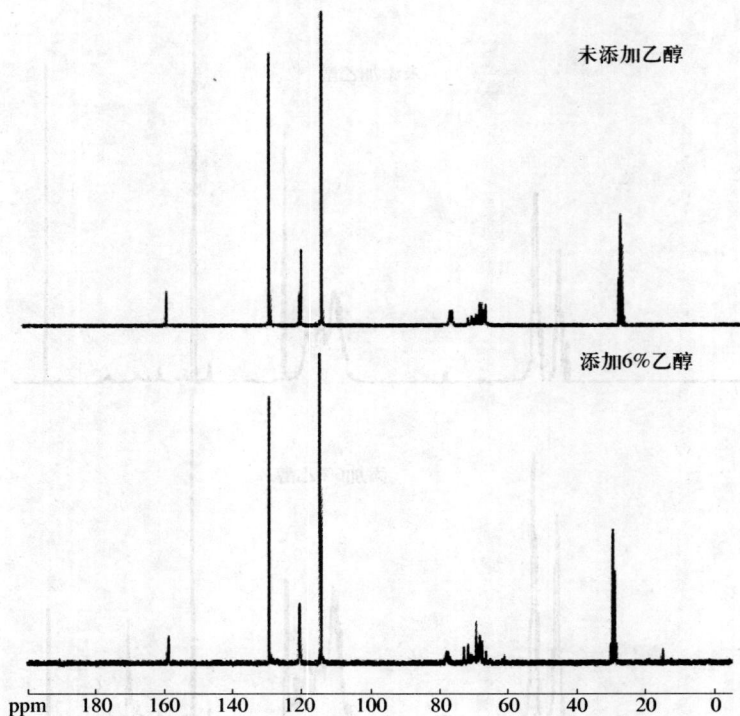

图4-48　未添加乙醇样品和添加6%乙醇样品的NMR-^{13}C谱

反应遵循双分子亲核取代反应机理(S_N2)。环氧基团上氧原子进攻氧鎓离子使原来的氧鎓离子所在的环氧三元环开环,并使正离子活性中心转移到新的环氧基团的氧原子上。在反应过程中,阴离子随阳离子中心的移动而运动,始终处于中心阳离子的近旁,形成离子对。

由于阳离子聚合的活性中心都带有正电荷,因此它们不可能发生双分子终止反应,只可能进行链转移终止或单基终止。对于本课题研究的环氧树脂阳离子聚合反应,通常通过阳离子活性中心与带活性氢原子(如环氧树脂中羟基)的基团相互作用使链转移而使聚合反应终止。其反应历程与链增长反应相似,也遵循S_N2历程。在这一反应过程中,羟基去质子化而使这一质子被转移到阴离子,从而使强质子酸引发剂得以再生,再生的质子酸引发新的聚合反应。同时,这一反应使环氧基团开环与树脂分子中的羟基反应,提高了固化环氧树脂的交联密度。

鎓盐分解:

(1)鎓盐激发态分解:

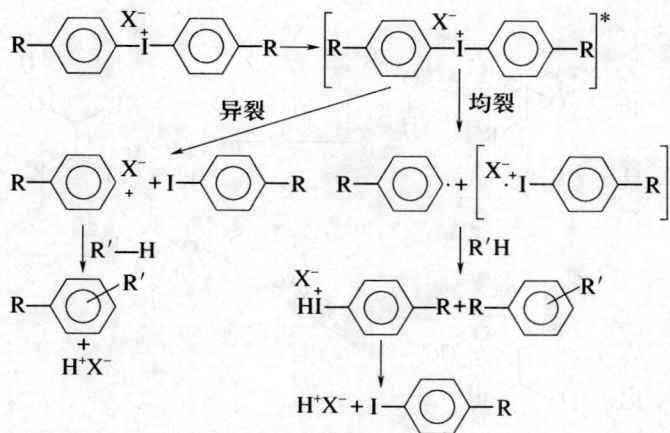

（2）溶剂化电子诱导分解

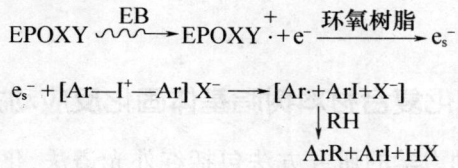

链引发：

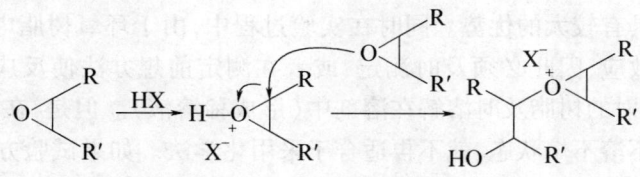

增长：

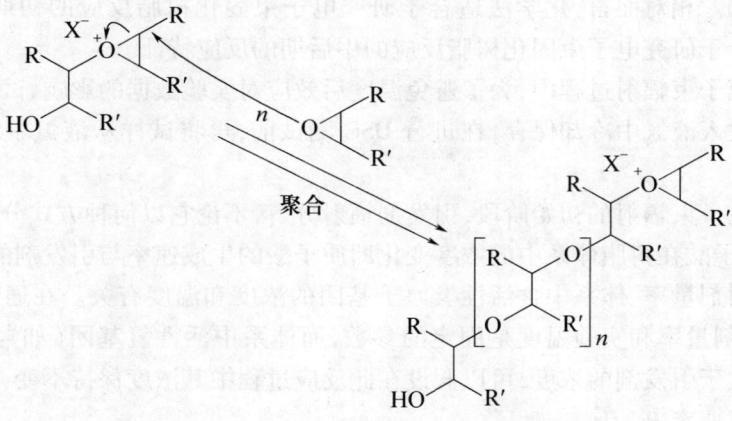

链转移：

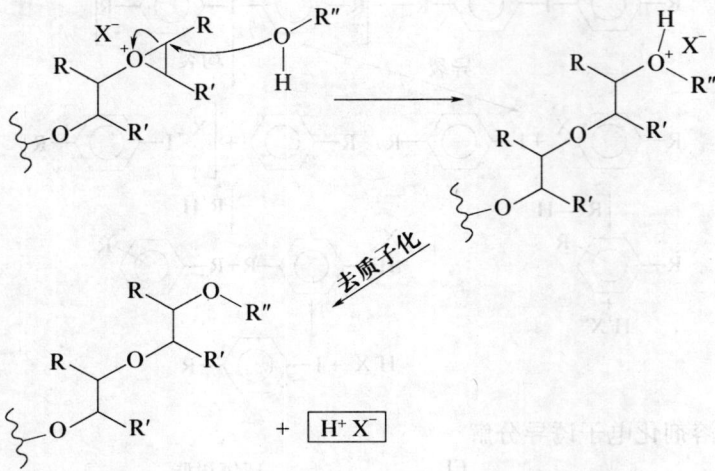

4.4.2 电子束固化复合材料树脂基体固化反应动力学

对于化学反应动力学的研究方法包括红外光谱法、化学分析法、热分析法等。由于电子束辐射固化树脂未交联之前，通过化学分析法研究电子束固化反应的动力学具有较大的优势。同时在实验过程中，由于环氧树脂电子束固化具有显著的后效应，因此必须及时测定，或者在测定前想办法使反应体系失去活性，如将经辐射的树脂及时溶解在溶剂中(形成稀溶液)。但是，在树脂交联后，树脂已经呈不溶不熔状态，就不再适合于采用化学法。如果试验方法合理，DSC法可以监控电子束固化的全过程。但是对固化反应初期的监控，DSC法不如化学法精细。相对而言，化学法适合于研究电子束固化树脂反应的初期，而 DSC法更适合于研究电子束固化树脂反应的中后期的反应特征。

在电子束辐射过程中，为了避免温度后效应对实验数据的影响，试样经辐射后及时放入液氮中冷却保存，在进行 DSC 测试前，再将试样从液氮中取出及时测试。

在电子束辐射的初始阶段，引发剂辐射分解，不论它以何种方式分解产生质子酸，质子酸在树脂体系中的浓度变化即质子酸的生成速率与引发剂的浓度、电子束辐射剂量率、体系中含活性氢原子基团的浓度和温度有关。在通常的实验条件下，剂量率和实验温度是固定的参数，而体系中活性氢基团(如羟基)的浓度远远大于引发剂的浓度，可以假设在此反应过程中其浓度保持不变，因此质子酸的生成速率 R_{HX} 为：

$$R_{HX} = \frac{dC_{HX}}{dt} = k'C_1C_{RH} = kC_1$$

也就是说,引发剂的分解速率遵循一级反应动力学规律。由于每生成一个 HX 分子就消耗一个引发剂分子,设引发剂的初始浓度为 C_{10},则 $C_{10} = C_{HX} + C_1$,所以:

$$R_{HX} = \frac{dC_{HX}}{dt} = k(C_{10} - C_{HX})$$

$$C_{HX} = C_{10}(1 - EXP(-kt))$$

当然,在体系中,质子酸一边生成一边参与环氧树脂的聚合反应。因此,从严格意义上讲,C_{HX} 应该是体系中存在的 HX 质子酸和已经参与聚合反应的形成聚合活性氧鎓离子中心的质子酸的总和。

根据环氧官能团的开环反应历程,环氧基团主要参与链引发和链增长的化学反应,因此环氧基团的反应速率:$R = R_1 + R_2$。R_1 为引发反应消耗环氧基团的速率,R_2 为链增长反应消耗环氧基团的速率。由于刚分解产生的质子酸的分子很小,而且反应是由体积极小的质子 H^+ 进攻环氧基团的氧原子发生反应,因此引发反应速率很快,绝大部分质子酸以三级氧鎓离子对的形式存在。而且每次引发只消耗一分子环氧基团,与链增长反应相比,其消耗环氧基团的数量远远小于链增长反应,即 $R_2 \gg R_1$,$R \approx R_2$。

在进行动力学处理前首先作以下假设:

(1) 不同链长的氧鎓离子活性中心的反应活性相等;

(2) 强质子酸催化剂再生速率和质子酸引发反应的速率相等。

根据反应活性等效假设,则 $k = k_2$,因此环氧官能团总反应速率约等于链增长阶段的反应速率,即

$$R = -\frac{dC_E}{dt} \approx R_2 = k_2 \cdot C_E \cdot C_{X^-} = k \cdot C_E \cdot C_{X^-}$$

式中:C_E 为树脂体系中环氧官能团的浓度;k_2 分别为链增长反应的速率常数;C_{X^-} 为氧鎓离子活性中心的浓度。

图 4-49 是不同剂量下辐射后试样的 DSC 曲线。曲线表明,随着辐射剂量的增加,在 10kGy 后在 220℃ 左右的反应主峰很快消失,并逐渐在 40℃ ~80℃ 范围内形成一个反应峰,这一反应峰也随辐射剂量逐渐减小。这也说明,经过一定电子束剂量辐射之后,材料在较低温度下进行热处理即可继续大幅度提高树脂的固化度。

表 4-15 为引发剂 CD1012 浓度为 1%、1.5% 和 2.0% 的 E54 环氧树脂体系的辐射剂量、时间与环氧基团的浓度。

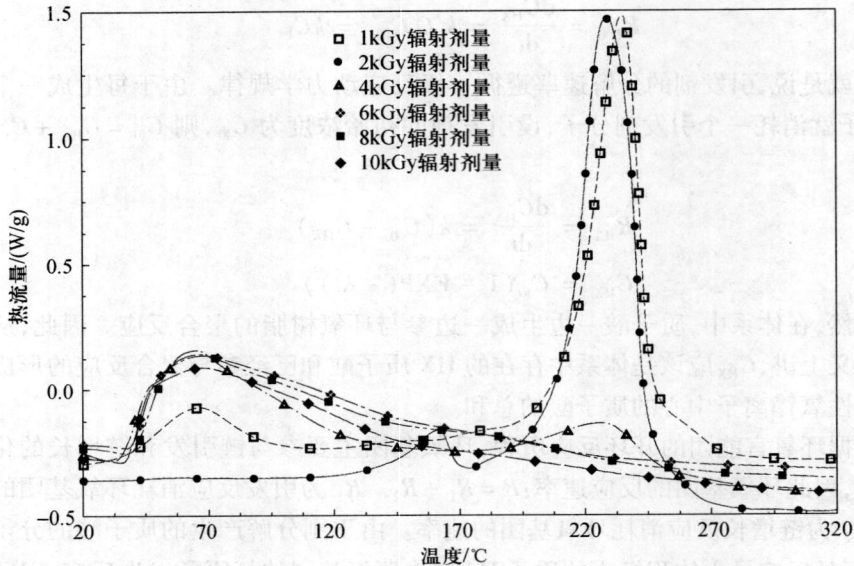

图 4-49　不同剂量下辐射后试样的 DSC 曲线

表 4-15　电子束固化 E54 环氧树脂体系的
辐射剂量、时间与环氧基团的浓度

辐射剂量/kGy	反应热/(J/g)			辐射时间/s	环氧基团浓度/(mol/100g)		
	1%	1.5%	2%		1%	1.5%	2%
0	457	457	457	0	0.54	0.54	0.54
2	364.8	396.62	382.41	40	0.431055	0.468654	0.451863
4	332.96	327.2	325.3	80	0.393432	0.386626	0.384381
6	287.1	314.4	281.6	120	0.339243	0.371501	0.332744
10	264.5	285.2	276.2	200	0.312538	0.336998	0.326363
20	246.3	239.5	225.3	400	0.291033	0.282998	0.266219
30	230.2	237.7	221.9	600	0.272009	0.280871	0.262201
70	216.4	197.5	178.5	1400	0.255702	0.23337	0.210919
100	214.9	197.6	174.7	2000	0.25393	0.233488	0.206429

如图 4-50~图 4-52 所示,分别为引发剂 CD1012 浓度为 1%、1.5% 和 2.0% 的 E54 环氧树脂体系的辐射时间与环氧值的关系曲线(辐射剂量率:50Gy/s,环境温度 21℃),曲线方程如图中所示。

186

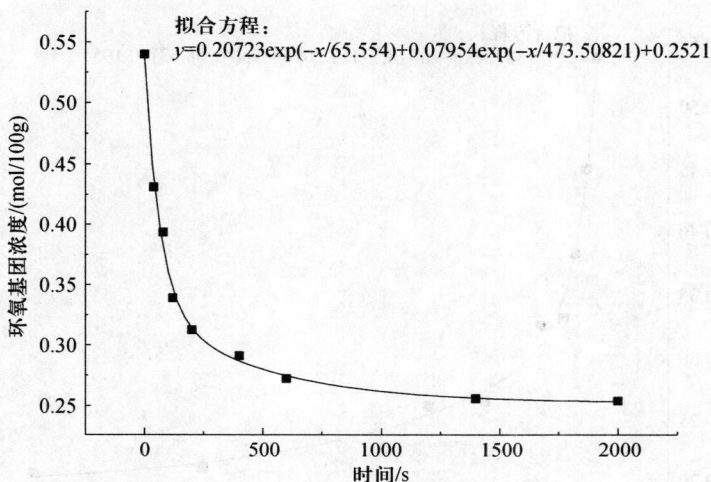

拟合方程：
$y=0.20723\exp(-x/65.554)+0.07954\exp(-x/473.50821)+0.2521$

图 4 – 50　E54 – CD1012（1%）辐射时间与环氧值的关系

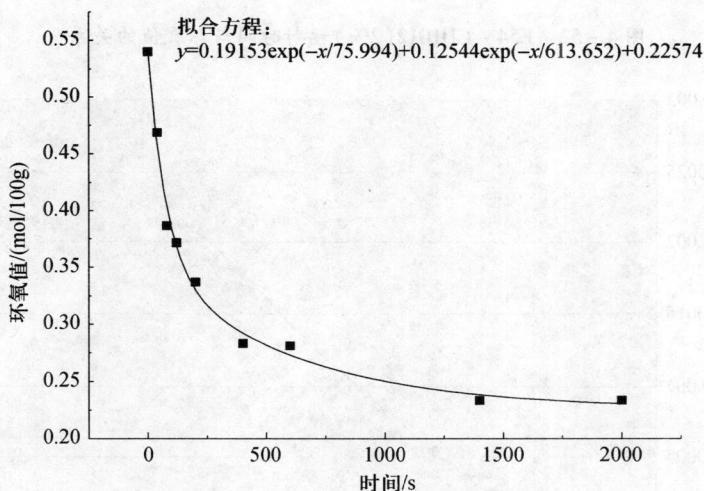

拟合方程：
$y=0.19153\exp(-x/75.994)+0.12544\exp(-x/613.652)+0.22574$

图 4 – 51　E54 – CD1012（1.5%）辐射时间与环氧值的关系

　　从总体上看，锍盐引发环氧树脂阳离子聚合的浓度—时间关系曲线均呈指数降曲线。

　　数据经过曲线拟合，微分处理后，其反应速率与环氧值的关系曲线如图 4 – 53 ~ 图 4 – 55 所示。从曲线可见，根据环氧基团辐射固化反应的机理与特点，电子束固化环氧树脂的固化过程可分为三个阶段。

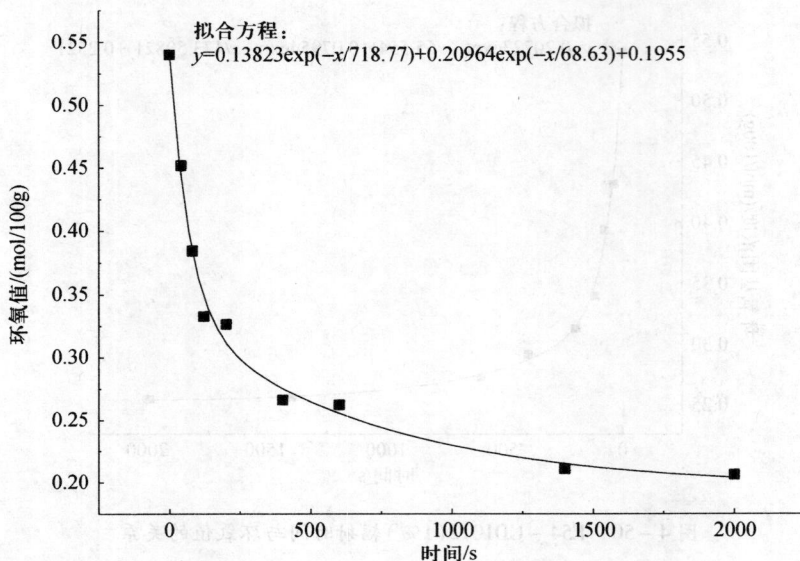

拟合方程：
$y=0.13823\exp(-x/718.77)+0.20964\exp(-x/68.63)+0.1955$

图 4 – 52 E54 – CD1012(2%)辐射时间与环氧值的关系

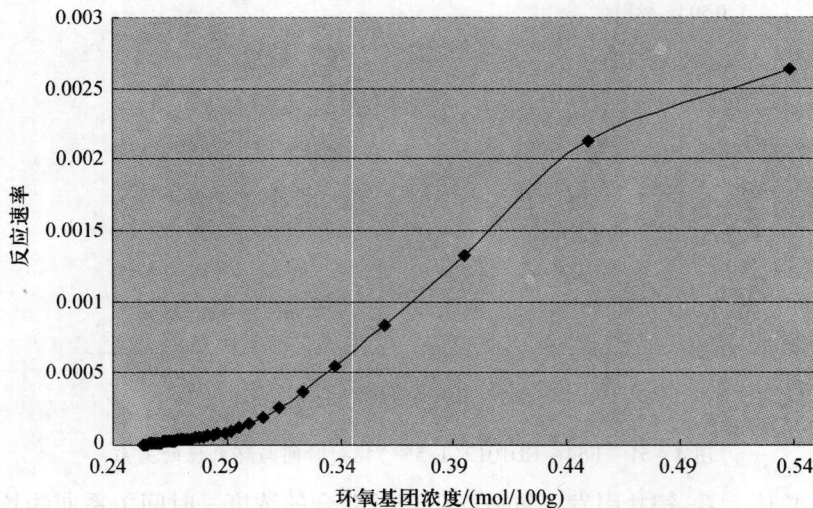

图 4 – 53 E54 – CD1012(1%)反应速率与环氧值的关系

第一阶段是反应初期,起引发作用的质子酸随辐射剂量的增加逐渐增加,因此在该阶段树脂的固化反应速率随环氧基团浓度的减小(辐射剂量的增加)而增大。这一阶段在 DSC 分析的动力学曲线中不明显,但是从化学分析法得到明

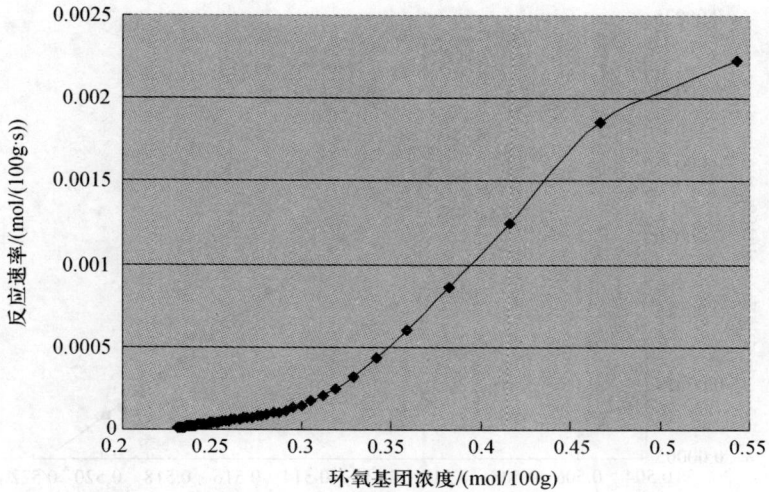

图 4 - 54　E54 - CD1012(1.5%)反应速率与环氧值的关系

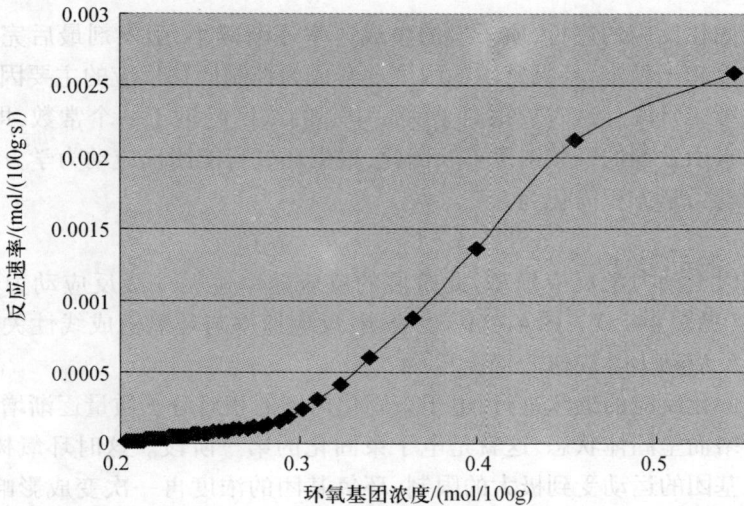

图 4 - 55　E54 - CD1012(2%)反应速率与环氧值的关系

显的第一阶段曲线,其反应初期的固化反应动力学方程如图 4 - 56 所示。在此阶段,主要是质子酸的浓度(或者说是质子酸的产生速度)控制固化反应速度,同时在此阶段环氧基团的浓度变化不大,对反应速度的影响不大。因此,此阶段的反应速率也呈线性关系。

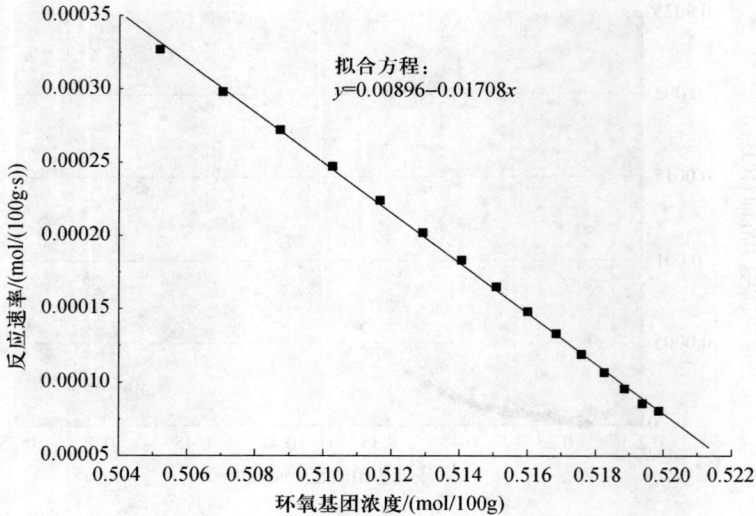

拟合方程:
$y=0.00896-0.01708x$

图 4 – 56　E54 – CD1012(1.5%)第一阶段的动力学曲线

随着固化反应的进行,质子酸的生成速率逐渐减小,引发剂最后完全分解,质子酸浓度趋于稳定,环氧基团的浓度逐渐成为控制固化反应的主要因素,固化反应进入第二阶段。这时氧鎓离子活性中心的浓度趋近于一个常数,即在树脂体系中加入引发剂的摩尔浓度 C_{I_0},因此,根据环氧官能团反应动力学方程,在第二阶段的动力学方程简化为

$$R = k \cdot C_E \qquad k = k_2 C_{I_0}$$

根据以上动力学反应模型,此阶段的反应速率遵循一级反应动力学方程。实验研究(见图 4 – 57 ~ 图 4 – 59)也表明,反应速率与环氧值成线性关系,验证了其一级反应动力学规律。

随着固化反应的继续进行,电子束固化树脂的相对分子质量逐渐增大,并形成交联网络而呈固体状态,这就是电子束固化的第三阶段。这时环氧树脂分子以及环氧基团的运动受到极大的限制,环氧基团的浓度再一次变成影响反应速率的次要因素。此时,参与反应的组分的扩散能力成为控制反应的主要因素。从拟合计算的第三阶段动力学曲线也呈线性关系,为一级反应动力学(见图 4 – 60 ~ 图 4 – 62)。

同时,从动力学曲线可以看出,从第一阶段到第二阶段以及从第二阶段到第三阶段都是逐渐过渡的,在两个阶段之间存在过渡区。在过渡区,相关的两个因素共同控制。

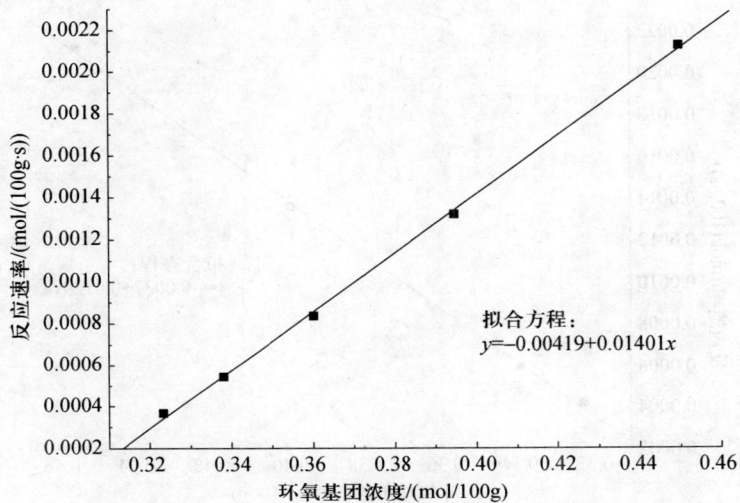

图 4 – 57　E54 – CD1012(1%)第二阶段的动力学曲线

拟合方程：
$y=-0.00419+0.01401x$

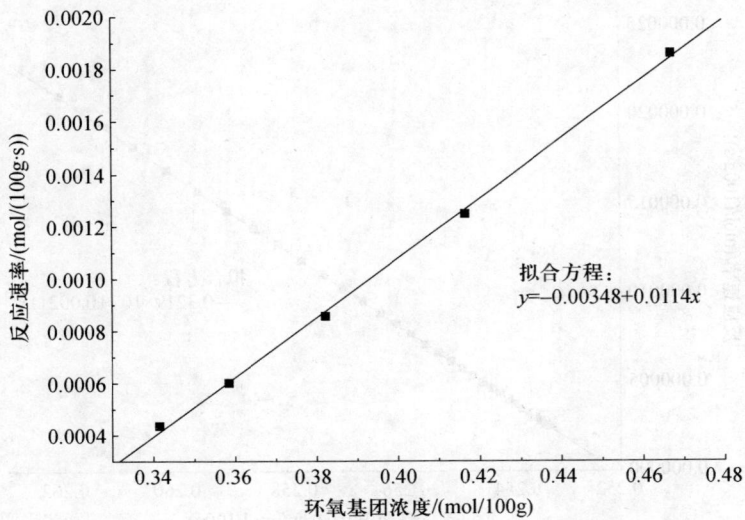

图 4 – 58　E54 – CD1012(1.5%)第二阶段的动力学曲线

拟合方程：
$y=-0.00348+0.0114x$

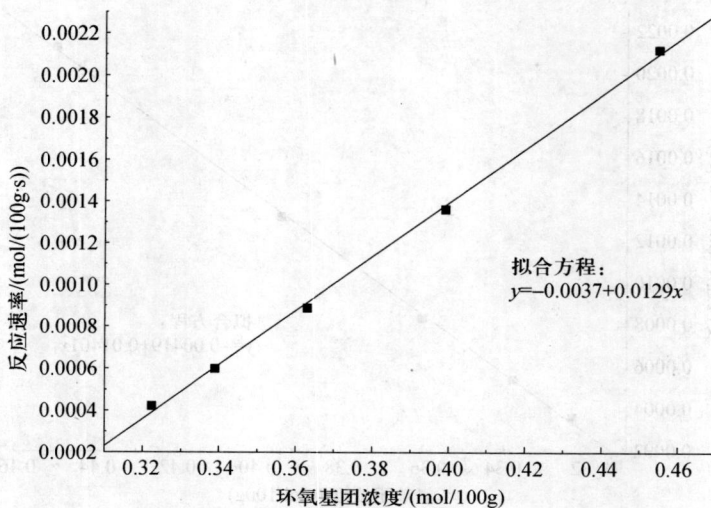

拟合方程：
$y = -0.0037 + 0.0129x$

图 4-59　E54-CD1012(2%)第二阶段的动力学曲线

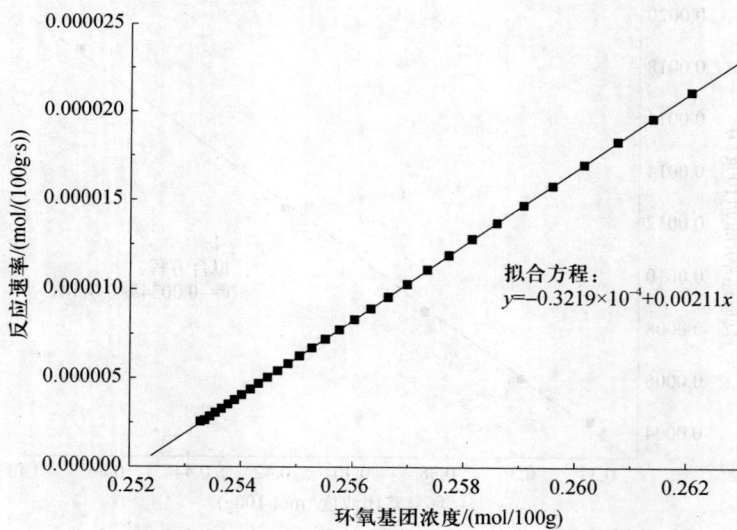

拟合方程：
$y = -0.3219 \times 10^{-4} + 0.00211x$

图 4-60　E54-CD1012(1%)第三阶段的动力学曲线

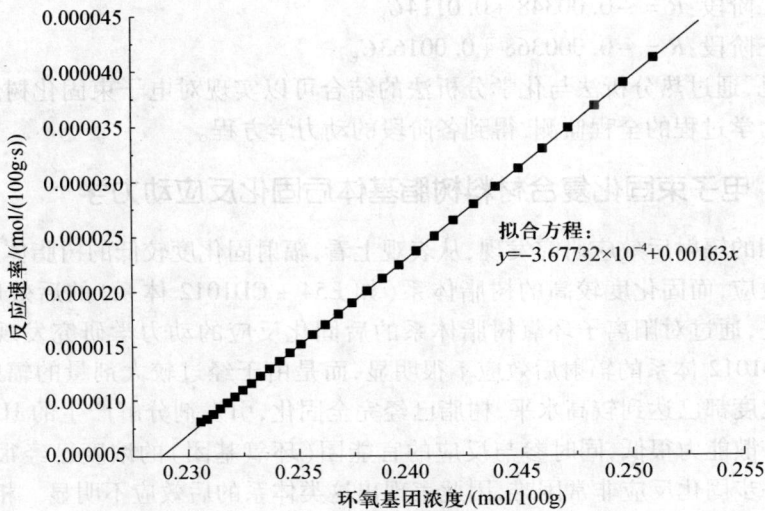

拟合方程:
$y=-3.67732\times10^{-4}+0.00163x$

图 4-61　E54-CD1012(1.5%)第三阶段的动力学曲线

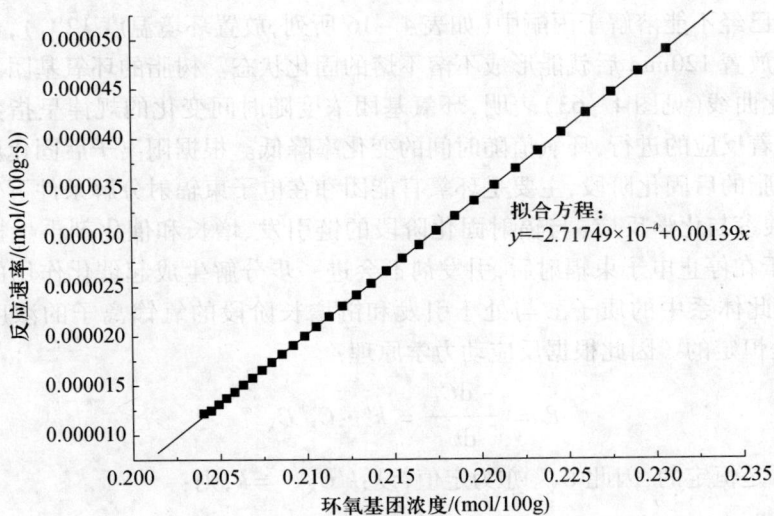

拟合方程:
$y=-2.71749\times10^{-4}+0.00139x$

图 4-62　E54-CD1012(2%)第三阶段的动力学曲线

以 E54 – CD1012(1.5%)为例,它在三个阶段的动力学方程分别为:

第一阶段:$R = 0.00896 - 0.01708 C_E$

第二阶段:$R = -0.00348 + 0.0114 C_E$

第三阶段:$R = -0.000368 + 0.00163 C_E$

可见,通过热分析法与化学分析法的结合可以实现对电子束固化树脂固化反应动力学过程的全程监测,得到各阶段的动力学方程。

4.4.3　电子束固化复合材料树脂基体后固化反应动力学

前期的辐射后效应研究发现,从表观上看,辐射固化度较低的树脂体系有显著的后效应,而固化度较高的树脂体系(如 E54 + CD1012 体系)的后效应不明显。但是,通过对阳离子环氧树脂体系的后固化反应的动力学研究发现,并非 E54 + CD1012 体系的辐射后效应不很明显,而是由于经过较大剂量的辐射后它们的固化度都已达到较高水平,树脂已经完全固化,引发剂分解产生的 HX 在树脂中的扩散能力很低,同时参与反应的官能团(环氧基团)的浓度已经很低,使树脂进一步固化反应非常困难,因此表现出这类体系的后效应不明显。相反,辐射后立即处理时固化百分率很低或根本不固化的体系,HX 在树脂中的扩散能力还很强,能够促进树脂在离开辐射进一步固化反应。通过对 E54 – CD1012(2.0%)体系的小剂量辐射后的后效应研究表明,经过 2kGy 辐射,放置 120min 后,树脂已经不能溶解于丙酮中(如表 4 – 16 所列,放置环境温度 12℃),也就是说,树脂放置 120min 后就能形成不溶不熔的固化状态。树脂的环氧基团浓度随时间变化曲线(见图 4 – 63)表明,环氧基团浓度随时间变化的规律呈指数降趋势,即随着反应的进行,环氧值随时间的变化率降低。根据阳离子后固化反应机理,在树脂的后固化阶段,主要是环氧官能团和在电子束辐射分解条件下生成的强质子酸参与化学反应(与辐射固化阶段的链引发、增长和催化剂再生机理相似),由于在停止电子束辐射后,引发剂不会进一步分解生成起催化作用的强质子酸,因此体系中的质子酸与处于引发和链增长阶段的氧鎓离子的浓度总和(C_{X^-})是恒定的。因此根据反应动力学原理:

$$R = \frac{-dC_E}{dt} = k' \cdot C_E{}^n C_{X^-}{}^m$$

由于 C_{X^-} 是恒定的,因此 $C_{X^-}{}^m$ 亦为定值,设:$k' C_{X^-}{}^m = k$,则:

$$R = \frac{-dC_E}{dt} = k \cdot C_E{}^n$$

式中:n 为反应动力学级数;C_E 为环氧官能团的浓度;k 为表观反应速率常数。

将表 4 – 16 的数据作图,进行曲线拟合,得指数降曲线(见图 4 –63):

194

$$C_E = 0.0987\exp(-t/2146.099) + 0.394$$

表 4 – 16　E54 – CD1012 体系辐射后效应数据

编号	放置时间/min	环氧值/(mol/100g)	溶 解 状 况
1	0	0.492119	易溶
2	10	0.4687	易溶
3	22	0.446756	易溶
4	40	0.427825	易溶
5	50	0.414996	溶解稍慢
6	60	0.412398	溶解较慢
7	70	0.408441	溶解慢
8	120	无法测定	不能溶解

注:放置环境温度为12℃

将图 4 – 63 的拟合曲线进行微分处理得到 dC_E/dt 的值,并与其相对应的环氧基团浓度值作图并拟合得到一标准的直线方程(见图 4 – 64),即 E54 – CD1012 体系的辐射后效应动力学方程为

$$R = -\frac{dC_E}{dt} = -1.834 \times 10^{-4} + 4.659 \times 10^{-4}C_E$$

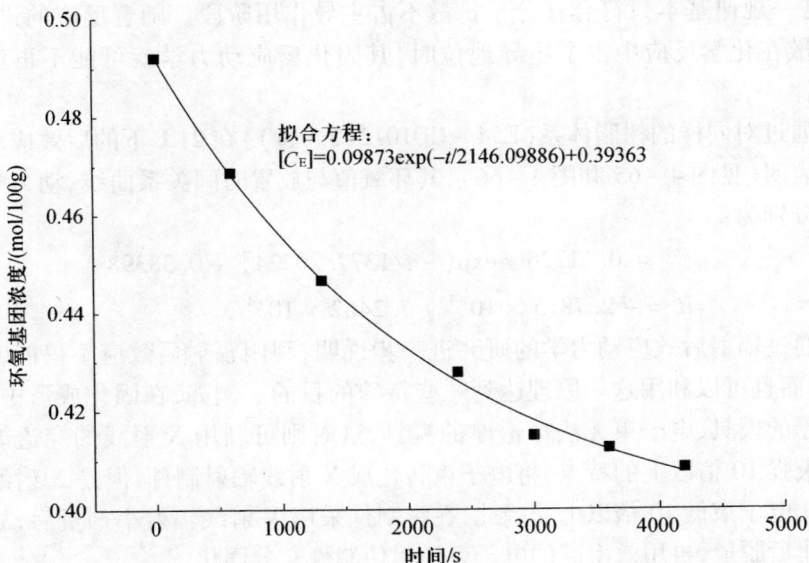

拟合方程:
$[C_E]=0.09873\exp(-t/2146.09886)+0.39363$

图 4 – 63　E54 – CD1012(2%)(12℃)环氧基团浓度随后效应时间变化的规律

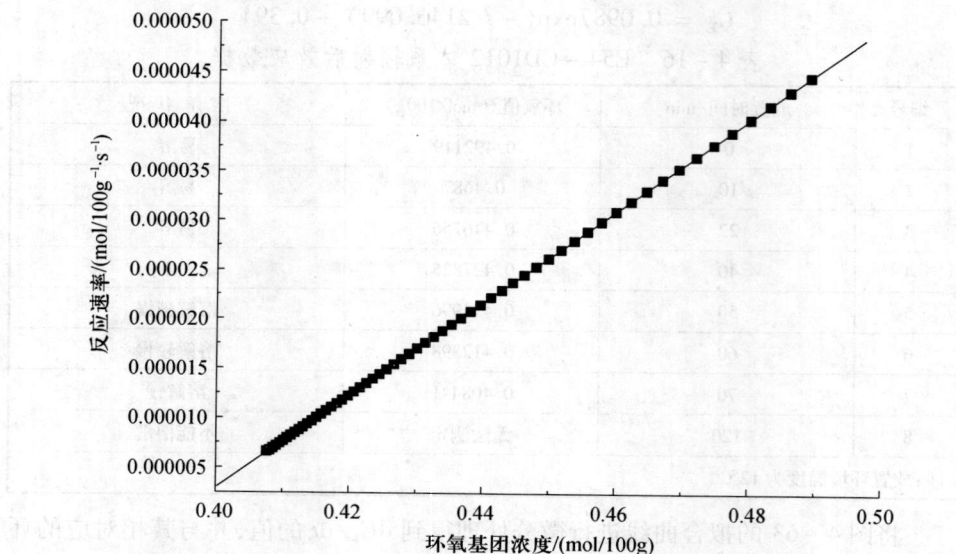

图 4 - 64   E54 - CD1012(2%)(12℃)辐射后效应动力学曲线

E54 - CD1012 体系的辐射后效应动力学遵循一级反应动力学方程,也就是说树脂的后效应化学反应速率与树脂体系中的环氧基团的浓度成正比。但是,这一规律基本只符合在分子扩散不占主导作用阶段。随着反应的进行,分子扩散在化学反应中占了主导地位时,其固化反应动力学就可能不再遵循这一规律。

通过对同样的树脂体系(E54 - CD1012(2.0%))在 21℃下的后效应动力学研究表明(见图 4 - 65 和图 4 - 66),其环氧值与放置时间关系曲线、动力学曲线方程分别为:

$$C_E = 0.11226 * \exp(-t/1377.20224) + 0.38398$$

$$R = -2.7815 \times 10^{-4} + 7.2462 \times 10^{-4} C_E$$

通过辐射后效应动力学的研究进一步说明,利用辐射后效应不仅能够节约能源,而且可以利用这一原理达到一些特殊的目的。例如,在固化成形中,如果有较厚的模具,电子束无法穿透厚的模具,这时则可利用 X 射线的穿透能力比电子束强 10 倍以上的特点,将电子束转化成 X 射线辐射制件,但是 X 射线的效率却比电子束低 10 倍以上。因此,在将制件采用 X 射线辐射小剂量后,放置至其固化后脱摸,再用效率高的电子束辐射使制件充分固化。

比较 E54 - CD1012(2.0%)在 12℃ 和 21℃下的后效应动力学方程的反应速率常数,21℃下的速率常数明显高于 12℃的,说明提高后效应反应温度能显

196

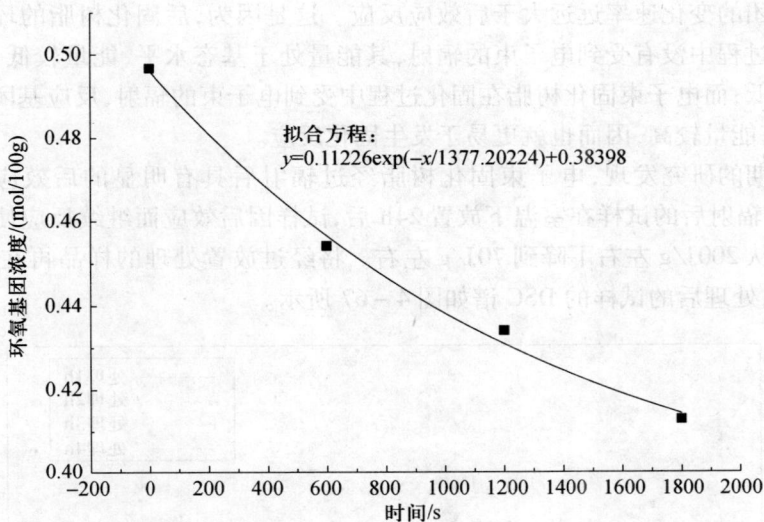

拟合方程：
$y=0.11226\exp(-x/1377.20224)+0.38398$

图 4-65　E54-CD1012(2%)(21℃)环氧基团浓度随后效应时间变化的规律

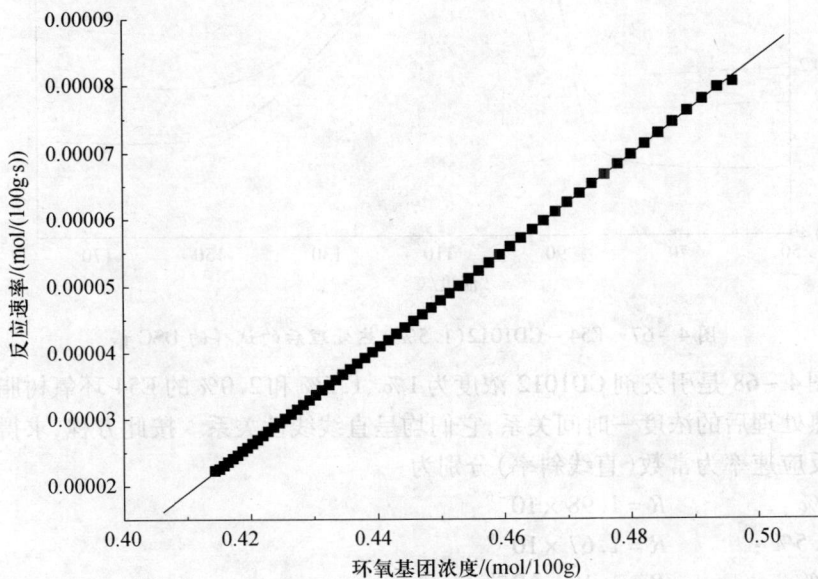

图 4-66　E54-CD1012(2%)(21℃)辐射后效应动力学曲线

著提高其反应速度。在相同条件下，电子束辐射反应速率常数为 0.02 左右，而后效应速率常数为 0.00046 左右，也就是说，在电子束直接辐射下的反应速率随环氧基团的变化速率远远大于后效应反应。这是因为,后固化树脂的环氧基团在反应过程中没有受到电子束的辐射,其能量处于基态水平,能量较低,因而反应速率低;而电子束固化树脂在固化过程中受到电子束的辐射,反应基团均处于激发态,能量较高,因而也就更易于发生固化反应。

前期的研究发现,电子束固化树脂经过辐射后具有明显的后效应。经过100kGy 辐射后的试样在室温下放置 24h 后,试样因后效应而继续反应使树脂的反应热从 200J/g 左右下降到 70J/g 左右。将经过放置处理的样品再在 60℃下热处理,处理后的试样的 DSC 谱如图 4 - 67 所示。

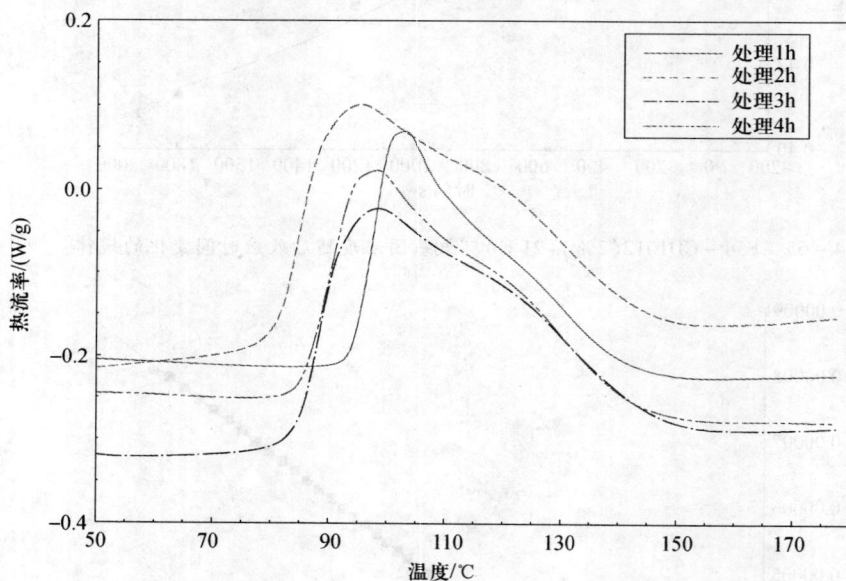

图 4 - 67　E54 - CD1012(1.5%)热处理后的试样的 DSC 谱

图 4 - 68 是引发剂 CD1012 浓度为 1%、1.5% 和 2.0% 的 E54 环氧树脂体系60℃热处理后的浓度—时间关系,它们均呈直线线性关系。按此方程,求得各样品的反应速率为常数(直线斜率)分别为

1%:　　　　$R = 1.98 \times 10^{-6}$

1.5%:　　　$R = 1.67 \times 10^{-6}$

2%:　　　　$R = 1.18 \times 10^{-6}$

说明在此条件下,热处理反应为 0 级反应动力学,反应速率与反应基团浓度无关。

这些研究说明,经电子束辐射后的树脂经过一定时间的放置或在较低温度下的加热后处理即可提高树脂的固化度。

198

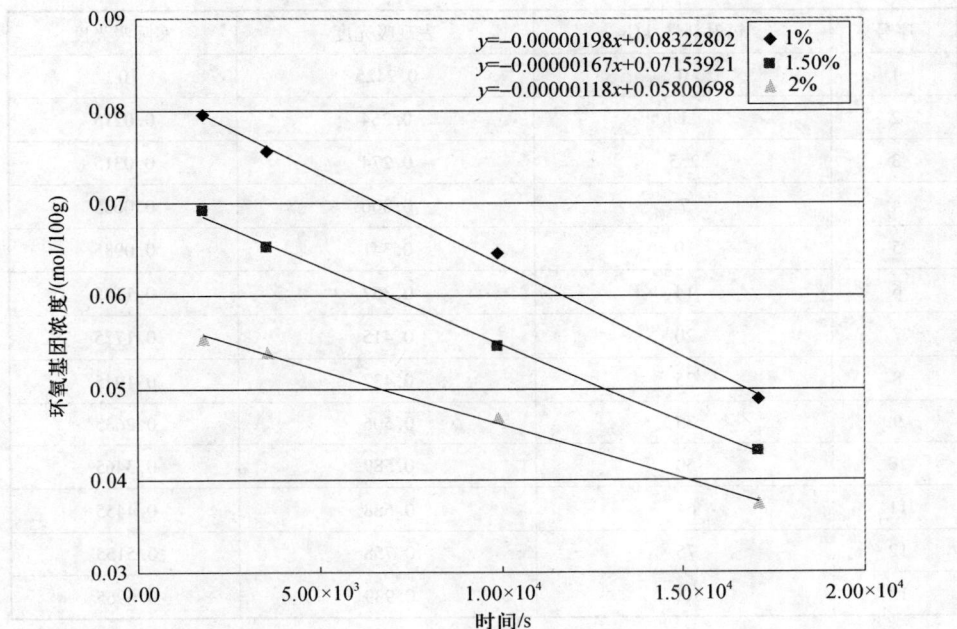

图 4 − 68 热处理后试样的浓度—时间关系

4.4.4 电子束固化树脂基体辐射固化过程模拟与优化

在基础树脂体系的电子束辐射过程化学模拟研究的基础上,需要进一步对基本复合材料树脂体系的辐射固化过程进行模拟与优化。同时,先期的基础树脂体系是基于平面二维的固化模拟。但是,在电子束辐射固化过程中由于固化过程受到电子束穿透能力及固化过程中的反应热的影响,树脂基体在不同厚度方向的固化过程是有差异的。因此,在实际复合材料树脂基体的固化过程中,还需研究复合材料三维的固化模拟。

1. 在厚度方向的电子束辐射剂量分布

本实验采用尼龙剂量片测量电子束辐射剂量分布。其基本原理是,尼龙剂量片经过辐射后的紫外吸光度与辐射剂量呈线性关系。表 4 − 17 是加速器辐射剂量与剂量片吸光度值之间的关系。

将表 4 − 17 数据作图并线性模拟,剂量片的 OD 值与辐射剂量之间基本呈线性关系(见图 4 − 69),方程为

$$\text{dose} = 149.53\text{OD} - 3.3088 \tag{4 − 1}$$

199

表 4 - 17　剂量与剂量片吸光度值之间的关系

序号	辐射剂量/kGy	表观吸光度	实际吸光度
1	0	0.2425	0
2	1	0.264	0.0215
3	2.5	0.274	0.0315
4	7	0.306	0.0635
5	10	0.341	0.0985
6	14	0.357	0.1145
7	20	0.415	0.1725
8	25	0.437	0.1945
9	35	0.506	0.2635
10	50	0.589	0.3465
11	64	0.688	0.4455
12	75	0.758	0.5155
13	100	0.939	0.6965

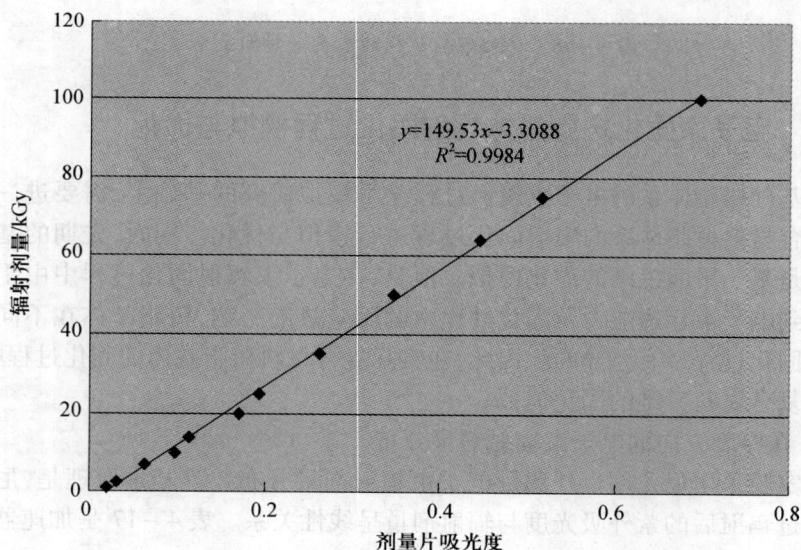

图 4 - 69　剂量片的吸光度值与辐射剂量之间基本呈线性关系图

$y=149.53x-3.3088$
$R^2=0.9984$

　　对于绝大部分材料而言,电子束在材料中的穿透能力和材料的厚度与密度的乘积有关。为了便于测量,在本试验中采用铝片作为辐射测量材料,图

4 – 70为电子束辐射剂量深度分布测量示意图。将电子束辐射后的剂量片在室温下稳定化24h后采用分光光度计测量其吸光度。剂量片的吸光度与铝片厚度之间的关系见表4 – 18。

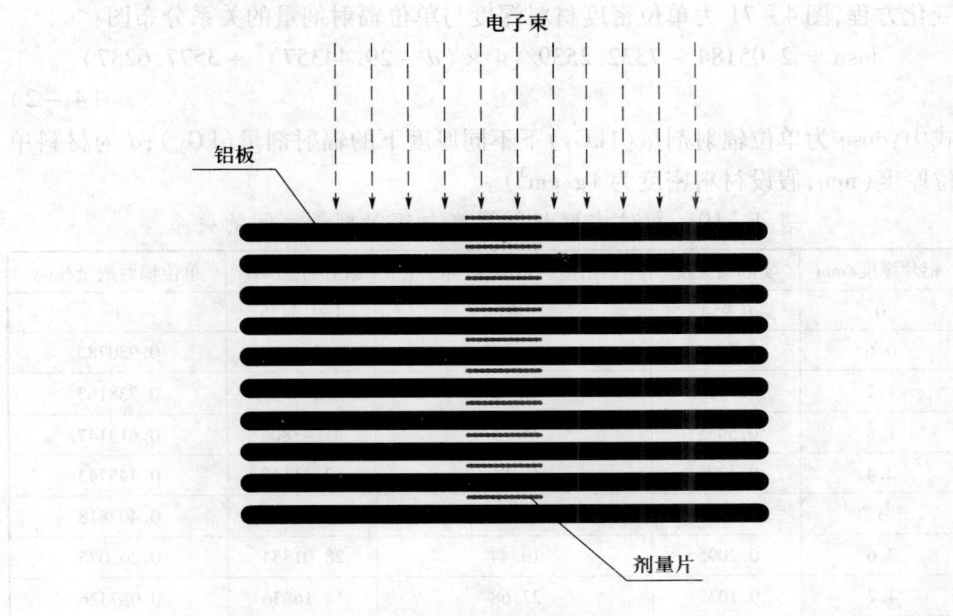

图4 – 70　电子束辐射剂量深度分布测量示意图

表4 – 18　辐射剂量片吸光度与铝片厚度之间的关系

厚度/mm	表观吸光度			实际吸光度
	剂量片1	剂量片2	平均值	
0	1.163	1.23	1.1965	0.954
0.6	1.138	1.126	1.132	0.8895
1.2	0.952	0.953	0.9525	0.71
1.8	0.85	0.822	0.836	0.5935
2.4	0.668	0.692	0.68	0.4375
3	0.65	0.63	0.64	0.3975
3.6	0.44	0.464	0.452	0.2095
4.2	0.35	0.342	0.346	0.1035
4.8	0.282	0.286	0.284	0.0415
5.4	0.277	0.274	0.2755	0.033

将各吸光度值代入式(4-1),得到铝片各厚度层的辐射剂量,并换算成单位密度(ρ=1g/cm³)材料厚度与辐射剂量之间的关系(见表4-19)。将数据拟合处理,得到单位密度材料在单位辐射剂量(1kGy)下的剂量(dose,kGy)随厚度变化方程,图4-71为单位密度材料深度与单位辐射剂量的关系分布图:

$$dose = 2.05184 - 7332.2539/(4 \times (d - 29.44357)^2 + 3577.6237)$$

$$(4-2)$$

式中:dose 为单位辐射剂量(1kGy)下不同厚度下的辐射剂量(kGy);d 为材料单位厚度(mm,假设材料密度为1g/cm³)。

表4-19 单位密度材料厚度与辐射剂量之间的关系

铝片厚度/mm	实际吸光度	单位密度材料厚度(水)/mm	辐射剂量/kGy	单位辐射剂量/kGy
0	0.954	0	139.3436	1
0.6	0.8895	3.24	129.6989	0.930785
1.2	0.71	6.48	102.8583	0.738163
1.8	0.5935	9.72	85.43806	0.613147
2.4	0.4375	12.96	62.11138	0.445743
3	0.3975	16.2	56.13018	0.402818
3.6	0.2095	19.44	28.01854	0.201075
4.2	0.1035	22.68	12.16836	0.087326
4.8	0.0415	25.92	2.897495	0.020794
5.4	0.033	29.16	1.62649	0.011673

注:$\rho_{Al}=2.7\text{g/cm}^3$

由式(4-2)可以得到密度为 ρ 的材料在单位辐射剂量(1kGy)下的剂量(dose,kGy)随厚度变化方程:

$$dose = 2.05184 - 7332.2539/(4 \times (\rho d - 29.44357)^2 + 3577.6237)$$

$$(4-3)$$

式中:dose 为单位辐射剂量(1kGy)下不同厚度下的辐射剂量(kGy);d 为材料深度(mm);ρ 为材料密度(g/cm³)。

进一步得到在总辐射剂量为 D 的情况下,密度为 ρ 的材料的剂量(dose,kGy)随厚度变化方程:

$$dose = (2.0518 - 7332.2539/(4 \times (\rho d - 29.4436)^2 + 3577.6237))D$$

$$(4-4)$$

式中:dose 为不同厚度下的辐射剂量(kGy);d 为材料深度(mm);ρ 为材料密度(g/cm³);D 为辐射总剂量(kGy)。

202

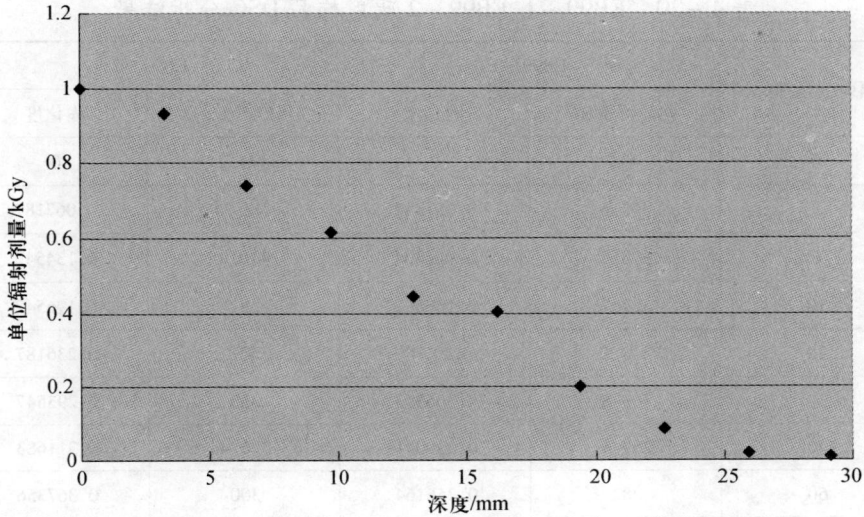

图 4-71　单位密度材料单位辐射剂量下辐射剂量与深度的关系

2. 电子束固化树脂基体固化过程模型

对于固化反应过程模拟的研究方法包括红外光谱法、化学分析法、热分析法等。在电子束辐射固化树脂未交联之前,通过化学分析法研究电子束固化反应的动力学具有较大的优势。但是,在树脂交联后,树脂已经呈不溶不熔状态,就不再适合于采用化学法。在树脂交联后,树脂固化度的测定可以采用 DSC 法和红外光谱法。但是,对于复合材料树脂基体,其组成比较复杂,各组分的红外光谱吸收峰相互影响,很难准确测量其组成中的环氧树脂官能团的浓度变化,也很难找到合适的内标峰。因此,相对而言,DSC 法是监控电子束固化配方树脂固化全过程的有效方法。但是对固化反应初期的监控,DSC 法不如化学法精细。

表 4-20 是 EB99-1、EB99-2 树脂在不同辐射剂量下的辐射样品 DSC 测试的热焓和固化度。在电子束辐射过程中,为了避免温度后效应对实验数据的影响,采取了三项措施:

(1) 样品制成薄片状,厚度 0.1mm 左右,使辐射热及化学反应热能及时分散;

(2) 用冷却水冷却辐射样品,使样品在辐射过程中产生的热被冷却水及时带走;

(3) 试样经辐射后及时放入液氮中冷却保存,在进行 DSC 测试前,再将试样从液氮中取出及时测试。

表 4 – 20   EB99 – 1、EB99 – 2 辐射样品 DSC 分析结果

辐射剂量/kGy	EB99 – 1		EB99 – 2	
	热焓/(J/g)	固化度	热焓/(J/g)	固化度
0	438	0	474.2	0
3	415.6	0.051142	442.34	0.067187
6	373.7	0.146804	410.4	0.134542
10	367.7	0.160502	381	0.196542
20	344.5	0.21347	362.2	0.236187
30	303.8	0.306393	335	0.293547
40	289.5	0.339041	326.4	0.311683
60	282	0.356164	300	0.367356
80	264.5	0.396119	294	0.380008
100	268.9	0.386073	289	0.390553
120	268.7	0.38653	282.4	0.404471

图 4 – 72 是 EB99 – 1、EB99 – 2 树脂辐射剂量与固化度的关系。将试验结

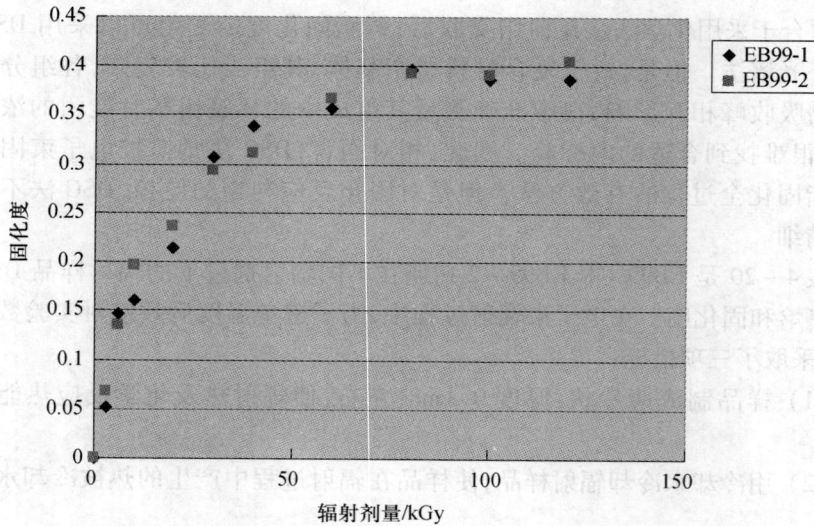

图 4 – 72   理想条件下 EB99 – 1、EB99 – 2 树脂辐射剂量与固化度的关系

果经曲线拟合得到：

EB99 - 1 电子束固化树脂固化度方程：

$$\alpha = -0.37726\exp(-\text{dose}/20.99249) + 0.39007 \qquad (4-5)$$

式中：α 为复合材料树脂基体固化度(%)；dose 为不同厚度下的辐射剂量(kGy)。

EB99 - 2 电子束固化树脂固化度方程：

$$\alpha = -0.37011\exp(-\text{dose}/21.38252) + 0.39331 \qquad (4-6)$$

式中：α 为复合材料树脂基体固化度(%)；dose 为不同厚度下的辐射剂量(kGy)。

将式(4-4)代入式(4-5)、式(4-6)即得到理想条件下的固化过程模型方程，根据此模型，输入参数：材料密度(ρ)，总辐射剂量(D)，深度(d)，即可计算出复合材料不同位置的固化度(α)。应用 Matlab 软件模拟的 EB99 - 1、EB99 - 2电子束固化复合材料总辐射剂量、深度、固化度三者的三维关系图如图 4-73 所示(纤维体积含量 60%，密度 1.6g/cm^3)。

从以上模拟结果看，复合材料最大固化仅仅只有 40% 左右，这与实际情况存在较大的差距，造成这一结果的主要原因是忽略了辐射固化过程中的热效应。但事实上热效应在辐射固化过程中起了重要作用。如果仍然将辐射样品制成厚度 0.1mm 左右的薄片状，但不采取冷却恒温措施，得到 EB99 - 1 树脂、EB99 - 2树脂辐射剂量与固化度的关系及方程如图 4-74 所示。由图可见，在这种情况下，树脂基体的最高固化度达到了 60% 左右，比绝对理想状况下的固化度有较大程度的提高，但这与实际辐射固化过程还有较大的差距。

为了真实反映电子束固化复合材料辐射固化过程，必须模拟复合材料固化过程的真实环境，把固化过程热效应考虑进去。模拟真实条件如下：不冷却；试样厚度 2mm ~ 4mm。EB99 - 1、EB99 - 2 树脂电子束固化试验结果见表 4-21。经模拟优化(见图 4-75、图 4-77)，它们的固化度与辐射剂量的关系方程如下：

EB99 - 1：$\alpha = 0.7938 - 15.6936/(1 + \exp((\text{dose} + 49.4788)/16.6766))$

$$(4-7)$$

EB99 - 2：$\alpha = 0.8535 - 16.4684/(1 + \exp((\text{dose} + 51.2422)/17.4288))$

$$(4-8)$$

假设辐射剂量率为 100Gy/s，将以上方程转换成固化度与时间的关系为

EB99 - 1：$\alpha = 0.7938 - 9.3862/(1 + \exp((t + 396)/163.8))$

EB99 - 2：$\alpha = 0.8535 - 8.5735/(1 + \exp((t + 381)/169.9))$

将固化度 α 对时间微分，得到它们的固化反应速率方程：

$$\text{EB99 - 1：} d\alpha/dt = 0.0043\exp(-t/181.64) - 0.00001 \qquad (4-9)$$

$$\text{EB99 - 2：} d\alpha/dt = 0.00438\exp(-t/193.43) - 0.00002 \qquad (4-10)$$

EB99 - 1、EB99 - 2 树脂电子束固化动力学曲线如图 4-76、图 4-78 所示。

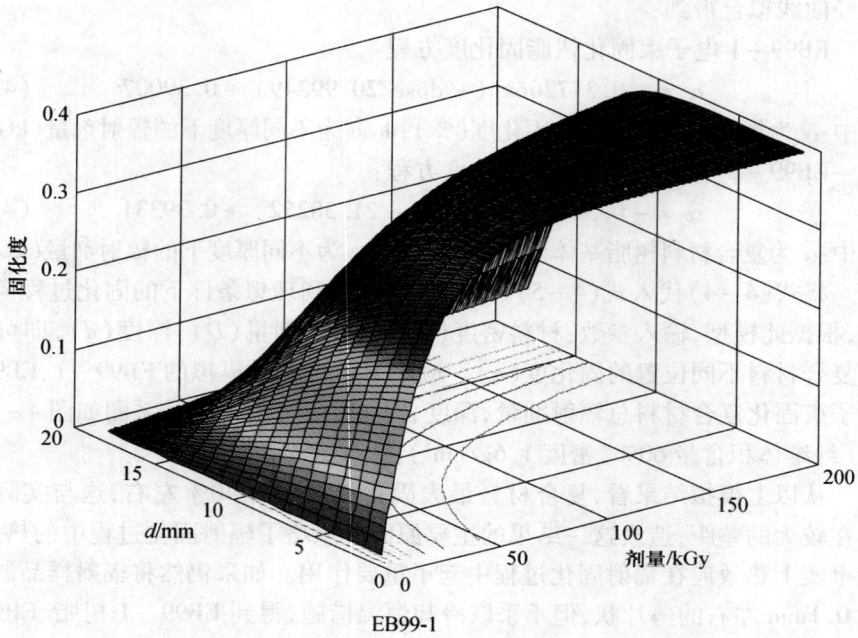

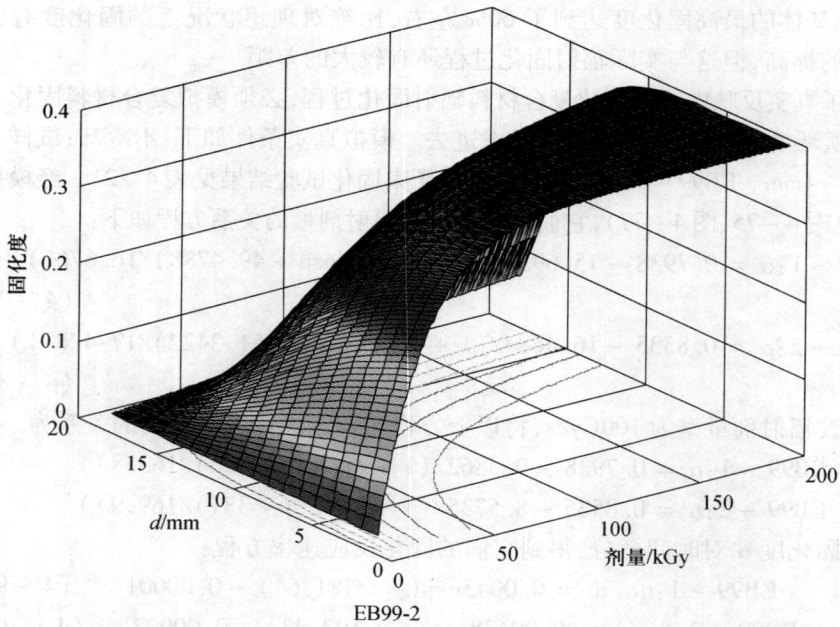

图 4-73 理想状况下固化度、总辐射剂量、深度的三维关系图

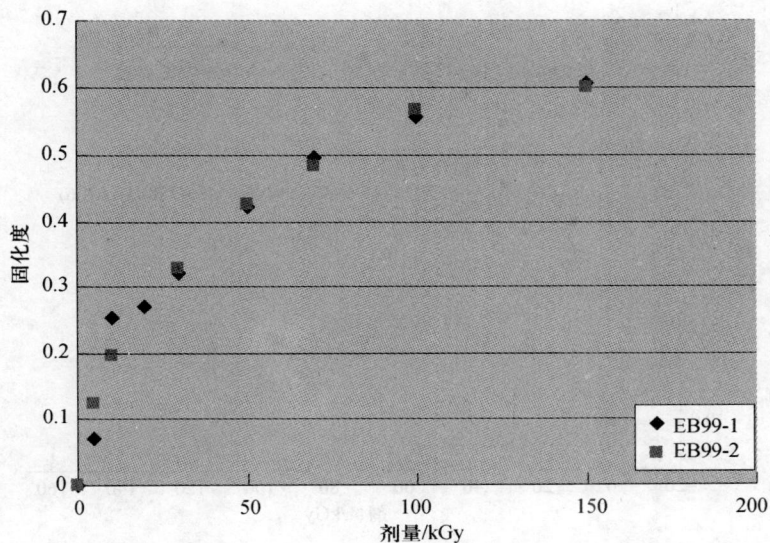

图 4 - 74　不冷却条件下辐射剂量与固化度的关系

表 4 - 21　EB99 - 1 树脂、EB99 - 2 树脂电子束辐射固化度

辐射剂量/kGy	固化度	
	EB99 - 1	EB99 - 2
0	0	0
10	0.42443	0.41792
20	0.59498	0.59068
30	0.63265	0.68094
40	0.69612	0.71489
50	0.7121	0.78971
70	0.77381	0.86111
90	0.75753	0.82771
110	0.80194	0.85396
130	0.82651	0.86818
150	0.81696	0.8802

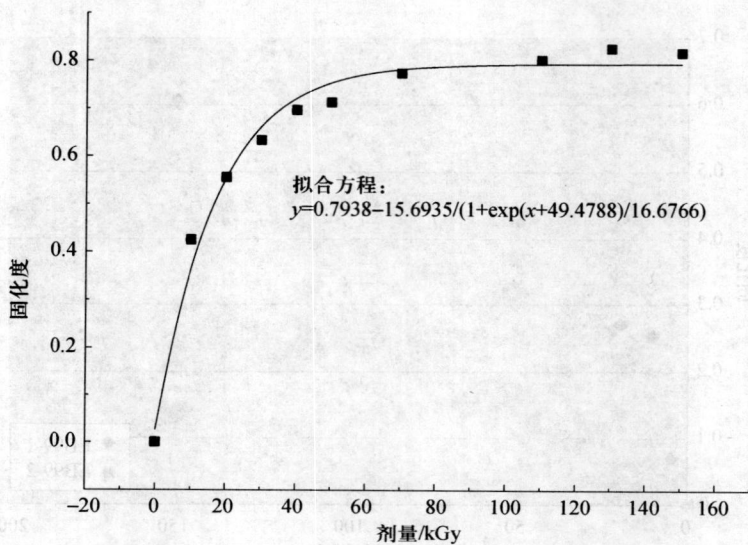

图 4-75　EB99-1 树脂固化度与辐射剂量的关系

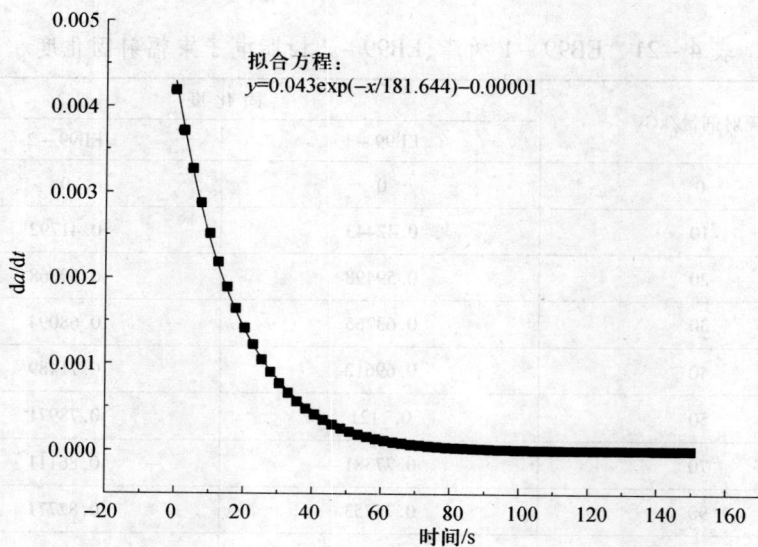

图 4-76　EB99-1 树脂固化反应动力学曲线

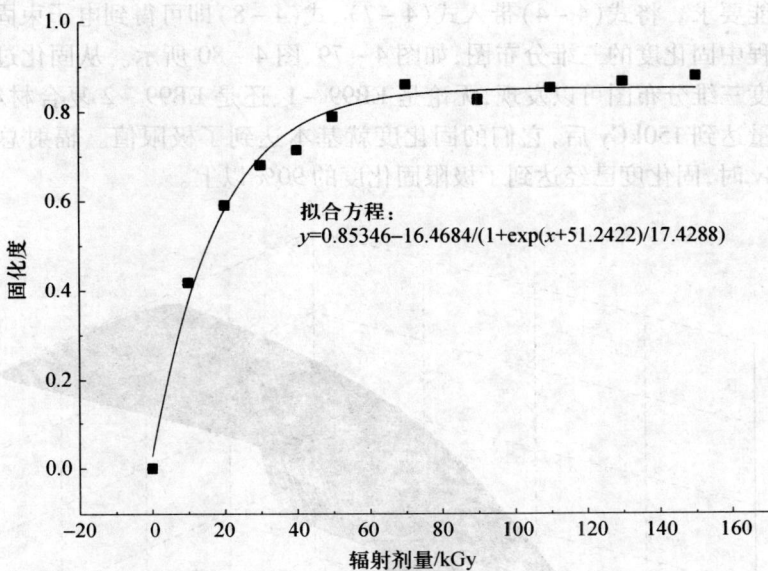

拟合方程：
$y=0.85346-16.4684/(1+\exp(x+51.2422)/17.4288)$

图 4 – 77　EB99 – 2 树脂固化度与辐射剂量的关系

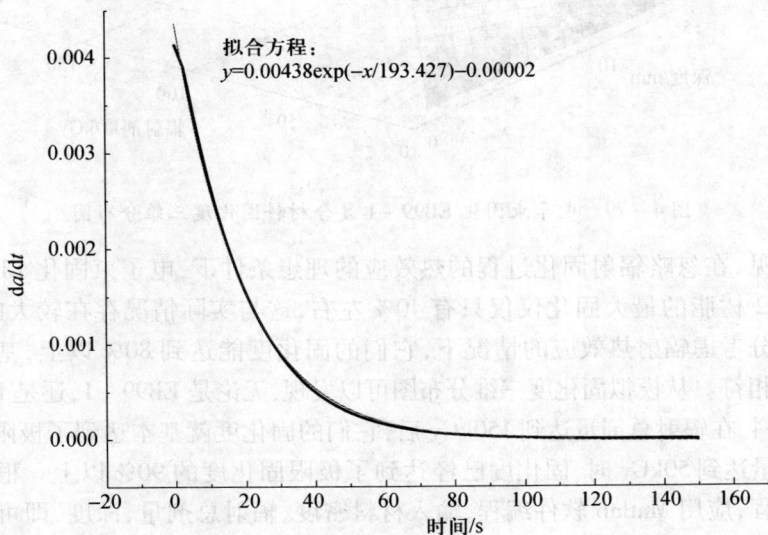

拟合方程：
$y=0.00438\exp(-x/193.427)-0.00002$

图 4 – 78　EB99 – 2 树脂固化反应动力学曲线

可见,在实际情况下,树脂的固化度能达到80%以上,基本可以满足复合材料的性能要求。将式(4-4)带入式(4-7)、式(4-8)即可得到电子束固化树脂固化过程中固化度的三维分布图,如图4-79、图4-80所示。从固化过程模拟的固化度三维分布图可以发现,无论是EB99-1、还是EB99-2复合材料,在辐射总剂量达到150kGy后,它们的固化度就基本达到了极限值。辐射总剂量达到50kGy时,固化度已经达到了极限固化度的90%以上。

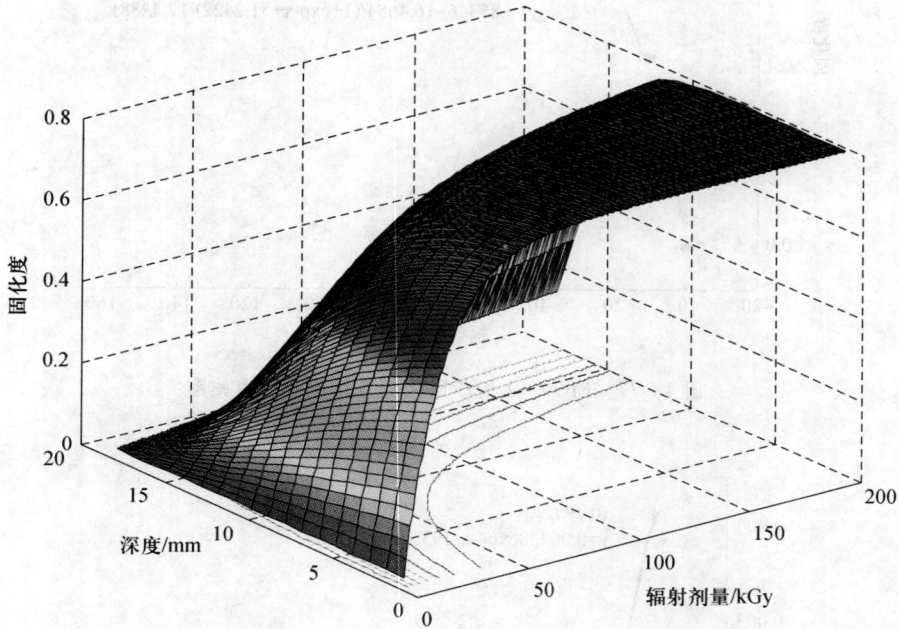

图4-79 电子束固化EB99-1复合材料固化度三维分布图

可见,在忽略辐射固化过程的热效应的理想条件下,电子束固化EB99-1、EB99-2树脂的最大固化仅仅只有40%左右,这与实际情况存在较大的差距。而在充分考虑辐射热效应的情况下,它们的固化度能达到80%以上,基本与实际情况相符。从模拟固化度三维分布图可以发现,无论是EB99-1、还是EB99-2复合材料,在辐射总剂量达到150kGy后,它们的固化度就基本达到了极限值。辐射总剂量达到50kGy时,固化度已经达到了极限固化度的90%以上。根据模拟实验方程,应用Matlab软件编程,输入材料密度、辐射总剂量、深度,即可计算出该条件下的复合材料的固化度,并可绘制出固化度、深度和辐射总剂量的三维分布图。

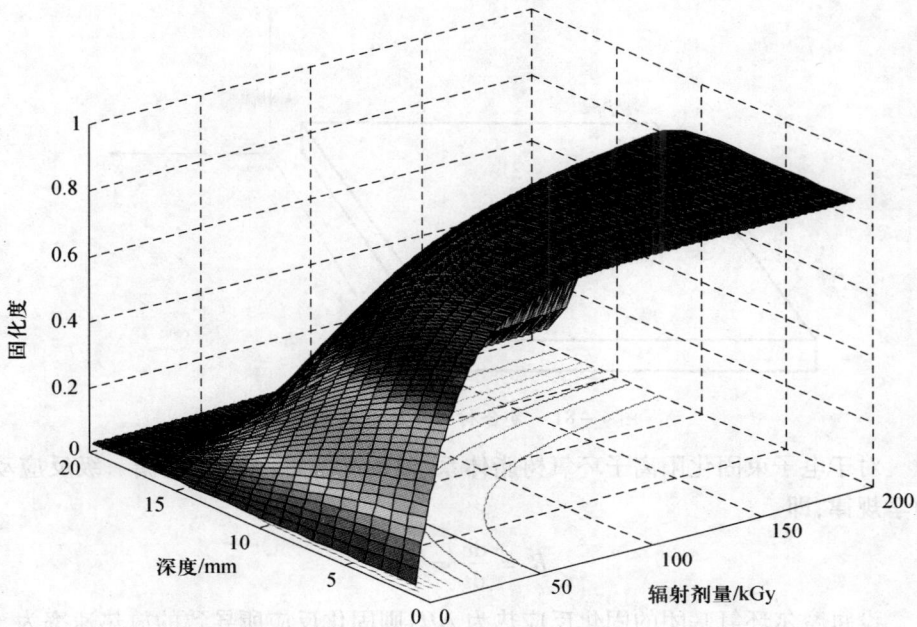

图 4 - 80   电子束固化 EB99 - 2 复合材料固化度三维分布图

3. 固化过程中复合材料内部的温度分布模型的建立与优化

在复合材料的固化成形过程中,复合材料中的传热过程遵循以下方程:

$$\frac{d(\rho_c C_c T)}{dt} = \frac{\partial}{\partial x}\left(K_x \frac{\partial T}{\partial x}\right) + \frac{\partial}{\partial y}\left(K_y \frac{\partial T}{\partial y}\right) + \frac{\partial}{\partial z}\left(k_z \frac{\partial T}{\partial z}\right) + \frac{dH}{dt}$$

式中:ρ_c、C_c、T 分别为复合材料的密度、比热容和温度;K_x、K_y、K_z 分别为复合材料在 x、y、z 三个方向的导热率;H 为复合材料内部单位体积内的放热量。

复合材料内部单位体积内的放热量包括复合材料中树脂基体固化反应放热（H_1）和复合材料吸收的辐射电子的动能转换成的热能（H_2）。

如图 4 - 81 所示,在复合材料坐标体系中,如果复合材料为平板,假设:复合材料为准各向同性,因此复合材料在 x、y 向的导热率相等;复合材料在 x、y 向的相同层面上的放热速率相等。因此,复合材料在 x、y 向的相同层面上的温度相等,即在上述微分方程中的第一、第二项为零。因此,上述三维传热方程可以简化成一维传热方程:

$$\frac{d(\rho_c C_c T)}{dt} = \frac{\partial}{\partial z}\left(k_z \frac{\partial T}{\partial z}\right) + \frac{dH}{dt} = \frac{\partial}{\partial z}\left(k_z \frac{\partial T}{\partial z}\right) + \frac{dH_1}{dt} + \frac{dH_2}{dt}$$

211

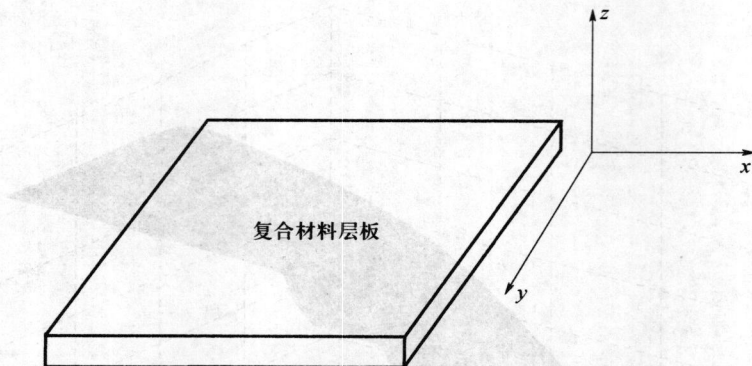

图 4 – 81　复合材料平板坐标体系

对于电子束固化阳离子环氧树脂体系,其固化反应动力学遵循一级反应动力学规律,即

$$R = \frac{dc}{dt} = k \cdot c$$

设每摩尔环氧基团的固化反应热为 ΔH,则固化反应所导致的放热速率为

$$\frac{dH'_1}{dt} = \Delta H \frac{dc}{dt}$$

对于特定的材料体系,复合材料的固化反应放热速率的实际值与复合材料的纤维体积含量(v_r)有关,即

$$\frac{dH_1}{dt} = v_r \cdot \frac{dH'_1}{dt} = v_r \cdot \Delta H \frac{dc}{dt}$$

电子束固化复合材料固化过程中的另一个主要放热来源是复合材料吸收辐射电子的动能并转换成热能释放出来。在辐射过程中,由于电子在材料中的散射等因素的影响,在材料中间层的吸收剂量往往大于材料的上下表面层的吸收剂量(D),但在模拟计算中,这种部位的材料吸收剂量的差别往往忽略不计。材料的吸收剂量单位为 Gy,也就是单位质量的材料吸收的能量。其吸收能量的速度即为剂量率(D_r)。在特定的材料体系中,这种辐射能量速率乘以材料的密度转化成单位体积的辐射能量释放速率即是传热方程中 $\frac{dH_2}{dt}$:

$$\frac{dH_2}{dt} = D_r \cdot \rho_c$$

对于电子束固化阳离子环氧树脂体系,温度对树脂基体固化反应动力学的影响很小,因此在其复合材料平板的固化过程中的基本传热模型可以表述为

212

$$\frac{d(\rho_c C_c T)}{dt} = \frac{\partial}{\partial z}\left(k_z \frac{\partial T}{\partial z}\right) + v_r \cdot \Delta H \cdot \frac{dc}{dt} + D_r \cdot \rho_c$$

在复合材料的辐射固化过程中,如果复合材料层板较薄,则可以认为复合材料在 z 向的温度分布也是均匀的,即

$\frac{\partial T}{\partial z} = 0$,则

$$\frac{d(\rho_c C_c T)}{dt} = v_r \cdot \Delta H \cdot \frac{dc}{dt} + D_r \cdot \rho_c$$

在复合材料的实际固化中,还有一个不可忽略的因素是固化系统向环境的散热。在这一过程中包括了四项传热内容:

(1) 电子束辐射能转化成的热能:

设复合材料质量为 $M(\mathrm{kg})$,电子束辐射剂量率为 D_r,则该部分的热能生成速率为

$$H_{R1} = M \cdot D_r (\mathrm{J/s})$$

(2) 复合材料树脂基体固化反应放热:

设复合材料树脂基体质量含量为 w_R,树脂基体的反应热焓为 $\Delta H(\mathrm{J/kg})$,则

$$H_{R2} = \Delta H \cdot M \cdot w_R \cdot \frac{d\alpha}{dt}$$

(3) 复合材料吸收热能导致其温度上升:

设 C_c 为复合材料的比热容($\mathrm{J/(kg \cdot ℃)}$),材料温度 $T(℃)$,材料起始温度 $T_0(℃)$:

$$H_{R3} = MC_c \frac{dT}{dt}$$

(4) 复合材料向环境的散热:

假设复合材料为薄型层板(厚度为 0.4cm),复合材料密度为 $1.6\mathrm{g/cm^3}$,空气的传热系数 α_r,材料为双面传热,则复合材料的面积为

$$s = \frac{1000M}{1.6 \times 0.2 \times 10000} \times 2 = 0.3125M$$

$$H_{R4} = \alpha_r S(T - T_0) = 0.3125\alpha_r M(T - T_0)$$

根据能量守恒原理,前两项产生的热能之和等于后两项之和:

$$H_{R1} + H_{R2} = H_{R3} + H_{R4}$$

$$M \cdot D_r + \Delta H \cdot M \cdot w_R \frac{d\alpha}{dt} = M \cdot C_c \frac{dT}{dt} + 0.3125\alpha_r \cdot M(T - T_0)$$

$$D_r + \Delta H \cdot w_R \frac{d\alpha}{dt} = C_c \frac{dT}{dt} + 0.3125\alpha_r(T - T_0)$$

例如:

对于 EB99 - 2 碳纤维复合材料,假设其辐射剂量率为 $60Gy/s$,其动力学方程为

$$\frac{d\alpha}{dt} = 0.00266\exp(-t/316.8) - 0.000008$$

则

$$D_r + \Delta H' \cdot w_R(0.00266\exp(-t/316.8) - 0.000008) =$$

$$C_c\frac{dT}{dt} + 0.3125\alpha_r(T - T_0)$$

设: $D_r = 60Gy/s$, $\Delta H' = 474000J/kg$, $W_R = 0.3$, $\alpha_r = 10J/(m^2 \cdot \text{℃} \cdot s)$, $C_c = 1000J/(kg \cdot \text{℃})$, $T_0 = 25\text{℃}$,则得到该条件下的温度分布模型:

$$1000\frac{dT}{dt} - 378.25e^{-0.003157t} + 3.125T - 138.125 = 0$$

上式积分求解得到该条件下的温度分布方程:

$$T = 11793.34e^{-t/320} - 11812.5e^{-0.003157t} + 44.16$$

图 4 - 82 为模型计算温度分布与实测温度分布比较。总体看来,模拟结果基本与实际结果相符。它们的差异主要由两方面的原因造成:一是模型由纯树脂基体的固化反应动力学推导而来,而树脂基体与碳纤维复合后,树脂固化反应规律有所变化;二是模拟所采用的边界条件与实际情况有所差异。

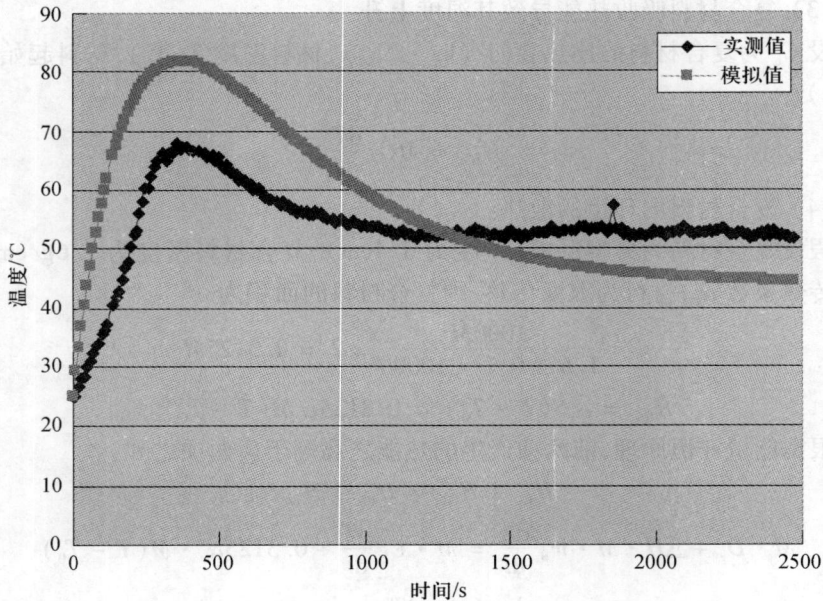

图 4 - 82 模型计算温度分布与实测温度分布比较

4.5 电子束固化复合材料界面研究

4.5.1 增强纤维表面状态及复合材料界面特征

电子束固化复合材料的抗冲击损伤能力较差及其纤维/基体界面较弱是电子束固化复合材料存在的两大主要问题。为了提高电子束固化复合材料的抗冲击损伤能力,除了通过对树脂组成的改进而提高树脂基体的韧性来改善复合材料的抗冲击损伤能力外,也能通过改善复合材料界面而提高复合材料的抗冲击分层能力。复合材料界面状况也是影响复合材料层间剪切强度的主要因素。纤维表面状态是影响复合材料纤维/基体界面的重要因素,如碳纤维上浆剂类型和表面官能团的种类及其浓度对电子束固化树脂基体的固化以及树脂/纤维界面的形成都有重要的影响。通过对碳纤维表面状态的分析,可以以此为依据选择适合于电子束固化复合材料的碳纤维。

1. 碳纤维形貌分析

图 4 - 83 ~ 图 4 - 88 是碳纤维 T300、T800、M40J、M40、T700 及 AS4 纤维形貌的扫描电子显微镜照片。从这些纤维的形貌可见,T300、T800、M40、M40J 纤维的横截面基本呈椭圆形,甚至呈腰子形,而且它们的表面布满了深浅不均的沟槽,这类纤维的比表面积大,使树脂基体与纤维表面更容易产生机械咬合作用,易于与树脂结合形成较好的界面,有利于提高复合材料的性能。同时,T700 和AS4 碳纤维的横截面基本呈圆形,而且表面非常光滑,表面粗糙度小,比表面积小,没有与前面所述的几种纤维那样粗糙的表面,这样的表面状态不利于形成高质量的复合材料界面。

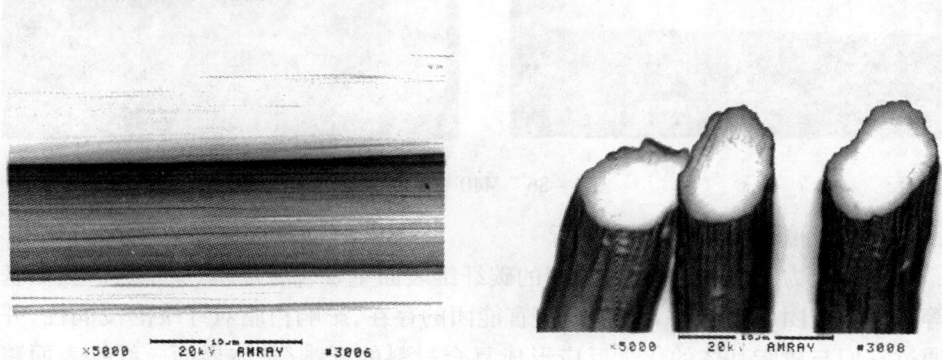

图 4 - 83　T300 碳纤维形貌

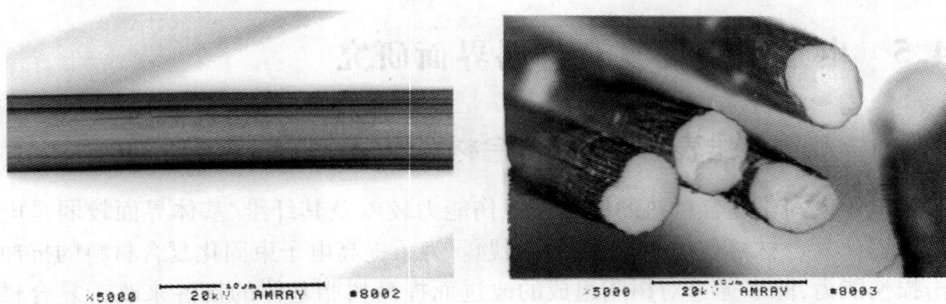

图 4-84 T800 碳纤维形貌

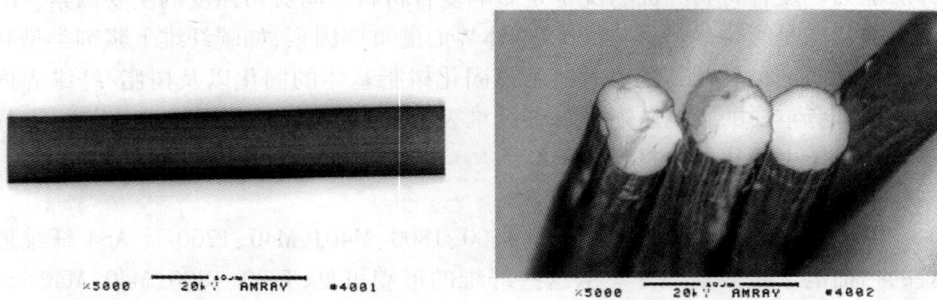

图 4-85 M40J 碳纤维形貌

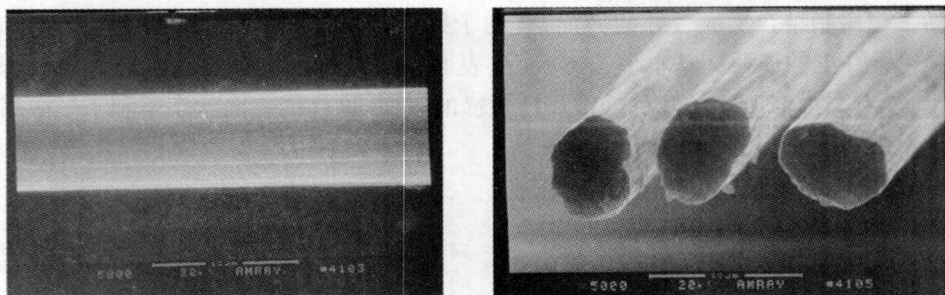

图 4-86 M40 碳纤维形貌

2. 碳纤维表面化学状态分析

通常认为,未经表面上浆处理的碳纤维表面主要含有羧基、羰基、羟基、氨基等活性官能团(见图 4-89)。这些官能团的存在,影响树脂对纤维的浸润性,并通过它们与树脂基体的化学反应形成复合材料的纤维/基体界面。纤维表面羧基浓度的大小对复合材料界面的影响尤为重要。在复合材料成形过程中碳纤维表面的化学基团与纤维浆料或树脂基体中的基团反应,形成良好的复合材料界

216

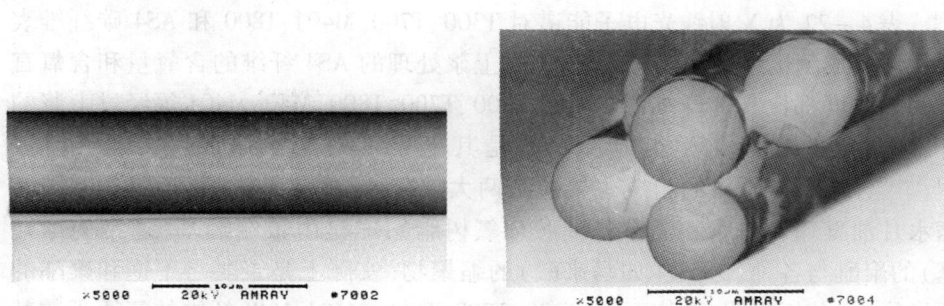

图 4 - 87   T700 碳纤维形貌

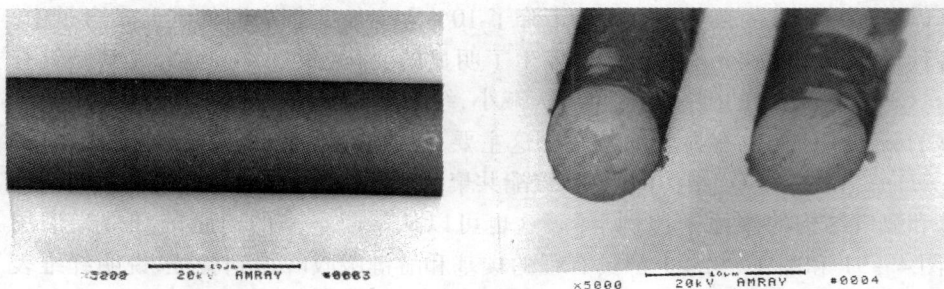

图 4 - 88   AS4 碳纤维形貌

面。对于大多数碳纤维而言,纤维在出厂之前就已经经过上浆处理。因此测定经过上浆处理的碳纤维的表面化学组成,测定出的化学组成实际上主要是上浆剂的化学组成,而不是碳纤维的表面化学组成。事实上,在电子束固化复合材料中上浆剂的组成对复合材料界面的形成和树脂基体的固化反应影响远远大于纤维表面的元素组成的影响。

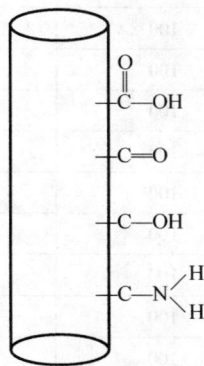

图 4 - 89   碳纤维表面官能团

217

表 4-22 为 X 射线光电子能谱对 T300、T700、M40J、T800 和 AS4 碳纤维表面元素组成测试结果。实验表明，未经上浆处理的 AS4 纤维的含氧量和含氧官能团的浓度都比其他纤维低。对于 T300、T700、T800、M40、M40J 等经过上浆的纤维，测定的表面化学组成反映的是其上浆剂的元素组成。文献资料表明[8-10]，碳纤维浆料的组成主要包括两大部分：一是环氧树脂（通常为双酚 A 缩水甘油醚环氧树脂和缩水甘油胺环氧树脂）；二是由带端羟基（通常为酚羟基）的聚醚与各种二元酸（如马来酸）的缩聚物（实际上是聚醚与不饱和聚酯的共聚物）。分析表明，总体而言，T300、T700、T800、M40J、M40 纤维的氧原子数基本相等。经过萃取后，T300、T700 纤维表面氧元素的含量有一定的变化，尤其是其以高度为标准的百分比含量均下降了 10% 左右。它们表面的碳元素含量中，各种化学结构的碳元素的比例也发生了明显的变化（见图 4-90），尤其是具有"—C—O—"结构的碳原子比例大大减小，纤维表面的具有"C＝O"特征化学位移的碳原子比例也有显著的减小。这主要是经过萃取后，纤维表面的富含"—C—O—"和"C＝O"结构的聚醚/聚酯共聚物和环氧树脂被萃取掉，从而导致羰基和醚键结构的碳原子比例下降，这也可以从萃取下来的树脂的红外光谱图（图 4-91 和图 4-92）上都具有强的羰基和醚键吸收峰得到验证，说明纤维表面分析的氧含量主要是上浆树脂中的"—C—O—"、"C＝O"所组成（当然，经过 6h 的丙酮萃取还不足以使纤维表面的浆料完全被萃取，而且在碳纤维表面本身含有"—C—O—"、"C＝O"等官能团）。但是，M40J 纤维经过萃取后，其表面氧元素含量下降更为明显，这可能是该纤维的浆料含量较低，使其被萃取掉的浆料相对更多些。

表 4-22　各种碳纤维表面化学组成

纤　　维		C	O	N
T300	未处理(S)	100	31.76	6.32
	未处理(H)	100	47.81	9.89
	萃取(S)	100	29.53	6.96
	萃取(H)	100	37.27	9.89
T700	未处理(S)	100	31.81	0
	未处理(H)	100	52.98	0
	萃取(S)	100	33.00	0
	萃取(H)	100	41.24	0
M40J	未处理(S)	100	27.73	0
	未处理(H)	100	41.88	0

纤　维		C	O	N
M40J	萃取（S）	100	20.89	0
	萃取（H）	100	22.8	0
M40	未处理（S）	100	31.67	0
	未处理（H）	100	39.77	0
T800	未处理（S）	100	31.94	7.34
	未处理（H）	100	41.49	6.69
AS4	未处理（S）	100	20.68	0
	未处理（H）	100	16.01	0

注:S 表示以峰面积作为基准；
　　H 表示以峰高度作为基准；
　　索氏萃取器,丙酮为溶剂,萃取 6h

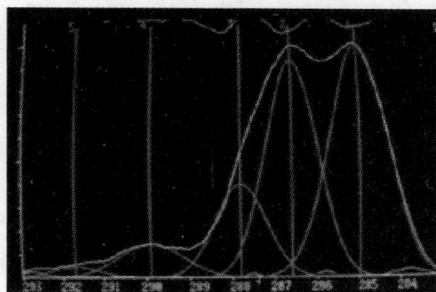
(a)

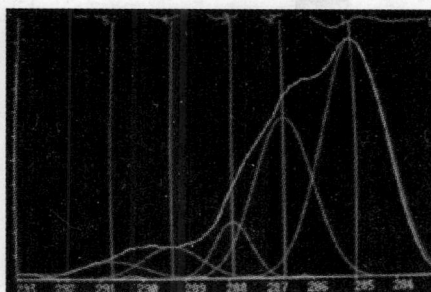
(b)

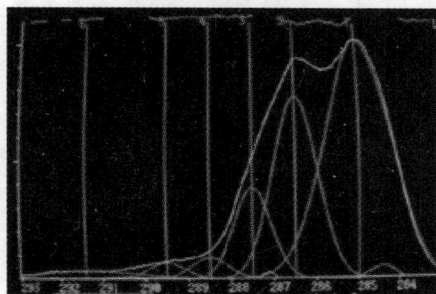
(c)

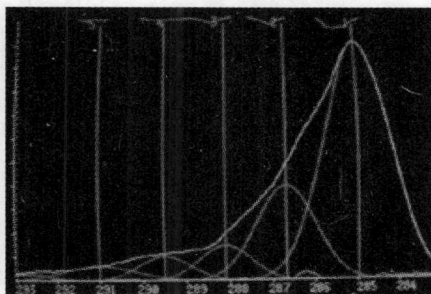
(d)

图 4－90　T300 和 T700 碳纤维萃取前后的表面 C1s 的 XPS 能谱
（a）T300 萃取前；（b）T300 萃取后；（c）T700 萃取前；（d）T700 萃取后。

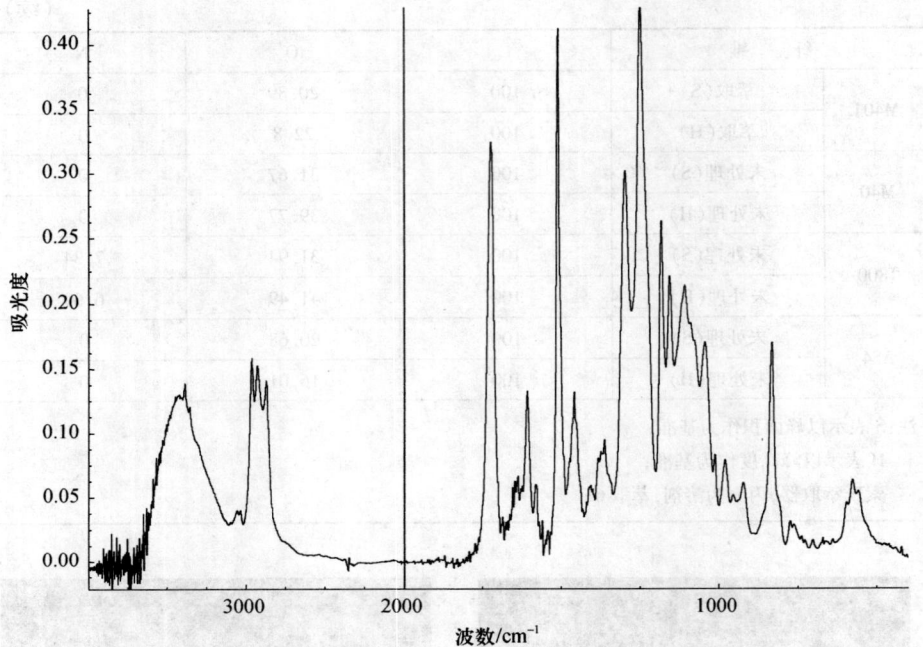

图 4 – 91　T700 碳纤维萃取浆料红外光谱图

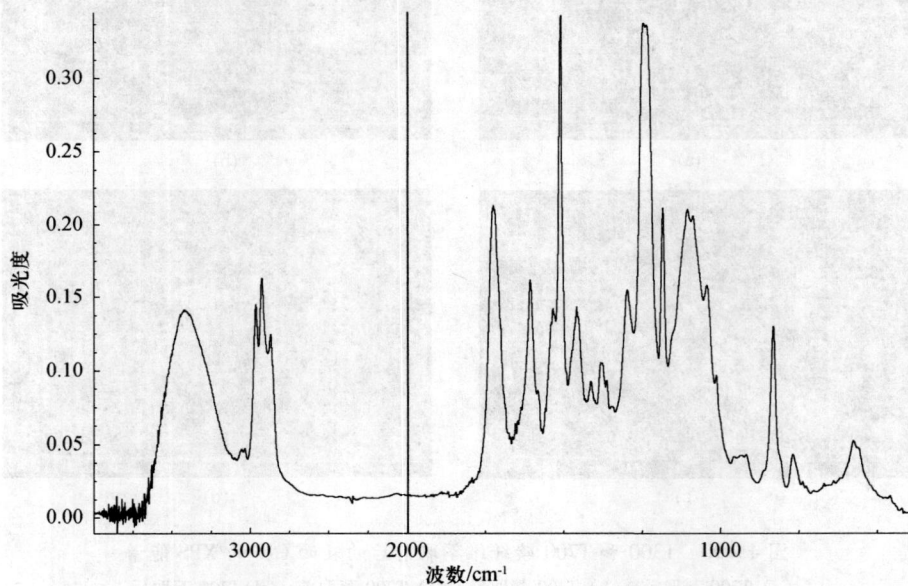

图 4 – 92　T300 碳纤维萃取浆料红外光谱图

根据碳元素在不同化学环境所产生的化学位移,对纤维表面的 C1s 光电子能谱进行分峰处理,即可考察碳纤维表面碳元素的结构状态。文献表明,"C—C"结构对应的结合能为 285.0eV,"C—O"键结构对应的结合能为 286.5eV,"C═O"官能团结构对应的结合能为 288.0~288.5eV,"$\overset{\text{O}}{\underset{}{\text{C—O}}}$"官能团结构对应的结合能为 289eV~289.6eV,"$\pi-\pi$"共轭结构对应的结合能 291.5eV。经过分峰处理后,各种纤维的表面碳元素的结构组成比例列于表 4-23 中。由表4-23可见,T300 和 T800 纤维表面的酯基浓度明显高于其他纤维,说明在它们的浆料的聚醚/不饱和聚酯共聚物中聚酯所占的比例更大。同时,在这几种纤维中,除了 T300 和 T800 纤维表面检测到有氮元素存在外,其他纤维均未发现氮元素。氮元素的存在说明在纤维的表面化学结构中可能存在含氮的碱性官能团的存在,如上浆剂中的环氧树脂中含缩水甘油胺环氧树脂。因此,表明含有含氮碱性官能团的碳纤维电子束固化树脂体系预浸料在电子束辐射固化过程中,引发剂分解产生的强质子酸与碱性官能团发生中和反应,阻碍树脂的固化,导致纤维/树脂界面层不能充分固化,甚至阻碍整个材料体系的固化。同时,根据电子束辐射化学原理,在化学官能团中醚键和羧基(尤其是羧基)在电子束辐射下易于分解,甚至分解产生气体,这也不利于复合材料良好界面的形成和树脂基体的固化。

表 4-23   碳纤维表面碳原子的 XPS 能谱

结合能/eV		285.0	286.5	288.0~288.5	289~289.6	291.5
化学结构		C(—C—C—)	C—O	C═O	COOH	$\pi-\pi$
碳纤维	T300	100	91.87	39.34	14.50	4.87
	T300-C	100	65.95	23.39	13.53	7.59
	T700	100	75.59		6.90	3.63
	T700-C	100	39.25	14.54	10.18	6.18
	T800	100	60.73	16.30	11.45	4.12
	AS4	100	27.59	16.70	8.10	
	M40J	100	67.11	17.94	5.88	3.46
	M40J-C	100	42.67	12.59	9.22	4.39

进一步分析 T700、T300、T800、M40J、M40 纤维的萃取浆料发现,T300 和 T800 浆料基本相同,而 T700、M40J 和 M40 浆料基本相同,从它们的傅里叶红外

光谱(见图4-91~图4-94)看,这两类浆料也是大同小异,它们的大部分成分基本相同。但是,通过 XPS 分析表明,T700 和 M40J 浆料中没有氮元素,而 T300 和 T800 萃取浆料中含氮元素,这进一步说明在 T300 类浆料中含有阻碍环氧树脂阳离子固化的胺类官能团,如缩水甘油胺环氧树脂,而 T700 类浆料不含这类基团。而且 T700 纤维浆料的化学组成中的碳的结合能与 T700 纤维完全一致,这说明纤维表面化学成分与萃取浆料成分基本一致。将 T700 和 M40J 浆料置于 180℃烘箱中加热 3h,浆料并没有发生固化,只是其黏度比加热前有一定程度的增大,说明浆料并不是独立的可固化的树脂体系,其中并不含固化剂,但浆料中的聚酯组分中含有一定数量的双键,这些双键在加热条件下可能发生了聚合并导致浆料黏度的上升。将 T700 添加 CD1012 引发剂后经电子束辐射,电子束辐射后浆料成为橡胶状而且强度很低的物质,而且辐射后的浆料与辐射前的浆料的红外光谱图(见图4-95)基本相同,说明在添加引发剂后的浆料只有少量环氧基团和双键或其他化学结构发生交联反应,并且在浆料中还可能发生酯基和醚键的辐射降解反应。因此,T700 浆料虽然不会像 T300 浆料那样阻碍树脂基体的固化反应,但是界面层的固化度较低将影响其复合材料界面的形成与性能及其复合材料的性能。

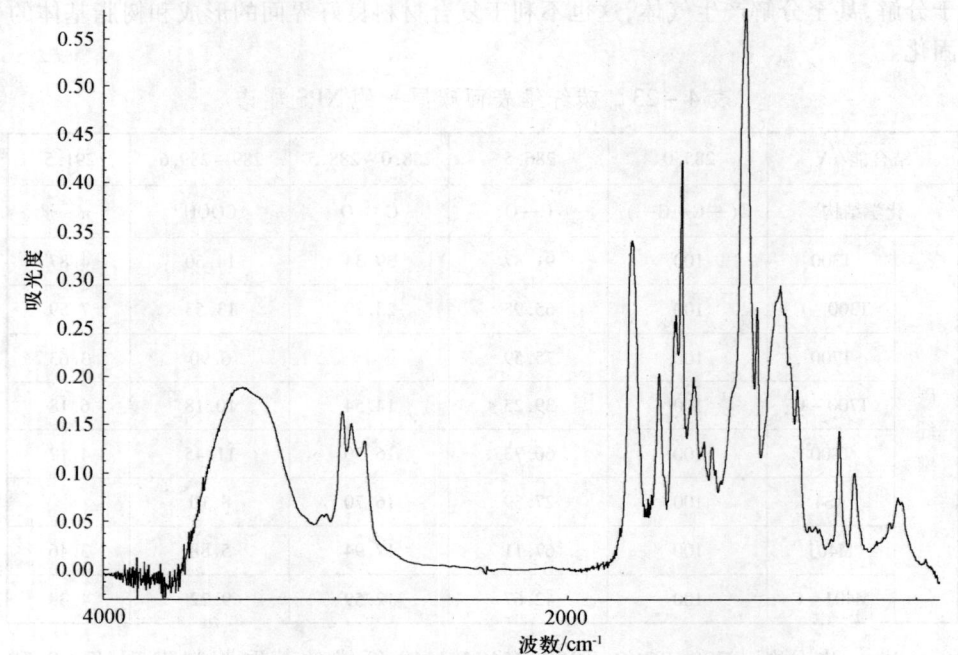

图4-93 T800 碳纤维萃取浆料红外光谱图

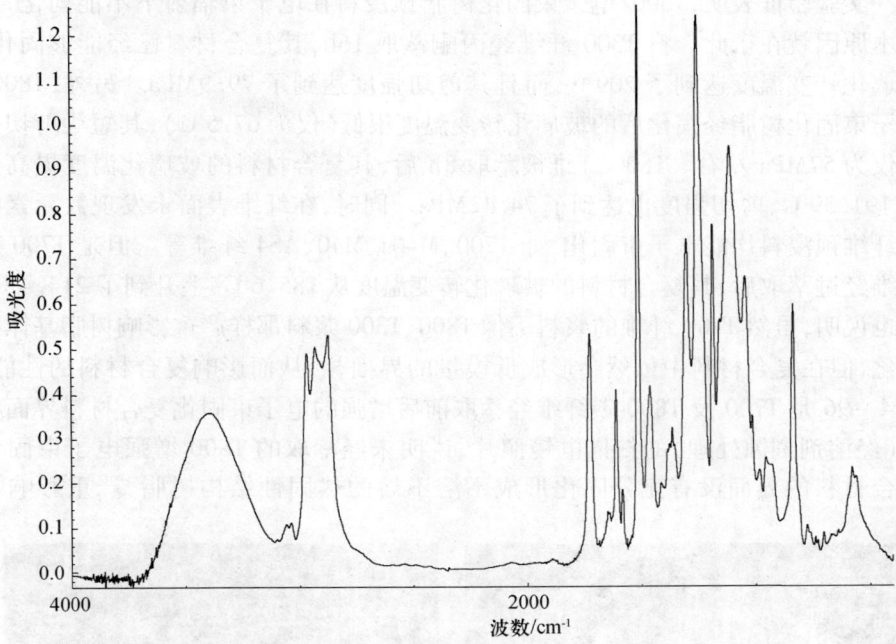

图 4 - 94 M40J 碳纤维萃取浆料红外光谱图

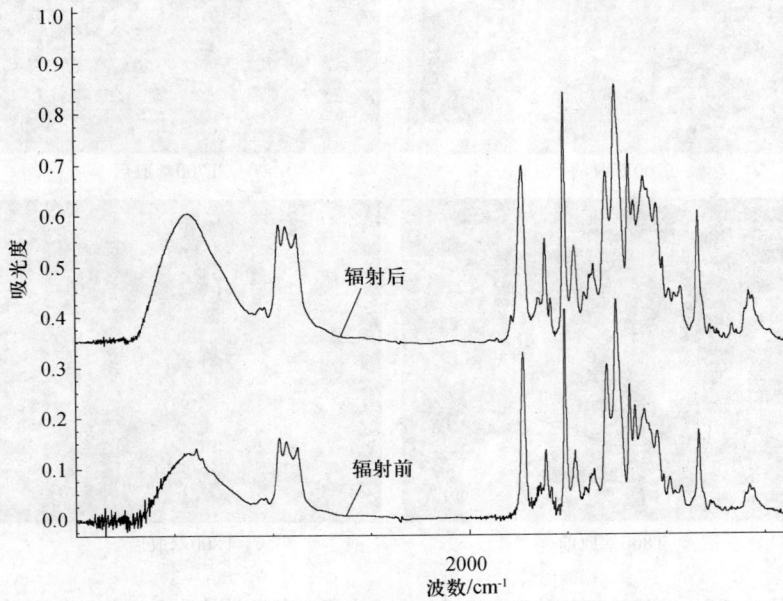

图 4 - 95 T700 碳纤维表面浆料经电子束辐射前后的红外光谱图

实验验证表明,T300/电子束固化树脂预浸料在电子束辐射下不能固化,其根本原因就在于此。将 T300 纤维经丙酮萃取 16h,其复合材料已经能够固化,玻璃化转变温度达到了 209℃,而且其剪切强度达到了 79.9MPa。另外,T800/电子束固化树脂经固化后的玻璃化转变温度很低(仅为 67.5℃),其短梁剪切强度仅为 57MPa 左右。T800 纤维被萃取 8h 后,其复合材料的玻璃化温度提高到了 191.39℃,剪切强度也达到了 74.42MPa。同时,在纤维表面未发现氮元素的碳纤维预浸料均能电子束固化,如 T700、M40J、M40、AS4 纤维等。但是 T700 碳纤维经过萃取后,其复合材料的玻璃化转变温度从 185.6℃,上升到了 214.4℃,这也说明,虽然 T700 纤维的浆料不像 T800、T300 浆料那样严重影响树脂基体的固化,但在复合材料中依然会形成低模量的界面相,从而影响复合材料的性能。图 4-96 是 T700 及 T800 碳纤维经萃取前后增强的电子束固化复合材料界面状态(经溶剂刻蚀处理)的扫描电镜照片,说明未经萃取的 T800 增强电子束固化复合材料的界面没有充分固化形成不溶不熔的热固性结构树脂,严重影响了

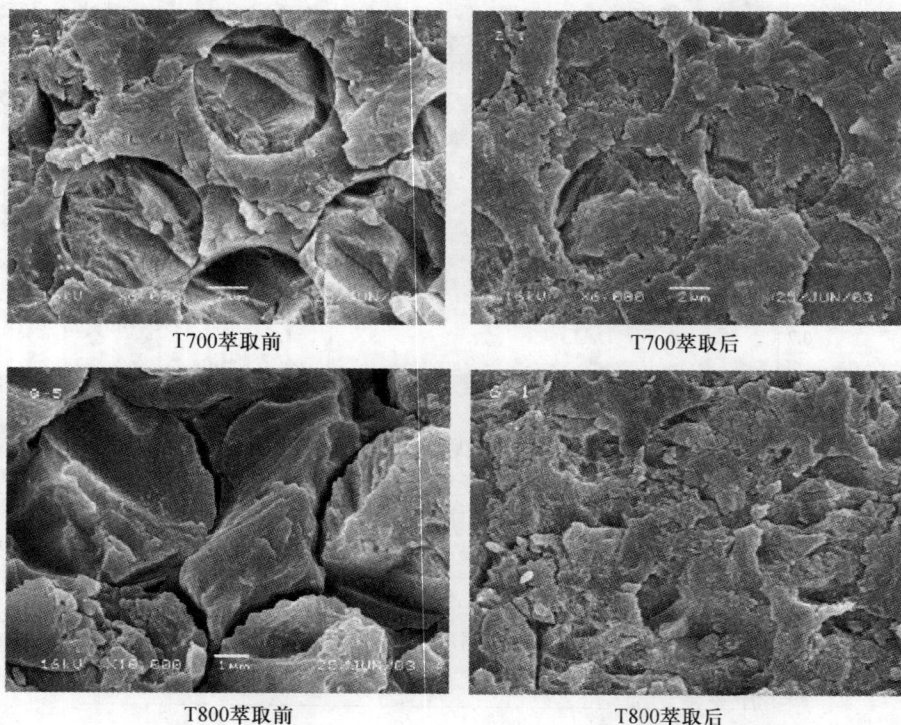

T700萃取前　　　　　　　　　　　　　　T700萃取后

T800萃取前　　　　　　　　　　　　　　T800萃取后

图 4-96　碳纤维经萃取前后增强的电子束固化复合材料界面状态 SEM 照片

224

复合材料的性能,而经萃取后的 T800 增强复合材料的这一问题基本得到解决。表 4 - 24 是 T800、T700、T300 碳纤维经过萃取前和萃取后增强电子束固化复合材料的玻璃化转变温度比较。

表 4 - 24　碳纤维经过萃取前后电子束固化复合材料的玻璃化转变温度

碳纤维	T800	T700	T300
萃取前	67.5℃	185.5℃	< RT
萃取后	191.39℃	214.4℃	209℃

注:T800、T700 纤维被萃取 8h,T300 纤维被萃取 16h

4.5.2　碳纤维表面状态对电子束复合材料的影响

研究表明,AS4 纤维表面没有上浆,对电子束固化环氧树脂基体的固化没有明显的影响,但纤维截面呈圆形,而且表面光滑、粗糙度低,不利于树脂基体与增强纤维之间的黏接,不能有效提高复合材料的界面强度,其复合材料破坏断面上的纤维与树脂基体剥离明显(见图 4 - 97)。T700 碳纤维表面形态与 AS4 纤维相似,圆形横截面,表面粗糙度低,T700 纤维是上浆纤维,其浆料虽然对树脂基体的固化没有明显的阻碍作用,但浆料本身不易电子束固化,这也不利于良好界面的生成,复合材料破坏断面的纤维与基体的剥离很明显(见图 4 - 98)。T800、T300 纤维表面浆料对阳离子环氧树脂的电子束固化有显著的阻碍作用,尤其是

图 4 - 97　AS4 纤维增强电子束固化复合材料破坏面 SEM 照片

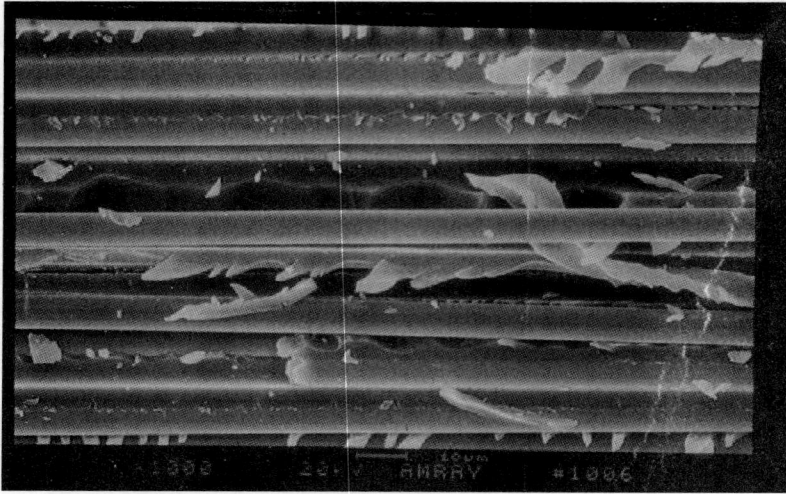

图 4 - 98　T700 纤维增强电子束固化复合材料破坏面 SEM 照片

T300 纤维增强复合材料在电子束辐射下基本不能固化, T800 复合材料虽然能勉强实现固化, 但其树脂基体的固化度很低, 玻璃化转变温度低, 树脂基体强度小, 因此虽然 T800 复合材料有较好的界面(见图 4 - 99), 但其层间剪切强度仍然较低。M40 和 M40J 纤维的浆料与 T700 纤维相似, 而它们的表面状态又与

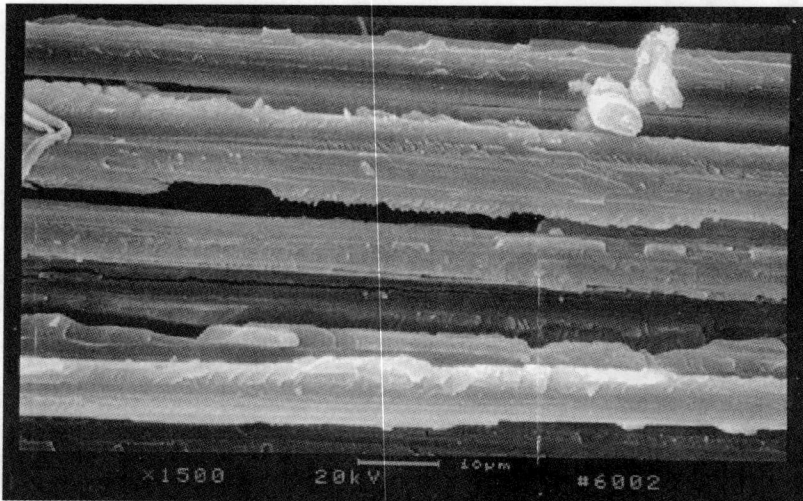

图 4 - 99　T800 纤维增强电子束固化复合材料破坏面 SEM 照片

226

T300、T800 纤维相似，具有较好的复合材料界面（见图 4-100）。因此，作为高模量纤维增强复合材料，M40 和 M40J 复合材料剪切强度接近于高性能热固化 M40/5228、M40J/5228 复合材料，远远高于热固化 M40/4211 复合材料。当然，总体而言，在现有的商品化的碳纤维中，AS4 和 T700 纤维增强电子束固化复合材料的综合力学性能最好。但是，将 T800 和 T300 纤维的浆料萃取之后，其电子束固化复合材料的力学性能也能达到很高的水平，尤其是将它们的浆料充分萃取之后，将更能发挥它们的性能特征。

图 4-100　M40J 纤维增强电子束固化复合材料破坏面 SEM 照片

4.6　电子束固化层压复合材料树脂基体改性

　　根据复合材料对树脂基体的工艺性、物理性能、化学性能及力学性能的基本要求对树脂基体进行改性。未经改性的电子束固化树脂的强度较低，尤其是它的复合材料的短梁剪切强度很低，远远不能满足材料的使用要求。在电子束固化树脂配方的研究中，树脂体系的耐热性、工艺性及韧性是关系树脂基体及其复合材料性能的关键因素。由于电子束固化成形的温度、压力低，因此要求树脂在一定温度下具有良好的流动性，但是具有良好流动性的树脂的耐热性及韧性较差。基于这些矛盾，选用黏度较低，而电子束固化的耐热性较高的液体酚醛环氧树脂（F51）为主要环氧树脂。在确定以 F51 环氧树脂为基本树脂的基础上，为了提高复合材料的冲击韧性、剪切强度、压缩性能等力学性能,需要加入以增韧剂为主的改性剂。增韧方法包括:热塑性树脂增韧,该方法的优点在于对树脂的耐热性影响不大,但树脂在成形过程中的流动性较差;高相对分子质量环氧树脂增韧,高相对分子质量环氧树脂参与了固化过程中的化学反应,增大了固化树脂交联点间的相对分子质量,从而实现对树脂的增韧,其缺点在于高相对分子质量环氧树脂将降低固化树脂的耐热性,优点在于树脂体系易溶于丙酮,而且在加工过程中的流动性好;互穿网络增韧法,由于电子束固化阳离子环氧树脂为阳离子聚合反应机理,在树脂体系中添加以自由基反应机理聚合的丙烯酸酯环氧树脂,由于固化机理的不同,形成互穿网络体系,从而达到增韧的目的,其优点在于树脂溶解性能好、流动性不错,但它对树脂的耐热性、耐湿热性影响较大。但是,实验研究表明,以互穿网络增韧法增韧的树脂体系为树脂基体的复合材料坯件在预成形温度下($>80℃$),丙烯酸酯环氧树脂开始聚合,影响复合材料的成形及复合材料的最终质量与性能。高相对分子质量环氧树脂增韧树脂虽然黏度低(图4-101为该类树脂的黏度—温度曲线),但是它对碳纤维表面的浸润性较差,其力学性能较差,尤其是层间剪切强度较低,而且由于它的黏度低,使其预浸料在室温下黏性太大,不利于预浸料的铺叠操作。对于热塑性树脂增韧阳离子环氧树脂体系,虽然其黏度较大(图4-102为其黏度温度曲线),但其预浸料工艺操作性能好,而且其复合材料力学性能也得到明显的提高。

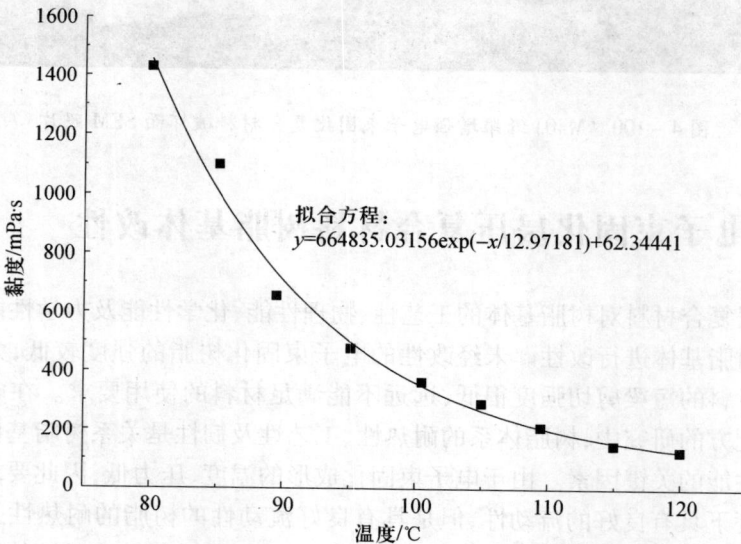

拟合方程:
$y=664835.03156\exp(-x/12.97181)+62.34441$

图4-101 高相对分子质量环氧树脂增韧树脂的黏度—温度曲线

228

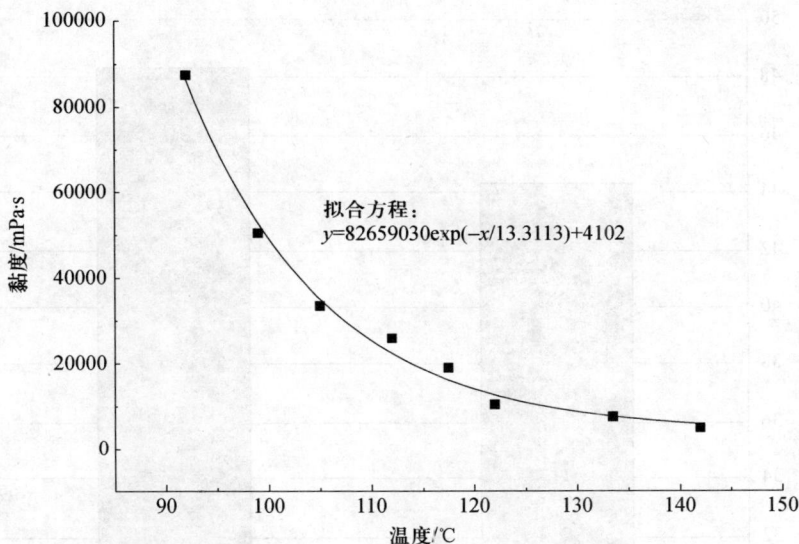

拟合方程:
$y=82659030\exp(-x/13.3113)+4102$

图 4 – 102　热塑性树脂增韧改性树脂的黏度—温度曲线

研究实验表明,加入改性剂的电子束固化树脂的浇铸体力学性能得到了改善(见图 4 – 103),其复合材料短梁剪切强度较未改性树脂都有大幅度的提高(见图 4 – 104),尤其是热塑性树脂改性树脂基体 T700 复合材料剪切强度的增加更为显著。两种改性方法改性树脂浇铸体的冲击强度分别为:热塑性树脂改性 16.44N/cm,高相对分子质量环氧改性 11.97N/cm。实验结果表明,热塑性树脂(TP)改性树脂基体复合材料的力学性能明显好于高相对分子质量环氧树脂(E12)改性树脂基体复合材料。

对树脂基本配方进行增韧改性后,复合材料破坏断口的扫描电镜研究表明(图 4 – 105 为 AS4 碳纤维增强改性前后的电子束固化复合材料破坏面的 SEM 照片),改性后的复合材料在破坏面的纤维表面粘附的树脂较改性前的复合材料多,说明复合材料界面得到改善,提高了其复合材料的综合性能。

由于在电子束固化环氧树脂体系中,直接催化树脂固化的强质子酸必须经过锍盐在辐射或其他能量源的作用下分解产生,在通常的室温范围内树脂体系中不会有质子酸产生。因此,电子束固化环氧树脂的室温储存性能好,它可以在室温下黑暗环境中无限期储存。实验表明,2000 年 4 月 27 日配制的树脂,在室温下存放到 2001 年 9 月 20 日测定其环氧值、黏度等基本没有变化:2000 年为 0.536,2001 年为 0.531。树脂在 55℃下的黏度测试表明,电子束固化树脂在较高温度下保持很长时间其黏度也不会有变化(见图 4 – 106)。

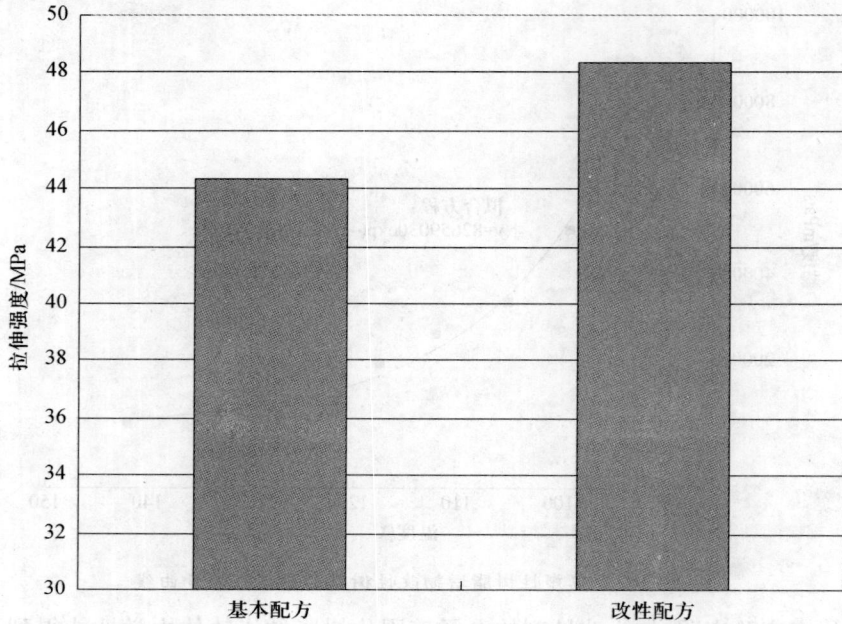

图4-103 树脂浇铸体拉伸强度比较

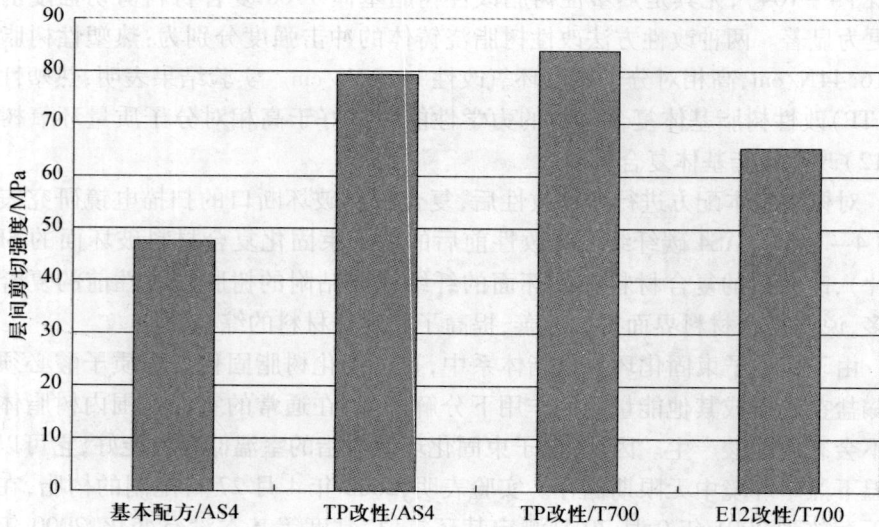

图4-104 树脂基体改性前后复合材料短梁剪切强度

230

(a)

(b)

图 4 – 105　AS4 碳纤维增强改性前后的电子束固化复合材料破坏面 SEM 照片

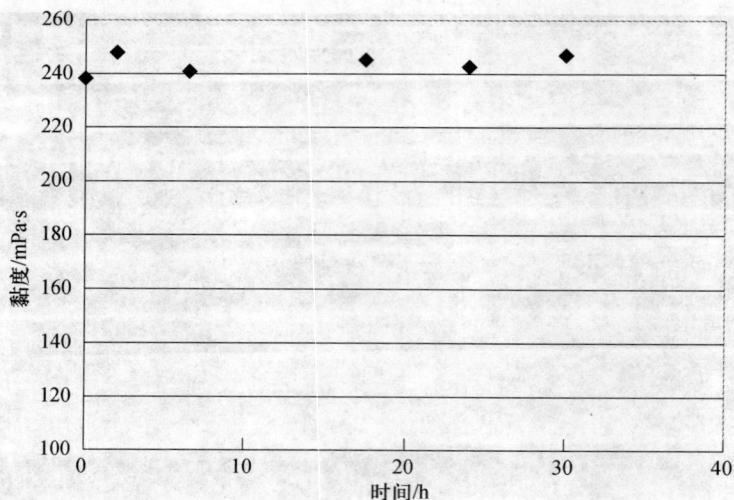

图 4 - 106   电子束固化树脂体系黏度/时间关系

电子束固化树脂遵循阳离子催化固化反应机理,在固化后的树脂分子结构中亲水性的基团(如羟基等)很少,因此其吸湿率较低。但是以此机理固化的树脂的交联密度较高(相当于四官能团),这又有可能不利于固化树脂基体的耐湿热性能。实验表明,该配方的吸湿率为 2.035(水煮 48h),配方经改性后树脂吸湿率有所下降(1.954,60h),图 4 - 107 是改性树脂的吸湿曲线。

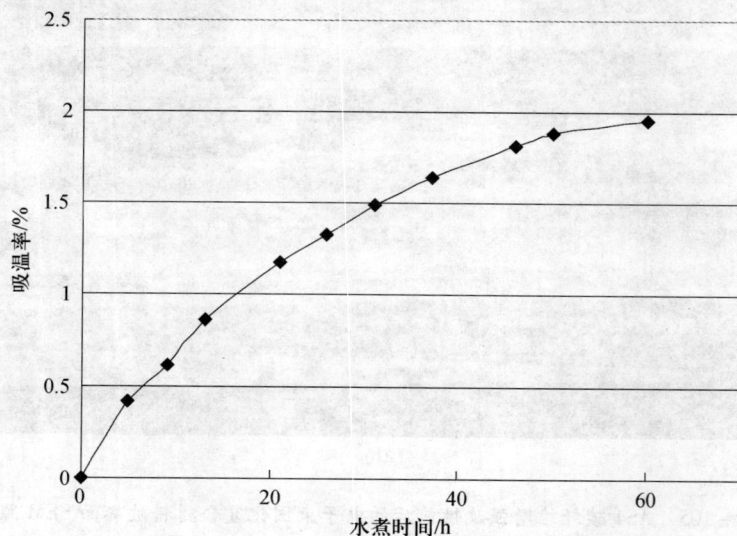

图 4 - 107   热塑性改性电子束固化环氧树脂的吸湿曲线

232

电子束固化树脂的固化温度低,可以保持材料在固化过程中其内部温度在 50℃ 以下,甚至更低。因此树脂在固化过程中的收缩率低,由此可以使材料的残余内应力降低,提高制件的尺寸稳定性。文献表明[11],普通环氧树脂的固化收缩率在 4% ~6%,丙烯酸酯树脂的固化收缩率甚至在 8% 以上。利用密度法测得热塑性树脂改性电子束固化环氧树脂的固化收缩率,即固化前后树脂的密度差除以固化树脂的密度,测得该树脂固化前后的密度分别为 $1.1813g/cm^3$ 和 $1.2163g/cm^3$,因此其固化收缩率为 2.878,远远低于热固化环氧树脂的收缩率。图 4 - 108 是热塑性改性电子束固化环氧树脂与 CAT - B 和 3501 - 6 树脂的固化收缩率比较。

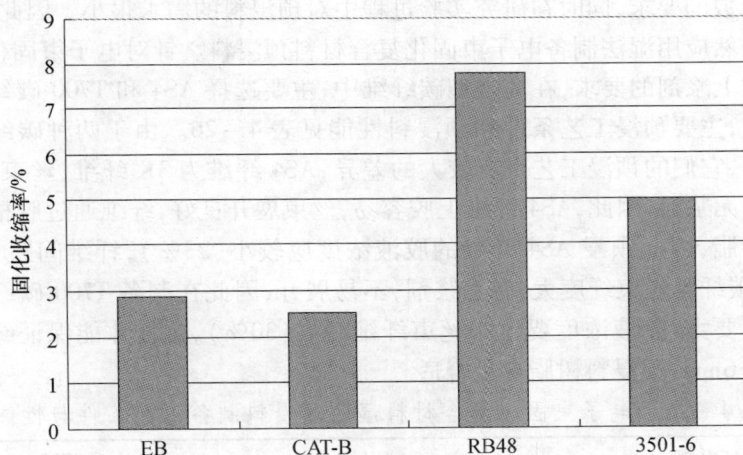

图 4 - 108 电子束固化树脂与 3501 -6 固化收缩率比较
注:CAT - B 为 Applied Poleramic 生产的电子束固化阳离子环氧树脂;
  RB48 为 Aerospatial 生产的电子束固化丙烯酸酯环氧树脂。

表 4 - 25 是增韧改性电子束固化树脂与美国橡树岭实验室的某一专用电子束固化环氧树脂的力学性能比较[12]。从树脂的弯曲性能看,这里研究的改性树脂的弯曲强度和模量均高于 CAT - B 树脂。

表 4 - 25 改性电子束固化树脂浇铸体力学性能

项　目	弯曲强度/MPa	弯曲模量/GPa	拉伸强度/MPa	拉伸模量/GPa
EB99 - 1	76.3	3.41	48.4	3.61
CAT - B	58.8	1.4	—	—

4.7 电子束固化层压复合材料成形工艺及其性能研究

4.7.1 电子束固化层压复合材料成形工艺研究

1. 电子束固化复合材料预浸料制备

由于电子束固化环氧树脂的辐射化学反应特点,热塑性改性电子束固化树脂在高温(130℃以下)下能长期稳定,并且它的成膜性好,非常适合于采用热熔法制备预浸料,以减少复合材料的制造成本和降低有机溶剂对环境和操作人员的危害。但是,由于在材料的研制阶段,纤维数量较少,不能满足热熔预浸对纤维纱线筒数的要求,同时在研究实验过程中对预浸料的需求很小。因此,在许多情况下仍然应用湿法制备电子束固化复合材料预浸料。针对电子束固化树脂对增强纤维上浆剂的要求,在高强型碳纤维中,主要选择 AS4 和 T700 碳纤维作为增强纤维,主要预浸工艺条件和预浸料性能见表 4-26。由于两种碳纤维性能上的差异,它们的预浸工艺也有较大的差异,AS4 纤维为 3K 纤维,丝束纤度小,而且纤维无浆料,因此,AS4 纤维上胶容易,丝束展开良好,纤维通过胶槽时携带较多的树脂,因此预浸 AS4 纤维的胶液浓度应较小(23%),纤维间距 1.5mm。而 T700 碳纤维丝束纤度大,有上浆剂,不易展开,因此在制备 T700 碳纤维预浸料时张力要大,胶液浓度要比小丝束纤维时大(30%),这样才能保证纤维展开宽度大于 6mm,预浸料树脂含量合适。

表 4-26 电子束固化复合材料湿法预浸料制备工艺条件与性能

纤维	AS4	T700
要预浸工艺条件		
设备	BT-1 湿法预浸机	BT-1 湿法预浸机
胶液浓度	23%	30%
纤维间距/mm	1.5	6
电机转数/(r/min)	600~500	600~500
性能		
外观	均匀、平整	均匀、平整
单位面积纤维质量/(g/m²)	140±2	132±2
含胶量/%	30~35	30~35
挥发分含量/%	<1.0	<1.0
黏性	合格	合格
室温储存期	无限期	无限期
单层压厚/mm	0.132	0.122

一般情况下,湿法预浸料中都含有一定量的尚未挥发完全的溶剂等挥发分,而且在固化成形过程中的固化温度较低、压力很小(抽真空),因此这些挥发分也很难在成形过程中除尽,这必将在复合材料中形成大量的空隙,从而影响复合材料的性能。然而,采用干法(热熔)工艺制备的预浸料不含溶剂类的挥发分,成形的复合材料中由于挥发分导致的空隙率低,性能更稳定。同时,电子束固化树脂在一定温度以下对热极不敏感,尤其适合与采用热熔预浸工艺。研究表明,T700 碳纤维适合于增强电子束固化树脂,由于 T700 碳纤维的来源充足、成本低、批量大,因此 T700 碳纤维特别适合于热熔预浸工艺。

热熔预浸工艺对树脂有如下要求:树脂各组分混和均匀,颜色均一,无未混匀的小颗粒或硬质杂物,否则会划伤脱模纸;配制后的树脂凝胶时间或流动度不能有明显的变化,即要求在配制树脂操作中要尽量避开树脂剧烈反应的温度并尽力缩短操作时间。

热塑性树脂改性电子束固化环氧树脂体系中由于加入了热塑性增韧剂,其黏度随温度的变化不敏感,树脂成膜性好。在配制热熔树脂过程中,先在高温下将增韧剂加入环氧树脂中并搅拌混和均匀,然后在一定温度下加入光引发剂并搅拌至树脂完全均匀,即可配制出满足热熔预浸要求的电子束固化树脂。热塑性树脂改性电子束固化环氧树脂体系的热熔预浸工艺参数如下:

(1) 碳纤维间距:6.0mm;

(2) 上刮板与刮刀间距:0.04mm;

(3) 下刮板与刮刀间距:0.03mm;

(4) 上刮板温度:50℃ ~55℃;

(5) 下刮板温度:50℃ ~55℃;

(6) 热压辊温度:100℃;

(7) 牵引速度:1m/min ~7m/min。

热熔法连续预浸工艺试验是在美国 California Graphite Manchine 公司制造的热熔预浸机上进行,其工艺流程如图 4 - 109 所示。树脂含量主要通过控制胶膜厚度来控制,预浸料单位面积的纤维质量则通过预浸机上的篦子的间距来控制。按照此工艺路线制备的预浸料树脂含量精度可控制在 2% 以内,预浸料的单位面积质量可实现无级调节。

同湿法预浸制备 EB99/T700 预浸料一样,T700 - 12K 碳纤维丝束大,纤维丝束密实,单丝间隙小,因此其浸渍更为困难(与 AS4/EB99 - 1 预浸工艺相比较)。因此,在预浸过程中应尽可能提高浸渍温度,加大浸渍压力,增加树脂对纤维的浸透性。同时,在预浸料制备中减低收卷速度,增加浸渍时间,也能使预浸料达到较好的浸渍效果。经过一系列的探索和调整,制造的 EB99 - 1/T700

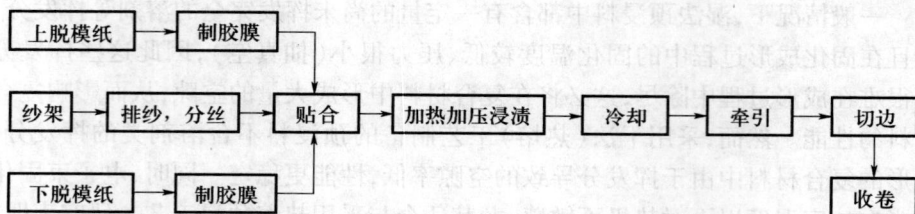

图 4 - 109　热熔连续预浸工艺流程图

和 EB99 - 2/T700 预浸料外观质量优良(好于湿法预浸工艺)。同湿法预浸料相比,其化学特性没有差异,但在以下几个方面有了明显的改观,首先是产品外观明显高于湿法预浸料,表面均匀平整,无缝隙;挥发分含量几乎为零;树脂含量控制精度提高,在制造过程中预浸料的树脂变化不超过 1% 。这些优点对制造大型复杂复合材料构件是极其重要的。表 4 - 27 是 EB99/T700 - 12K 热熔预浸料的性能。

表 4 - 27　EB99/T700 - 12K 热熔预浸料性能

性能	实验性能值
外观	均匀、平整、无缝隙
单位面积纤维质量/(g/m²)	131 ~ 134
含胶量/%	30 ~ 32
挥发分含量/%	<0.05
黏性	合格
尺寸	连续
单层厚度/mm	0.119 ~ 0.122

　　以上讲述了电子束固化复合材料热熔预浸料的主要优点。针对电子束固化工艺而言,热熔预浸料虽然具有挥发分低、外观平整均匀等优点。但是,由于热熔预浸料是由上下两层树脂膜与中间展开的纤维层复合而成,而且其加热加压浸渍时间短。即使通过多种途径改进预浸工艺,但在预浸料的制造过程中树脂对纤维的浸渍程度仍然较差,只有预浸料表层的纤维才被浸透,预浸料内部裹入了大量的空气。在复合材料坯件预成形过程中,预成形温度相对较低(小于120℃),成形压力小(真空预成形,相当于 0.1MPa),因此在复合材料坯件的预成形过程中,树脂仍然无法充分浸润纤维,裹带空气无法完全排除,导致复合材料中形成大量的孔隙,甚至在复合材料内部形成局部分层。

　　相反,虽然湿法预浸料的挥发分含量较高,但树脂对纤维的浸润比热熔预浸料更为充分。如果将湿法预浸料充分放置,使树脂中残留的溶剂充分挥发,也能

236

大大提高电子束固化复合材料的力学性能。如将湿法预浸料在室温放置 7 天以上再覆盖,裁切。

不同的预成形工艺、固化环境温度以及辐射剂量、剂量率等对复合材料的性能有不同程度的影响。

2. 预成形工艺

由于电子束固化复合材料的固化温度一般较低,因此其坯件一般需要在一定条件下进行预成形,使树脂固化前在坯件中充分流动、浸润纤维。对预成形工艺,既要求它能保证固化复合材料的性能,又要求它的实施简单、方便。针对EB99 - 1 树脂的工艺特点,采用了两种预成形工艺方法:

(1) 加压预成形(压机或热压罐):80℃,2h,0.2MPa 压力;

(2) 真空袋预成形:100℃,2h。

采用以上二种预成形工艺方法成形的复合材料的弯曲及短梁剪切强度如图 4 - 110、图 4 - 111 所示。虽然加压预成形工艺的温度比真空预成形的温度低 20℃,但是在 0.2MPa 的压力作用下,预浸料中的树脂流动更为充分,夹杂在坯件中的空气更易于从中排除。而真空预成形工艺中,虽然其成形温度较高,但其压力低,不利于坯件中树脂的流动,同时高温度低压力也不利于抑制挥发分生长成复合材料孔隙。因此,从实验结果观察,就材料性能而言,采用加压预成形工艺方法较好。但是,真空袋预成形工艺方法简便,易于实施,工艺成本低。

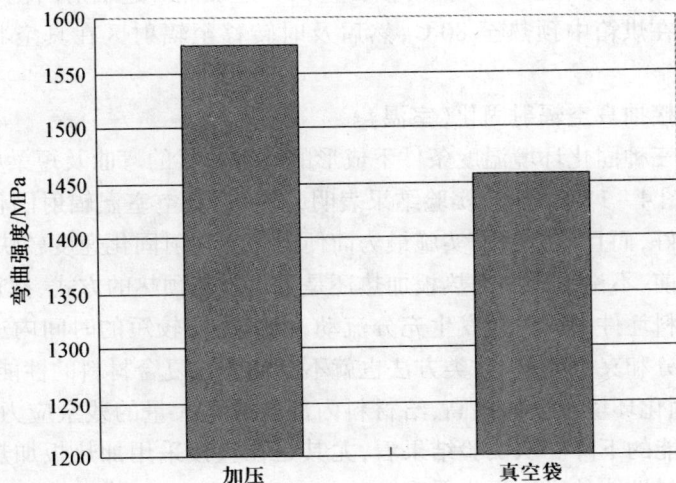

图 4 - 110 不同的预成形方法对复合材料弯曲强度的影响

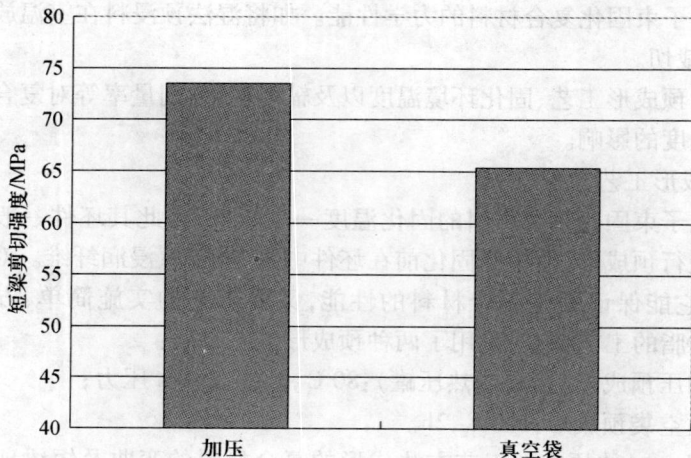

图 4 – 111　预成形方法对复合材料弯曲强度的影响

3. 固化环境温度

固化环境温度条件对复合材料的性能也有重要的影响。固化环境温度越高,复合材料坯件的原始温度就越高,就会导致复合材料在固化过程中因反应放热和辐射造成的温度越高,这会导致复合材料较大的残余内应力和较大的材料固化收缩率,从而降低复合材料的力学性能。我们采用了三种温度环境:

（1）加热板加热至80℃（同时抽真空）,一边加热一边辐射固化;

（2）先在烘箱中预热至80℃,然后及时转移至辐射区在真空状态下辐射固化;

（3）直接抽真空辐射固化（室温）。

在以上三种固化环境温度条件下成形的复合材料的弯曲及短梁剪切强度如图 4 – 112、图 4 – 113 所示。实验结果表明,直接抽真空室温辐射固化的复合材料的性能最好,而且该方法的实施最为简便。因为辐射固化速度较快,因此在进行辐射固化前,不论是采用加热板加热还是采用烘箱预热的方式,都很难进一步促进复合材料坯件中的树脂发生充分流动,也很难在较短的时间内进一步排除坯件中挥发分和夹杂空气,这类方法也就不会使固化复合材料的性能得到提高。相反,由于固化环境温度的提高,给材料内部造成了大量的残余应力,从而导致复合材料性能的下降。从实验结果看,尤其是在直接采用加热板加热环境下固化对复合材料性能的影响更为严重。

4. 辐射固化过程中的压力状态

如图 4 – 114 所示为在真空状态（即 1atm 的压力）下和自由状态下辐射固化

238

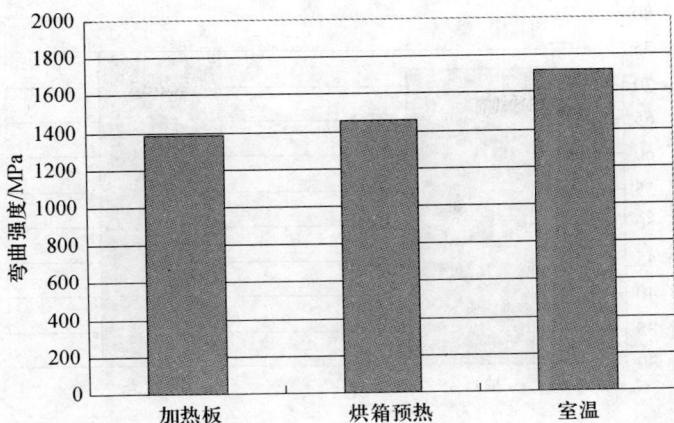

图 4-112　固化环境温度对复合材料弯曲强度的影响

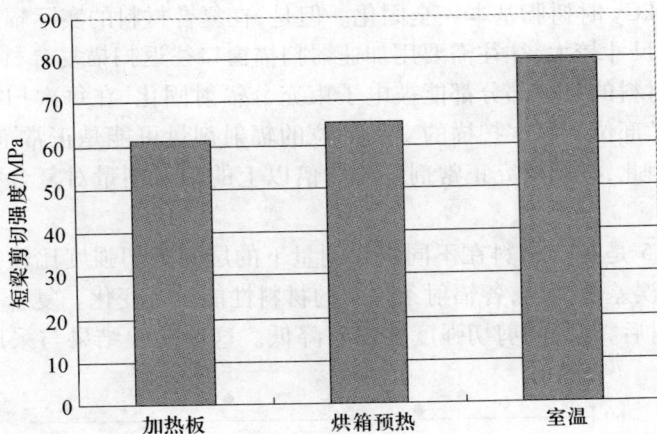

图 4-113　固化环境温度对复合材料剪切强度的影响

的高模量碳纤维 M40J 增强复合材料的剪切强度的比较。由图可见,在自由状态下固化复合材料的剪切强度还稍高于在真空状态下固化的材料。可以认为,这两种材料的性能测试在误差范围内是相当的,因此可以认为在无压力状态下电子束固化不会减低材料的性能,可以在电子束固化中省去抽真空这一工艺过程使电子束固化工艺进一步简化。

5. 辐射固化剂量

辐射剂量对复合材料的性能影响主要表现为两种相反的情况:一是辐射剂量不足,树脂固化不完全,从而影响复合材料的性能;二是辐射剂量过大,使树脂基体可能发生辐射降解而影响复合材料的性能。

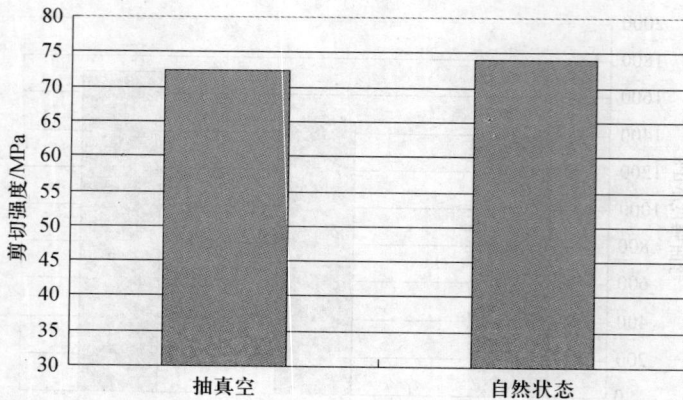

图 4 - 114　辐射固化过程中不同压力状态对复合材料剪切强度的影响

通过对辐射固化树脂基体固化度的测定,大多数环氧树脂的辐射剂量达到 150kGy ~ 200kGy 时树脂基本完全固化。但是,在复合材料的实际辐射固化过程中,复合材料尺寸较大,往往需要用加速器扫描窗口往返扫描复合材料制件。为了保证复合材料的每一部分都能被电子束充分辐射固化,在每次扫描时必须重复扫描的交叉部位。每次扫描的交叉部位的辐射剂量可能是正常剂量的 2 倍,甚至 3 倍。因此,必须研究正常剂量的 2 倍以上的辐射剂量对复合材料性能的影响。

图 4 - 115 是复合材料在不同辐射剂量下的层间剪切强度比较。实验结果表明,在实验误差范围内,各辐射条件下的材料性能没有变化。复合材料经过超大剂量的辐射后,其层间剪切强度并没有降低。这一实验结果与采用模型化合

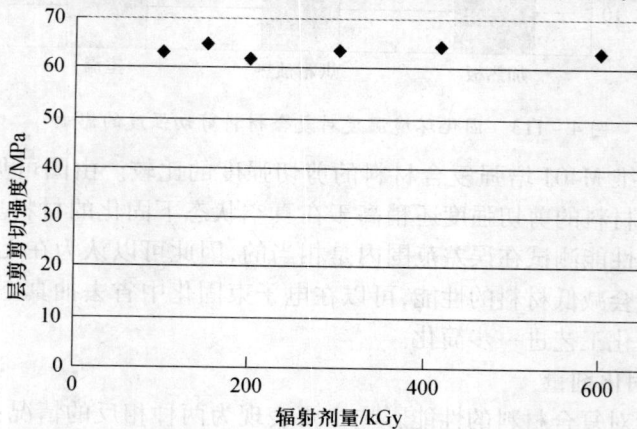

图 4 - 115　辐射剂量对复合材料力学性能的影响

240

物进行固化机理研究的结论是相一致的。同时,在对 F46 - CD1012 体系的高剂量辐射也表明,在一定范围内增加材料的辐射剂量对固化树脂的玻璃化转变温度没有明显的影响。这说明,在电子束扫描辐射固化大型制件时,不同扫描区域的相邻部分的重复辐射是可以接受的。

6. 辐射固化剂量率

剂量率对复合材料性能的影响主要表现为对树脂固化反应速率的影响和剂量率不同导致电子打在材料上造成的温升影响,从而影响复合材料的性能。剂量率大,则树脂的固化反应速率快,单位时间内放出的反应热多。同时,剂量率越大,则单位时间打在材料上的电子数量越多,就有更多的电子能量转化成热能被材料吸收。图 4 - 116 和图 4 - 117 分别是剂量率为 50Gy/s 和 100Gy/s 辐射条件下的材料内部的温度变化。

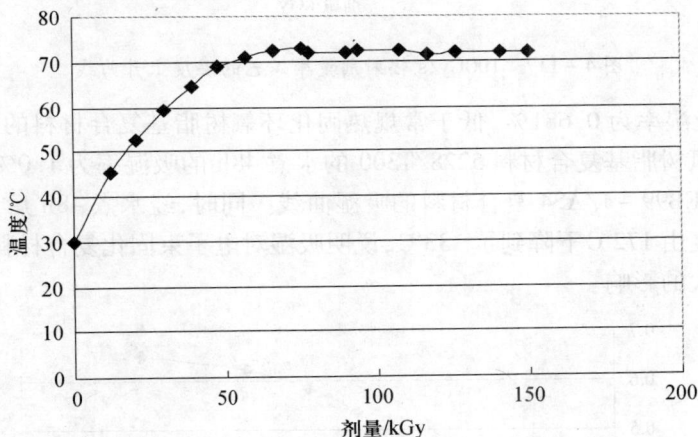

图 4 - 116 50Gy/s 辐射剂量率工艺的温度上升曲线

从图 4 - 116 和图 4 - 117 的比较可见,剂量率为 100Gy/s 和 50Gy/s 的试样的温度差仅仅为 6℃左右,这一差异对材料性能的影响是很小的。但是 50Gy/s 辐射剂量率的固化速度比 100Gy/s 慢一半。因此综合考虑剂量率的影响,采用 100Gy/s 的剂量率较好。

4.7.2 电子束固化碳纤维增强层压复合材料性能

1. 电子束固化 AS4 碳纤维增强复合材料性能

由于电子束固化树脂遵循阳离子催化固化反应机理,在固化后的树脂分子结构中亲水性的基团(如羟基等)很少,因此其吸湿率较低。因此,电子束固化复合材料的吸湿率也相应较低。实验研究表明,EB99 - 1/AS4 复合材料经水煮

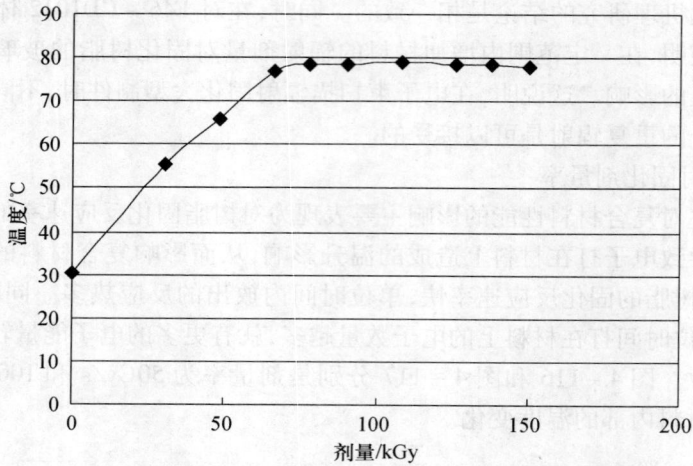

图 4 -117　100Gy/s 辐射剂量率工艺的温度上升曲线

48h 后的吸湿率为 0.681%，低于常规热固化环氧树脂基复合材料的吸湿率，如高性能环氧树脂基复合材料 5228/T300 的水煮 48h 的吸湿率为 1.0% 左右。图 4-118 是 EB99-1/AS4 复合材料的吸湿曲线。同时，经水煮 48h 后，复合材料玻璃化温度由 172℃ 下降到了 133℃，说明吸湿对电子束固化复合材料的耐热性能具有较大的影响。

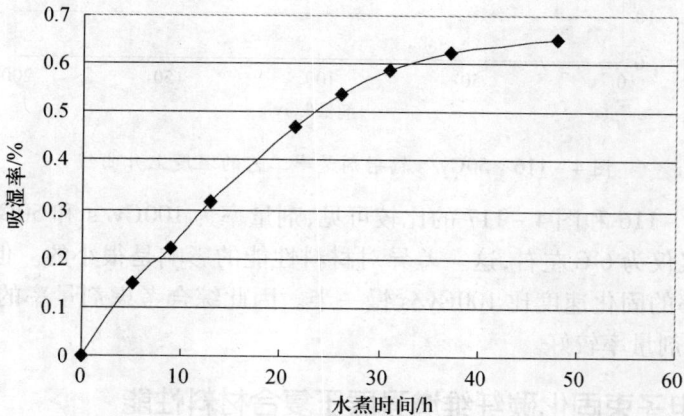

图 4 -118　EB99-1/AS4 复合材料的吸湿曲线

　　表 4 -28 是电子束固化 AS4 碳纤维增强复合材料与热固化 T300/4211 复合材料的常规力学性能比较。由于 AS4 和 T300 碳纤维是同一档次的纤维，因此

242

电子束固化 AS4 碳纤维增强复合材料和 T300/4211 复合材料的力学性能具有可比性。由表 4 - 28 的比较可知,电子束固化 AS4 碳纤维增强复合材料的性能除了其层间剪切强度略低于 T300/4211 复合材料外,其他常规力学性能(如拉伸、弯曲、压缩强度与模量)均高于 T300/4211 复合材料的性能或与之相当。与美国橡树岭国家实验室(ORNL)开发的电子束固化复合材料 IM7/EB - 3 相比,由于其增强纤维为高强中模量纤维 IM7,因此其拉伸强度与模量均高于我们研究的电子束固化 AS4 碳纤维增强复合材料,但是比较由树脂基体控制的剪切强度性能可见,这两种复合材料的性能水平相当。

表 4 - 28　AS4/EB99 - 1 复合材料常规力学性能

材料	AS4/EB99 - 1	T300/4211	IM7/EB - 3[①]	T300/913
纤维含量	63%(体积分数)	65%(体积分数)	75.8%(质量分数)	60%(体积分数)
0°拉伸强度/MPa	1640	1396	1793	1521
0°拉伸模量/GPa	125	126	163	138
0°压缩强度/MPa	1103	1030	—	—
0°压缩模量/GPa	135	116	—	—
0°弯曲强度/MPa	1721	1590	—	1530
0°弯曲模量/GPa	136	126	—	130
90°弯曲强度/MPa	60.7	—	—	83
90°弯曲模量/GPa	8.01	—	—	7
剪切强度/MPa	79.5	82.7	79	97
① ORNL 的一种 EB 固化树脂				

表 4 - 29 是电子束固化 AS4 碳纤维增强复合材料的湿热力学性能。试样加湿条件为在 95℃ ~98℃ 的水中水煮 48h。湿热实验主要研究考察了复合材料在 91℃(200F)下的湿热状态下的弯曲和剪切力学性能。实验表明,电子束固化 AS4 碳纤维增强复合材料在 91℃ 下的耐湿热性能良好,复合材料在 91℃ 干态下的弯曲和剪切强度保持率分别为 77.2% 和 74.3%,而在 91℃ 湿态条件下的保持率也分别达到了 62.7% 和 49.9%。电子束固化 AS4 碳纤维增强复合材料在 130℃ 干态条件下的弯曲强度保持率也达到了 56.7%,说明该复合材料可以在干态 130℃ 条件下使用。同时实验也表明,电子束固化复合材料由于界面较弱,其在室温湿态下的力学性能也有一定程度的下降,但是对于界面好的复合材料在室温湿态下的力学性能基本没有下降。

表 4 – 29　AS4/EB99 – 1 复合材料湿热力学性能

测试项目	测试环境	强度/MPa	模量/GPa	强度保持率/%
弯曲	室温,干态	1721	136	100
弯曲	91℃,干态	1329.3	140.1	77.2
弯曲	91℃,湿态	1079.1	137.9	62.7
层剪	室温,干态	79.5	—	100
层剪	91℃,干态	59.1	—	74.3
层剪	91℃,湿态	39.7	—	49.9
层剪	130℃,干态	34.2	—	40.2
弯曲①	130℃,干态	876	115	56.7
弯曲①	室温,干态	1544.8	134.3	100
弯曲①	室温,湿态	1373.4	137.4	88.9
层剪①	室温,干态	69.7	—	100
层剪①	室温,湿态	59.0	—	84.6
① 为另一批试样				

　　电子束固化阳离子环氧树脂由于其交联密度较大,而且复合材料的纤维—基体的界面较差,使复合材料在承受冲击载荷的时候很容易发生分层损伤,因此其抗冲击损伤能力较差。实验表明,试样在冲击后,从试样表面基本观察不到损伤,但在试样内部已由大面积的分层,其最后测试的 CAI 值为 147.6MPa,相当于第一代复合材料的韧性水平。

　　2. 电子束固化 T700 碳纤维增强复合材料力学性能

　　在复合材料的设计中需要 11 个物理与力学工程常数:包括纵向拉伸强度与模量、主泊松比、横向拉伸强度与模量、纵向压缩强度与模量、横向压缩强度与模量、纵横剪切强度与模量。同时,带孔拉伸强度、带孔压缩强度、复合材料 I 型断裂韧性、复合材料 II 型断裂韧性、冲击后压缩强度等韧性性能数据也是设计人员选材的主要参考标准。因此,研究和搞清电子束固化复合材料的这些性能及其变化规律对电子束固化复合材料的设计与应用都是非常有用的。紫外光固化复合材料也存在类似的问题。同时,研究辐射固化复合材料的耐环境性能,以明确所研究的复合材料适合于在何种环境下使用。

　　在电子束固化复合材料成形工艺研究的基础上,研究了与电子束固化复合材料的设计与应用有关的物理与力学工程常数:包括纵向拉伸强度与模量、横向拉伸强度与模量、纵向压缩强度与模量、横向压缩强度与模量、泊松比、纵横剪切强度与模量、层间剪切强度、带孔拉伸强度、带孔压缩强度、复合材料 I 型断裂韧性、复合材料Ⅱ型断裂韧性等,为电子束固化复合材料的设计与应用奠定基础。表4-30为电子束固化T700/EB99碳纤维复合材料性能及其与热固化复合材料性能比较。力学性能试验表明,T700/EB99碳纤维复合材料的性能与高温热固化5228A/T700复合材料性能相当。T700/EB99的某些性能低于热固化T700/5228A复合材料,如层间剪切强度横向拉伸强度。但在很多性能中,电子束固化复合材料的性能高于热固化复合材料,尤其是T700/EB99复合材料的带孔拉伸强度比T700/5228A高出37%。而且,对比T700/EB99、T700/5228A、T300/5228A这三种复合材料的带孔拉伸强度发现,它们的带孔拉伸强度与复合材料界面强度(以层间剪切强度衡量)呈反比,界面较差的T700/EB99和T700/5228A复合材料的拉伸试样再剪应力作用下引起断裂沿界面蔓延扩展,形成大范围基体、界面纵向开裂,破坏试样呈发散状。相反,T300/5228A复合材料的界

表4-30 T700/EB99碳纤维复合材料性能

性 能 项 目	T700/EB99	T700/5228A
0°拉伸强度/MPa	2403	2261
0°拉伸模量/GPa	129	126
90°拉伸强度/MPa	36.2	54.8
90°拉伸模量/GPa	9.85	9.24
0°压缩强度/MPa	1328	1272
0°压缩模量/GPa	128	130
90°压缩强度/MPa	186	172
90°压缩模量/GPa	9.4	8.72
0°弯曲强度/MPa	2295	1587
0°弯曲模量/GPa	110	106
层间剪切强度/MPa	84.4	90
湿热弯曲强度保持率/%	54.0	
湿热压缩强度保持率/%	55.4	
纵横剪切强度/MPa	101	113
纵横剪切模量/GPa	5.93	4.43
带孔拉伸强度/MPa	584	426
带孔压缩强度/MPa	301	307
$G_{IC}/(J/m^2)$	354	301
$G_{IIC}(J/m^2)$	371	575
CAI/MPa	195	216

面强度足以防止界面破坏,则应力集中会引起相邻纤维断裂并发生在基体开裂之前,从而造成纤维断裂连续发生,形成最薄弱环节而破坏失效,断裂试样呈整齐规则状态(见图4-119)。也就是说,这些复合材料的界面越差其带孔拉伸强度越高(在本材料的性能范围内),这与传统的层合板断裂力学理论相矛盾,其具体的原因及理论分析需进一步研究,如图4-120所示(数据见表4-31)。

图4-119　复合材料开孔拉伸试样断口形貌

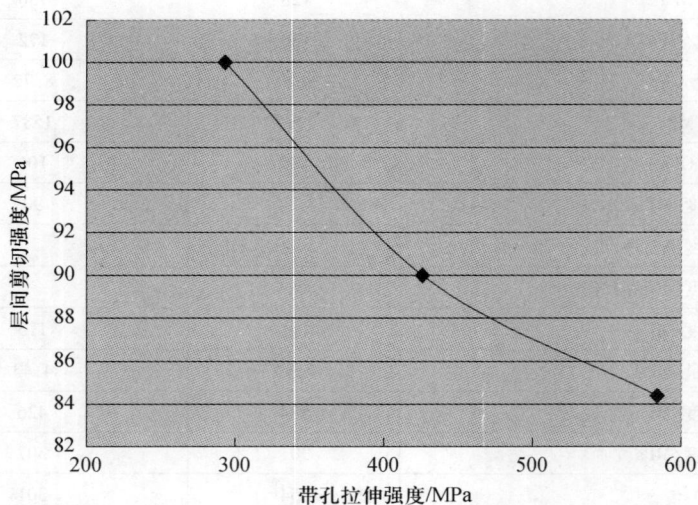

图4-120　复合材料带孔拉伸强度与层间剪切强度关系

表 4-31 复合材料开孔拉伸强度与层间剪切强度的对应关系

复 合 材 料	带孔拉伸强度/MPa	层间剪切强度/MPa
T700/EB99	584	84.4
T700/5228A	426	90
T300/5228A	293	100

图 4-121 是 T700/EB99 电子束固化复合材料的水煮吸湿曲线。实验表明,电子束固化复合材料经过 48h 水煮后,其吸湿率仅为 0.49% 左右,而热固化高温环氧树脂经 48h 水煮后其吸湿率一般为 1% 左右,说明电子束固化复合材料吸湿率低,具有较好的耐湿热性能。

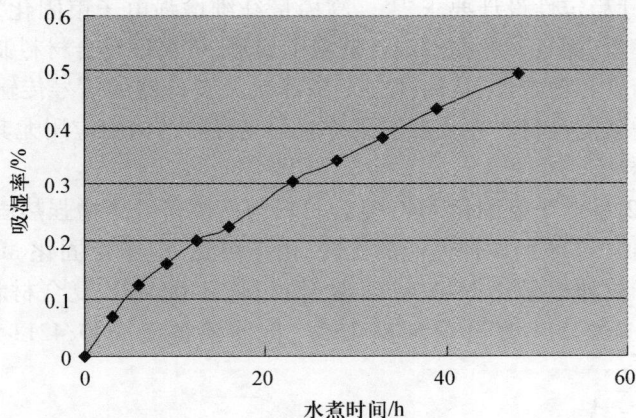

图 4-121 电子束固化复合材料水煮吸湿曲线

表 4-32 是 T700/EB99 电子束固化复合材料的耐湿热性能。实验数据表明,该材料能够满足 130℃ 湿热条件下长期使用的要求。

表 4-32 T700/EB99 电子束固化复合材料的耐湿热性能

性　能	试 验 条 件	典 型 值
弯曲强度/MPa	水煮 48h,室温	1500
弯曲模量/GPa	水煮 48h,室温	123
弯曲强度/MPa	水煮 48h,130℃	1074
弯曲模量/GPa	水煮 48h,130℃	97.7
压缩强度[①]/MPa	干态,室温	596
压缩强度[①]/MPa	水煮 48h,130℃	392

性　能	试　验　条　件	典　型　值
压缩强度[①]/MPa	干态,130℃	330
层间剪切强度/MPa	水煮48h,室温	70.2
层间剪切强度/MPa	水煮48h,130℃	38.9
① 准各向同性铺层		

3. 电子束固化高模量碳纤维增强复合材料性能

高强度碳纤维增强树脂基复合材料主要应用于满足主承力构件的高强度设计要求,而高模量碳纤维增强复合材料主要应用于复合材料制件的高刚度、高尺寸精度、高尺寸稳定性设计要求[13]。高模量纤维增强电子束固化复合材料,不但有高的比模量,而且材料在室温或低温下成形,可保证复合材料制件在制造过程中的尺寸精度和稳定性,从而提高卫星等航天飞行器的信号传输的精度。高模量碳纤维增强复合材料在人造卫星等航天飞行器结构中应用尤其广泛[14],如星载天线、波导等。

图 4-122 是电子束固化 M40 复合材料与高模量纤维增强热固化复合材料 M40/4211、M40/5228 的拉伸性能的比较,由图可见:电子束固化 M40 复合材料的拉伸强度和拉伸模量比 M40/4211 复合材料、M40/5228 复合材料的都大,其拉伸强度比 M40/4211 复合材料高 15%;拉伸模量比 M40/4211 复合材料高

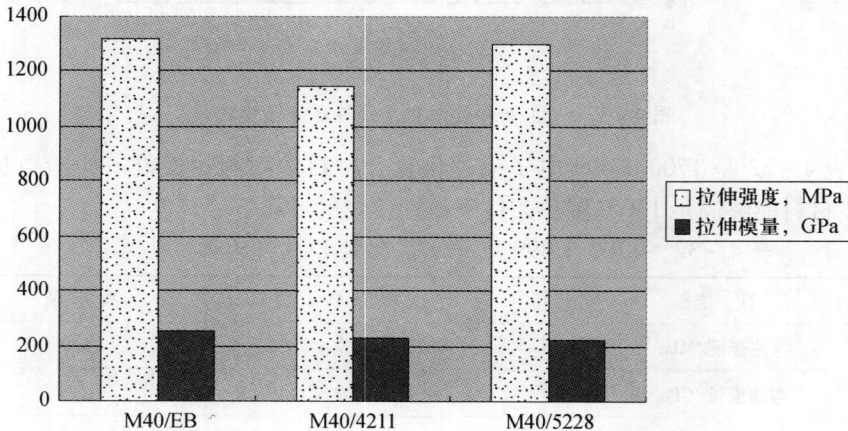

图 4-122　M40 复合材料的拉伸强度和拉伸模量

注:4211 是目前航空航天领域广泛应用的复合材料树脂基体;
　　5228 是一种高韧性、耐湿热复合材料树脂基体。

6%，比 M40/5228 复合材料高 8%；究其主要原因单向复合材料的拉伸性能是由增强材料所控制的，因此这些材料的拉伸性能的差异可能主要是由于复合材料的纤维体积含量不同所造成的。同时在电子束固化中，EB99-1 电子束固化树脂的固化收缩率低，复合材料的残余应力较低，使单向复合材料中的纤维的准直度较高，从而有利于提高复合材料的拉伸性能。

图 4-123 是电子束固化 M40J 复合材料与 M40J/5228 复合材料拉伸性能比较，由图可见，M40J/5228 的拉伸强度比电子束固化 M40J 复合材料高 8%，而其拉伸模量比 M40J/5228 的要小一些，相差的仅有 7GPa，其产生的原因与图 4-124 实验结果的解释基本相同。

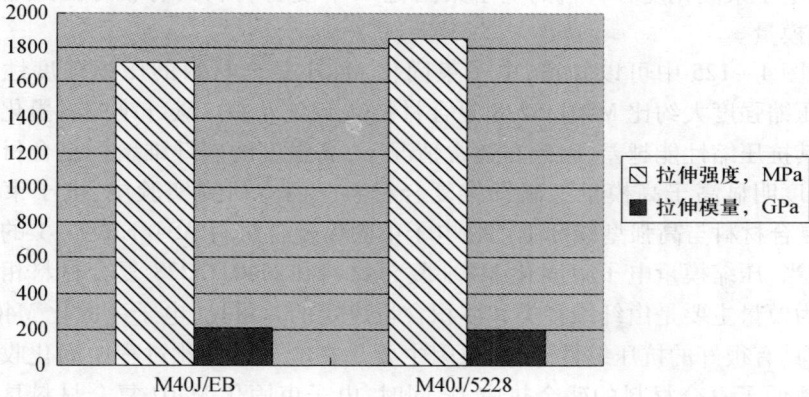

图 4-123　电子束固化 M40J 复合材料与 M40J/5228 拉伸性能比较

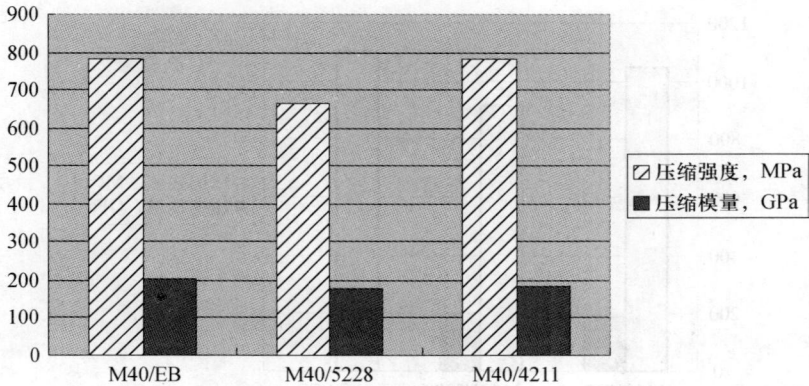

图 4-124　M40 复合材料压缩强度和压缩模量比较

由图 4 – 124 所示的三种碳纤维复合材料压缩性能的比较可知:电子束固化 M40 复合材料的压缩强度和压缩模量都是最高的,电子束固化 M40 比 M40/5228 复合材料的压缩强度高 18%,比 M40/4211 复合材料高 4.8%;压缩模量比 M40/5228 复合材料高 11%,比 M40/4211 复合材料高 11.3%。虽然 M40 复合材料的压缩性能也是由纤维类型和纤维体积含量所控制的,但是它也受到纤维准直度、纤维与树脂的匹配性、界面、固化残余应力等因素的影响。材料的纤维/基体界面越好,残余应力越小,越有利于提高复合材料的压缩性能。在电子束固化中,树脂基的固化收缩率低,残余应力小,同时又有较好的纤维/基体的界面,因此,电子束固化 M40 复合材料表现出较好的压缩性能,可见作为高模量碳纤维增强电子束固化复合材料的电子束固化 M40 复合材料具有较好的压缩强度和压缩模量。

从图 4 – 125 中可以知道,电子束固化 M40J 复合材料的压缩强度性能较好,其压缩强度大约比 M40J/5228 复合材料高 12% 左右。碳纤维的石墨化程度越高,其抗压缩性能越差,因此在通常情况下,高强度的碳纤维增强复合材料的压缩强度明显高于高模量型碳纤维复合材料。而本研究实验中,电子束固化 M40J 复合材料与高强型碳纤维增强电子束固化复合材料 AS4/EB99 – 1 的压缩强度相当,压缩模量电子束固化 M40J 复合材料和 M40J/5228 复合材料相差不多,因为模量主要是由纤维种类和体积含量决定的。可见,电子束固化 M40J 复合材料具有很好的抗压缩性能,其原因主要是在电子束固化过程中固化收缩率较低,减低了复合材料的残余热应力,同时,电子束固化 M40J 复合材料具有较好的纤维/基体界面,所有这些都会对电子束固化 M40J 复合材料性能产生影响,使其性能优于热固化 M40J/5228 复合材料。

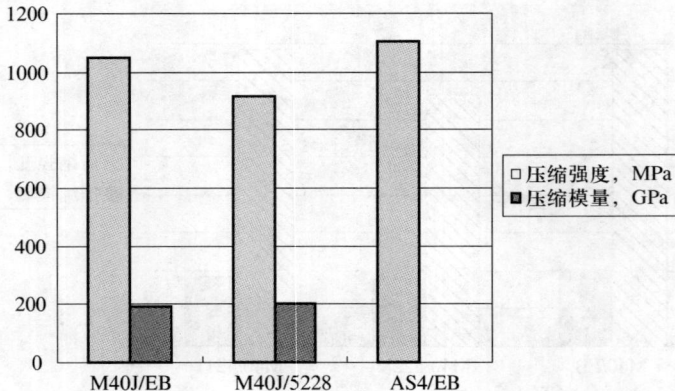

图 4 – 125 M40J 复合材料压缩强度和压缩模量比较

图 4 - 126 和图 4 - 127 是高模量纤维复合材料的剪切强度比较,从图 4 - 126 中可以看到电子束固化 M40 复合材料的剪切强度虽然没有 M40/5228 复合材料的大,却比 M40/4211 的大得多,这是由于 5228 热固化环氧树脂是一种高韧性的树脂基体,它有利于提高其复合材料的纤维/基体界面,使其复合材料具有相对较高的剪切强度,同时电子束固化的 EB99 - 1 树脂的韧性相对 5228 树脂较差,其复合材料纤维/基体界面相对 5228 复合材料较差,另外造成电子束固化复合材料纤维/基体界面较差还有以下两个原因:一是增强纤维的上浆剂或其表面处理与电子束固化体系不匹配;二是电子束固化树脂的固化速度太快,使树脂在增强体中得不到充分的流动和浸润纤维。但是电子束固化 M40 复合材料的固化收缩率较低,复合材料的残余应力较小,因此,虽然电子束固化 M40 复合材料的剪切性能不及 M40/5228 复合材料,但它却远远高于 M40/4211 复合材料(约为电子束固化 M40 复合材料层间剪切强度的二倍)。由图 4 - 127 可见,电子束固化 M40J 复合材料的剪切强度也低于 M40J/5228 复合材料,其原因基本上与 M40 复合材料相同。

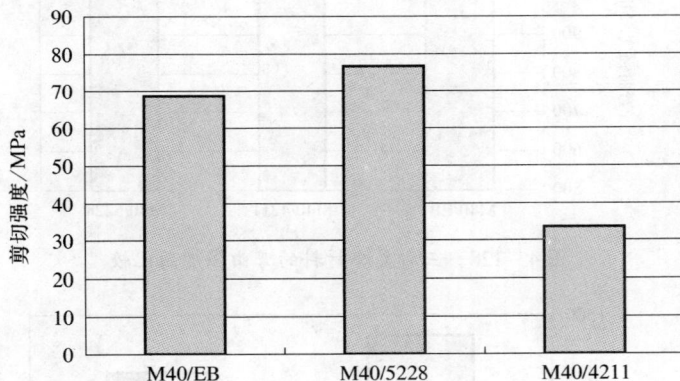

图 4 - 126 M40 纤维复合材料剪切强度比较

4. 弯曲性能

复合材料的弯曲性能是其拉伸、压缩、剪切基体树脂性能,材料界面以及纤维/基体的匹配性等多种性能的综合体现,从图 4 - 128 中可以看到,电子束固化 M40 复合材料的弯曲强度比 M40/4211 复合材料和 M40/5228 复合材料都大,但是电子束固化 M40 复合材料的弯曲强度比 M40/5228 复合材料的弯曲强度大得不是很多,而电子束固化 M40 复合材料却比 M40/4211 复合材料高了约 20%,在图 4 - 129 中电子束固化 M40J 复合材料的弯曲强度也比 M40J/5228 复合材料高出了 10% 左右。这些实验结果说明,高模量碳纤维增强电子束固化 EB99 - 1 复合材料有着比高模量碳纤维增强热固化 4211 及 5228 复合材料更为优异的综合力学性能。

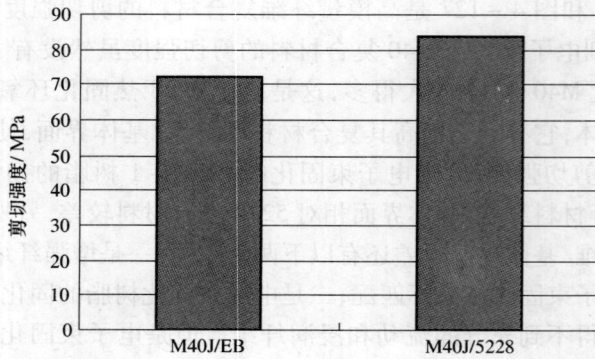

图 4 - 127　M40J 纤维复合材料剪切强度比较

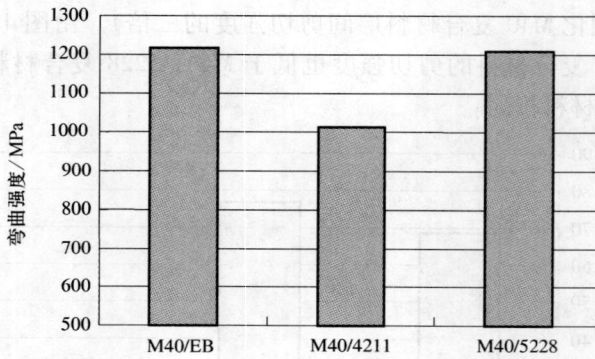

图 4 - 128　三种复合材料的弯曲强度的比较

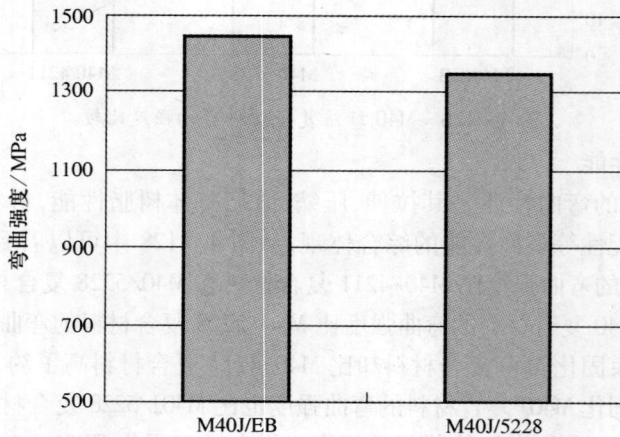

图 4 - 129　M40J 复合材料弯曲强度的比较

4.8 电子束固化缠绕复合材料及其成形工艺

4.8.1 电子束固化缠绕成形树脂基体

在确定主体环氧树脂、引发剂种类及用量的条件下,选择改性剂来进行缠绕成形树脂配方研制。因为 E54 – CD12 体系在 42℃时,其黏度为 1186mPa·s(见图 4 – 130),已可满足缠绕工艺要求,但 T_g 为 191℃,不能满足树脂体系耐热性要求,因此采用耐热性能较好的酚醛型环氧树脂进行改性。按照所要求达到的技术指标,树脂既要满足耐热性 $T_g \geqslant 200℃$,还要满足缠绕工艺要求即在工艺温度 40℃ ~90℃之间,树脂黏度 $\eta \leqslant 1200mPa·s$。为提高树脂耐热性,设计以固、液两种状态的酚醛环氧树脂,分别记做 L、S,其中 L 为固态酚醛环氧,S 为液态酚醛环氧。设计表 4 – 33 和表 4 – 34 配方,分别从树脂不同性能方面加以讨论,来确定满足要求的树脂体系。

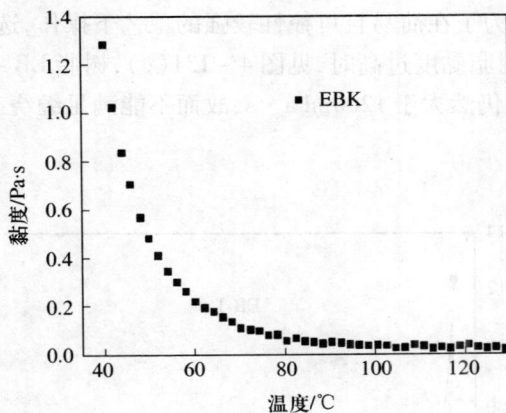

图 4 – 130　树脂 EBK 黏度随温度变化曲线

表 4 – 33　L 改性的树脂体系

树脂名称	E54 份数	L 份数	引发剂份数
EBK	100	0	2
EB – 1	85	15	2
EB – 2	70	30	2
EB – 3	55	45	2

表 4 – 34　S 改性的树脂体系

树 脂 名 称	E54 份数	S 份 数	引发剂份数
EB – 4	85	15	2
EB – 5	70	30	2
EB – 6	55	45	2

　　树脂黏度 $\eta \leqslant 1200 \text{mPa} \cdot \text{s}$ 就可以用于缠绕工艺,但是树脂的黏度作为缠绕工艺的关键工艺参数之一,并非只要小于 $1200 \text{mPa} \cdot \text{s}$,就可缠绕树脂体积含量为 $40\% \pm 5\%$ 要求 NOL 环制件,因为黏度直接影响树脂对碳纤维的浸透能力,以致影响制件树脂含量。缠绕成形用的树脂体系并非黏度越小越好,只有具有合适的黏度,即 $200 \text{mPa} \cdot \text{s} \leqslant \eta \leqslant 800 \text{mPa} \cdot \text{s}$ 才能得到质量较好的制件。见图 4 – 131(b),尽管树脂 EB – 2 温度为 80℃时,EB – 2 的黏度小于 $1200 \text{mPa} \cdot \text{s}$,但由于工艺温度太高,对应树脂的加热装置、保温设备都要与所需工艺设置匹配,加大操作可控性难度,为了在简易且可控性较强的工艺下操作,选择加工温度较低的树脂更合适。当树脂黏度过高时,见图 4 – 131(c),树脂 EB – 3 的温度即使升到 90℃,树脂的黏度仍然大于 $1200 \text{mPa} \cdot \text{s}$,故而不能满足缠绕工艺要求,不能用于缠绕成形。

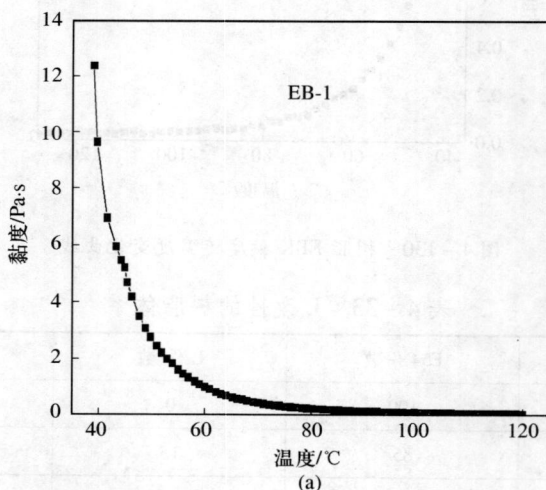

(a)

254

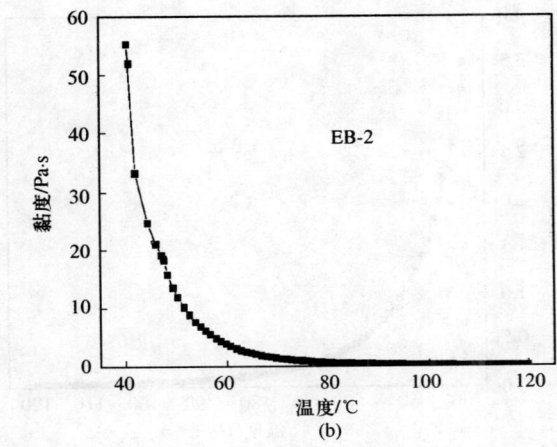

(b)

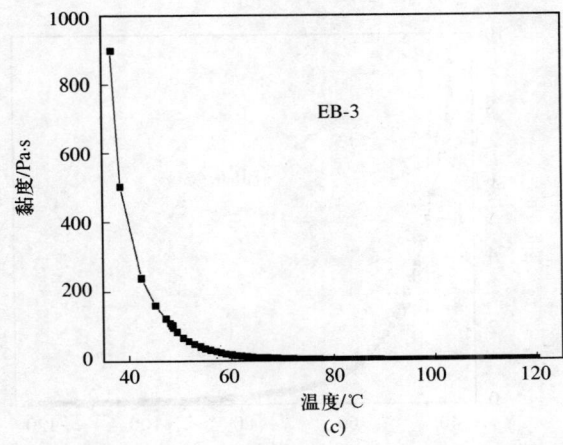

(c)

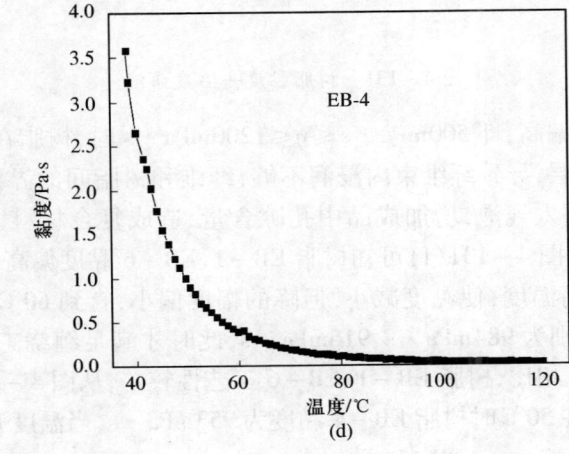

(d)

255

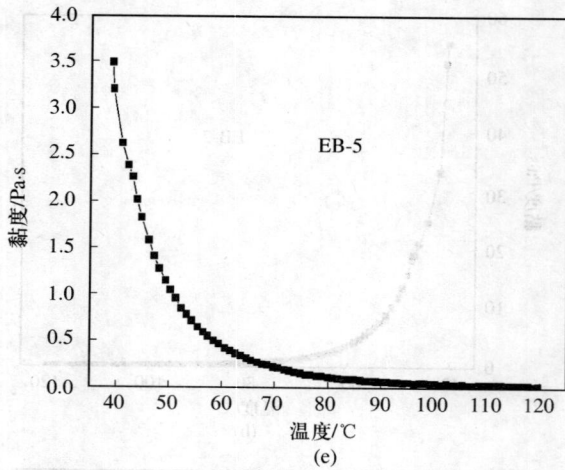

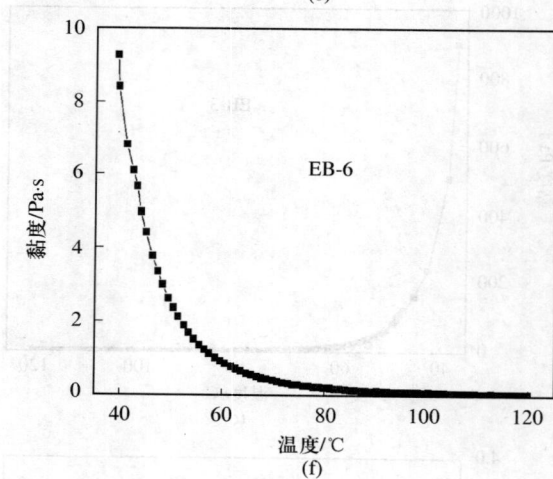

图 4 - 131   树脂黏度—温度曲线

　　当树脂黏度偏高,即 $500\mathrm{mPa \cdot s} \leqslant \eta \leqslant 1200\mathrm{mPa \cdot s}$ 时,树脂在缠绕过程中易富集在纤维束表层,导致纤维束内浸润不够,纤维和树脂间的界面结合差;而且黏度偏高时,易裹入气泡,增加成品中孔隙含量,造成复合材料力学性能下降。由图 4 - 131(a)、图 4 - 131(f)可知树脂 EB - 1、EB - 6 黏度偏高,浸润纤维的能力较差,即使升高温度,使黏度减小,但降的幅度偏小,直到 60℃,树脂 EB - 1,EB - 6 的黏度分别为 984mPa · s、916mPa · s,此时才满足缠绕工艺要求。与树脂 EB - 4、EB - 5 相比,树脂 EB - 1、EB - 6 工艺性较差,从图 4 - 131(d)、图 4 - 131(e)可看到,在 50℃时树脂 EB - 4 黏度为 953mPa · s,当温度升到 60℃时,树

256

脂 EB－4 的黏度为 389mPa・s, EB－5 的黏度为 426mPa・s, 这有利于树脂充分浸润纤维和改善纤维与树脂间的界面。

工艺温度略高于 40℃时, 树脂 EBK 的黏度已低于 1200mPa・s, 如图 4－130 所示。但如果将树脂缠绕工艺温度控制在 40℃~60℃之间, EBK 树脂的黏度随温度波动性太大, 缠绕工艺稳定性较差, 制件中树脂含量难于控制; 而将工艺温度设置高于 60℃时, 树脂黏度低于 200mPa・s, 此黏度过小, 因为树脂黏度过小时, 易产生流胶, 造成复合材料含胶量不均匀或贫胶, 孔隙率增大, 界面性能也变差, 常温或湿热力学性能降低。

因此, 加入酚醛型改性剂后可获得适合缠绕工艺的且黏度稳定的树脂体系, 如图 4－132 所示的是在相同温度点下不同树脂体系的黏度变化, 而图 4－133 所

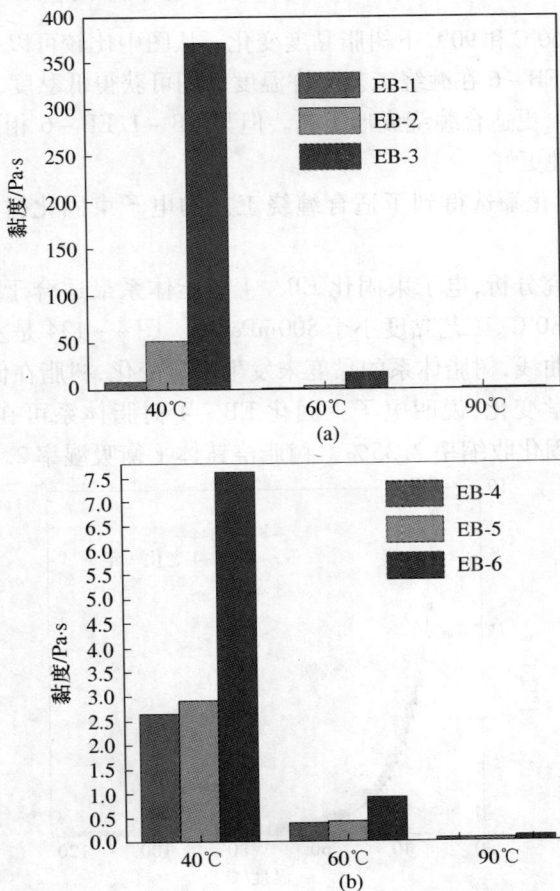

(a)

(b)

图 4－132　同温度点改性树脂体系黏度

257

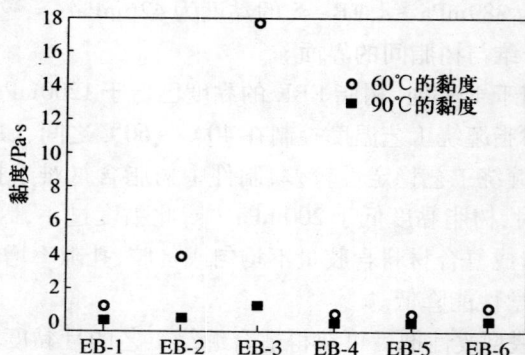

图 4-133 改性树脂体系在 60℃、90℃ 的黏度比较

示为树脂体系在 60℃ 和 90℃ 下树脂黏度变化。从图中比较可以看出,树脂 EB-1、EB-4、EB-5、EB-6 在缠绕工艺允许温度范围可获得低黏度,且黏度稳定(随温度变化不敏感),更适合缠绕成形工艺。但与 EB-1、EB-6 相比,树脂 EB-4、EB-5 工艺适用性更好。

因此,我们优化筛选得到了适合缠绕工艺的电子束固化树脂体系 EB-1、EB-4 和 EB-5。

通过综合研究分析,电子束固化 EB-4 树脂体系最适合于缠绕成形,缠绕工艺温度 50℃~80℃,工艺黏度小于 800mPa·s。图 4-134 是室温储存一年前后的黏度—温度曲线,树脂体系的黏度未发生明显变化,树脂在储存前后基本未发生物理及其化学变化,说明电子束固化 EB-4 树脂体系可在室温下长期储存。EB-4 树脂固化收缩率 2.35%。树脂浇铸体平衡吸湿率 2.76%,远远小于

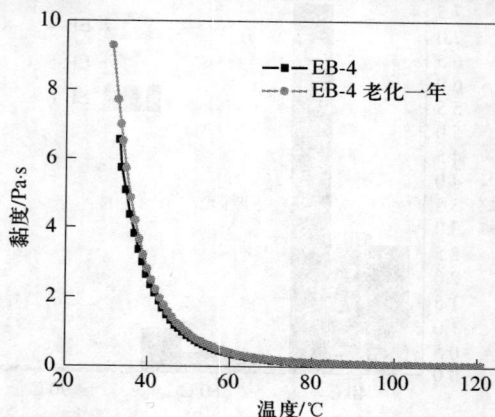

图 4-134 室温老化一年黏度比较

热固化环氧树脂基体的吸湿率。电子束固化 EB - 4 树脂的玻璃化转变温度 210.2℃。EB - 4 树脂浇注体的拉伸强度可以达到 52.7MPa,拉伸弹性模量为 2.79GPa,断裂延伸率为 2.18%。固化 EB - 4 树脂在太空环境的质量损耗为 1.0%,可凝性挥发物为 0.01%,可满足空间材料的应用要求。电子束固化 EB - 4树脂基体的性能见表 4 - 35。

表 4 - 35　电子束固化 EB - 4 树脂基体的性能

室温储存期	大于 1 年
缠绕工作温度/℃	50 ~ 80
工作温度下的树脂黏度/mPa·s	≤800
树脂基体玻璃化转变温度/℃	210.2
固化树脂基体吸湿率/%	2.76
树脂基体固化收缩率/%	2.35
真空环境质量损耗/%	1.0
真空环境可凝挥发物/%	0.01

4.8.2　缠绕成形电子束固化复合材料缠绕工艺

缠绕工艺可分为纤维集束、张力控制、浸胶、缠绕、固化、脱模等过程,与热固化缠绕复合材料工艺基本相同。

1. 缠绕黏度—温度—工艺

对于缠绕制件,并非瞬时就能完成,从制备制件角度出发,制件大小、缠绕速度快慢决定着完成一件样件所需的时间,只从该方面考虑,由于缠绕过程中可以添加树脂,因此树脂的适用期可以小于完成制件所需时间。但另一方面要达到树脂工艺温度,要求树脂预热,因此树脂的适用期必须加前期预热时间,综合两方面因素,因此在满足缠绕工艺黏度下必须保证具有合适的工艺适用期,也就是在工艺温度下使用时间大于 6h。从图 4 - 135 可见,树脂 EB - 1、EB - 4、EB - 5 在恒定温度 80℃放置分别 12h、20h、32h、40h 时,在工艺温度 55℃ ~75℃ 间,树脂的黏度随处理时间的延长尽管稍增大,但依然小于 800mPa·s,满足缠绕工艺对黏度的要求。将树脂 EB - 4、EB - 5 在 100℃下放置 2h、4h、6h、8h、10h,从黏温曲线上看树脂的黏度处于同一水平,继续延长时间到 14h,EB - 4 的黏度有显著升高,但在 100℃时,黏度仍小于 500mPa·s,仍满足缠绕工艺要求。因此树脂体系 EB - 4、EB - 5 在工艺温度下具有良好的工艺适用期,而且可以在较宽的温度范围对树脂黏度进行调节,是工艺优良的缠绕工艺用树脂体系。

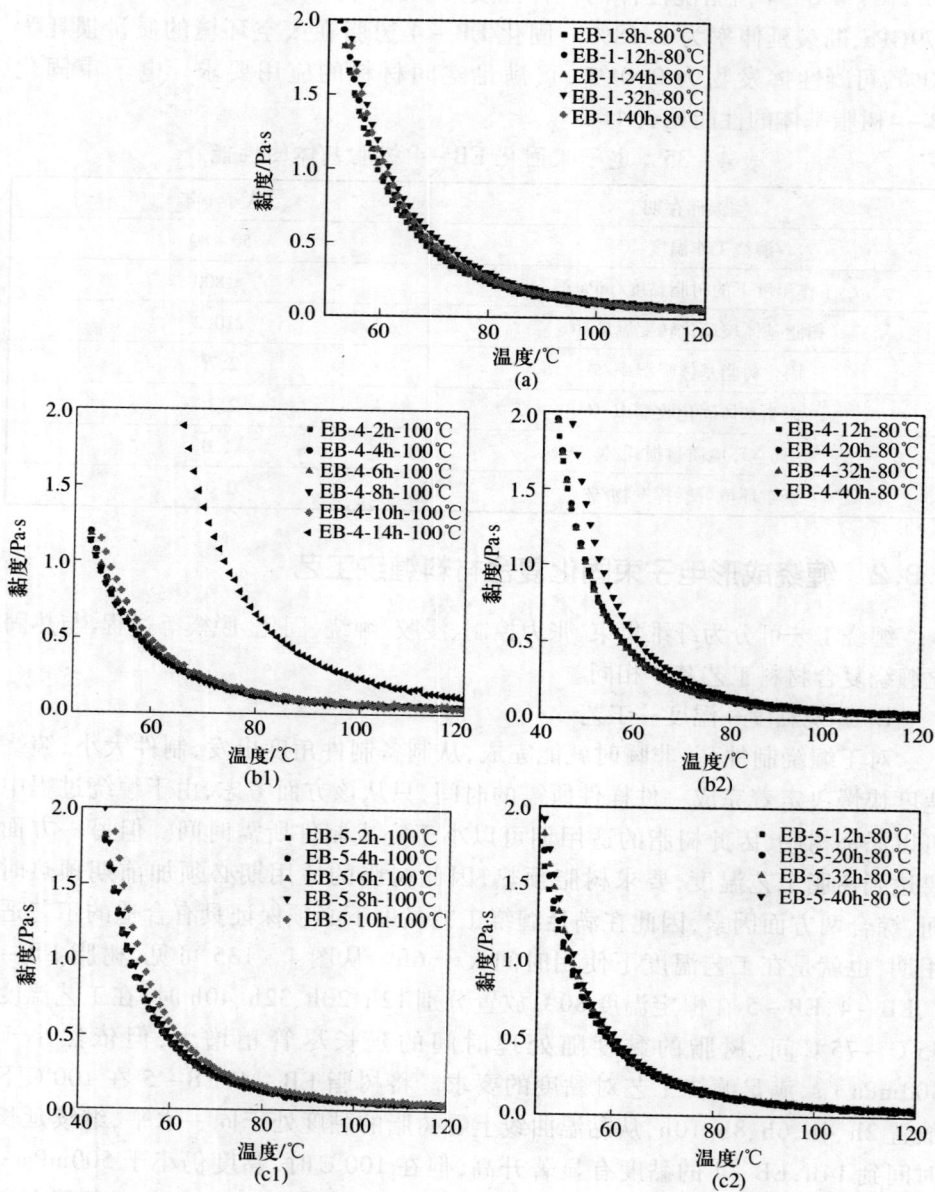

图 4-135 不同工艺温度下树脂体系黏度变化

2. 缠绕温度

从树脂受热反应性来讨论缠绕温度。考虑树脂要有一定的适用期。当树脂配制好后或在缠绕工艺温度下，可能就开始了化学反应，随着化学反应的不断进行，树脂黏度不断增加，当增加到一定程度后就不能再缠绕。但不同树脂，在其工艺温度下，反应速度有快有慢，反应速度慢，提供的缠绕时间就长；反之就短。尽管电子束固化的树脂体系对热不敏感，但并非毫无一点关系。当温度达到一定值时，树脂体系也会发生反应，黏度慢慢增大，直到无法用来缠绕。可使用DSC法来确定适宜缠绕温度，由于热固性树脂发生交联反应基本都是放热反应，因此可以用树脂第一个放热峰的出现位置来表示树脂开始发生化学反应的温度。由图4-136可见L改性的树脂体系均在175℃附近出现第一个微小放热峰，说明在此温度树脂开始反应；由图4-137可见，S改性的树脂体系在低于175℃时就开始反应，而且随S含量的增大开始反应的温度逐渐降低，这说明改性剂S与L相比对温度的敏感程度更大些。讨论的这几种体系均属阳离子引发的自由基聚合反应，具有快引发、快增长，活性中心无终止等特点，因此反应一旦开始，很短时间内就会生成大分子链，使得树脂黏度突变而不再适合于缠绕工艺。实际确定缠绕工艺温度必须低于初始反应温度，因此将树脂缠绕温度选定为50℃~80℃之间，在这温度范围内EB-1、EB-4和EB-5树脂具有较长的适用期，可以用来制造形状复杂、加工时间长的制件。

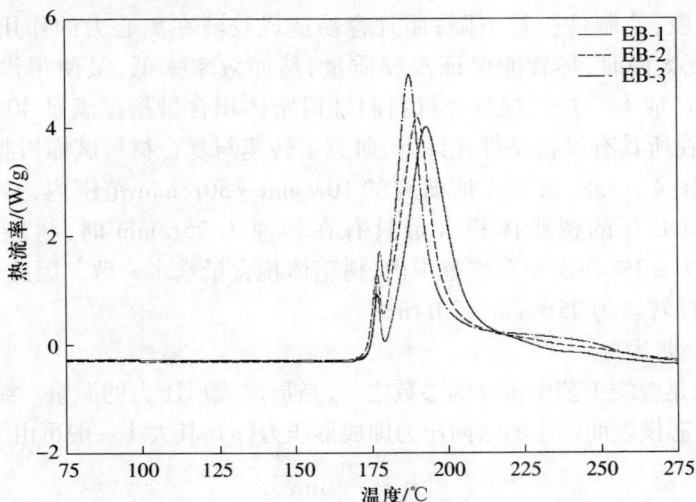

图4-136 L改性不同配方DSC曲线

3. 缠绕速度

缠绕速度是指纱束缠绕到芯模上的线速度，主要影响到生产率。速度高，单

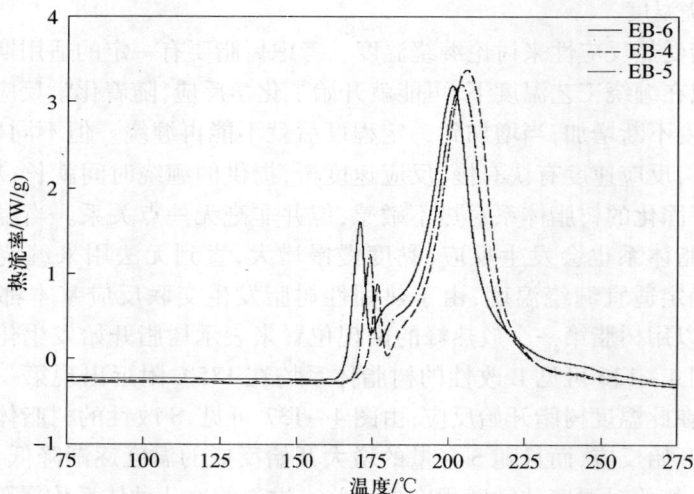

图 4 - 137　S 改性不同配方 DSC 曲线

位时间生产的产品数就多,因此生产率就高。但并非速度越高就越好,只有在保证产品质量的前提下,速度越高才越好。速度的快慢影响着纤维浸胶及在传递路径上的消耗时间,只有合适的时间才能保证浸胶时胶液充分浸透纤维束,若速度过快,胶液只浸润纤维表面就已缠绕到模具上,这样造成纤维束表面富胶,束内缺胶,使制件质量下降;而且容易造成胶液在离心力的作用下向外飞溅。若速度太慢时,尽管能保证浸胶质量,然而效率太低,又使得设备损耗变大,增加生产成本。按常规复合材料制件树脂体积含量指标满足 40% ±2% 的要求,因此在所具有设备条件允许下,研究了转速与复合材料试样树脂体积含量的关系,见图 4 - 138,可知在所研究的 10r/min ~ 30r/min 范围内,T700/EB - 4 复合材料 NOL 环的树脂体积含量只有在转速为 25r/min 时,树脂体积含量 42.1% ,40% ±2% 在误差允许范围内,树脂体积含量基本一致。因此,从生产效率考虑,选择转速为 25r/min ~ 30r/min。

4. 缠绕张力

张力也是缠绕工艺中重要的参数之一,是形成成形压力的源泉。缠绕在曲面上的束纱对芯模表面产生的法向压力即成形压力(p),其大小一般可由下式确定:

$$p = \frac{T}{r}\sin\alpha$$

式中:T 为缠绕张力;r 为芯模半径;α 为缠绕角。

纤维缠绕制品要获得高强度的重要前提是每束纤维都要受到均匀张力,施加张力的目的是使每束纤维同时受力。否则纤维有松有紧,张紧程度不一,影响

262

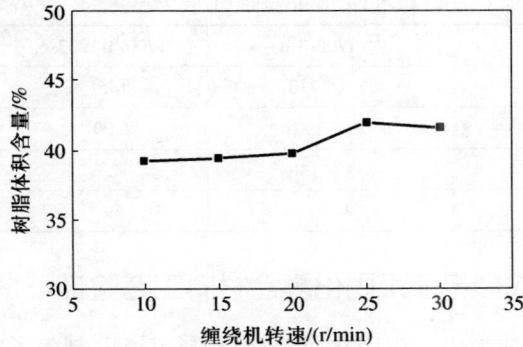

图 4-138　T700/EB-4NOL 环试样缠绕转速与树脂体积含量关系曲线

制件强度发挥,张力大小会直接影响制品的胶含量、密度、空隙率等性能。成形压力与缠绕张力成正比,采用高张力缠绕有利于降低空隙率。因此在适当的工艺温度和工艺黏度下,要保证制品的质量,必须施加适当的张力,但张力过高会造成束纱在缠绕过程中损伤,进而降低复合材料制品的强度,湿法缠绕张力过高还会使胶液挤出降低含胶量,一般低黏度体系宜用低张力缠绕;张力偏高时,会导致胶含量偏低,树脂和纤维界面黏结性变差,复合材料制件层间剪切强度降低;当张力偏小时,会导致胶含量偏高,可能造成浸胶不均匀或者最终制件拉伸强度降低,也可能裹入气泡,造成最终制件分层,降低层间剪切性能。因此适当的张力控制是必须的。

4.8.3　缠绕成形电子束固化复合材料性能

表 4-36 是缠绕成形电子束固化 T700/EB-4 复合材料的性能,与相应的热固化缠绕复合材料相比较,其综合性能优于 T700/BA202 和 T700/EP1 缠绕复合材料(见表 4-37),尤其是其层间剪切强度显著高于热固化 T700/EP1 及 T700/BA202 复合材料。

表 4-36　电子束固化树脂及其 T700 复合材料性能

空隙率/%	1.72
纤维体积含量/%	60~68
NOL 环拉伸强度/MPa	1921
NOL 环拉伸模量/GPa	138
NOL 环压缩强度/MPa	1185
NOL 环压缩模量/GPa	123
NOL 环剪切强度/MPa	73.7
130℃湿热条件下的压缩强度保持率/%	55.1(653MPa)

表4-37　电子束固化与热固化缠绕复合材料的性能比较

材　料	T700/EB-4	T700/BA202	T700/EP1
玻璃化温度/℃	210	145	160
拉伸强度/MPa	1921	2300	2250
拉伸模量/GPa	138	123	120
层间剪切强度/MPa	73.7	69	65

4.8.4　缠绕成形电子束固化复合材料工艺验证

为了对缠绕成形电子束固化复合材料进行验证,制备了电子束固化T700复合材料缠绕容器,其直径为150mm,长度约300mm。为了便于脱模,缠绕型芯采用水溶性型芯制造,该水溶性型芯采用砂子作为支撑材料,采用水溶性胶黏剂将支撑材料黏接在一起,并通过旋转机械修整得到如图4-139所示的缠绕容器模具。容器的金属端头部位涂刷中温固化胶黏剂JX-6,以保证电子束固化复合材料与金属端头之间的黏接性能。

图4-139　复合材料缠绕容器芯模

在模具制造完成后,进行T700复合材料的缠绕成形。缠绕胶槽温度:60℃,缠绕张力800g~1000g,缠绕速度在转速为28r/min。缠绕时,为了保证树脂充分浸润纤维,并均匀分布,在缠绕工装上方采用红外灯烘烤。如图4-140为电子束固化T700复合材料缠绕压力容器的缠绕过程。

在缠绕工艺完成之后,用聚乙烯保鲜膜包覆缠绕体外表面,以防止树脂流挂,然后转移至电子加速器辐射室进行辐射固化。辐射工艺参数:辐射剂量150kGy,辐射剂量率100Gy/s(图4-141为辐射固化后的复合材料缠绕容器)。

图 4 - 140　电子束固化 T700 复合材料缠绕压力容器的缠绕过程

图 4 - 141　辐射固化后的复合材料缠绕容器

辐射固化完成后,将制件和工装一起放入烘箱加热,使预先涂刷的胶黏剂固化。最后,用高压水枪从工装端头处冲刷水溶性芯模,使芯模溃散。将脱模后的压力容器进行水压爆破试验。

水压爆破结果表明,其爆破特征系数较低(其爆破特征系数值见表 4 - 38),其主要原因在于,在金属端头与电子束固化复合材料之间采用的氨固化胶黏剂,胶黏剂中的含氨基的分子阻碍了与之相接触的电子束固化树脂的固化,使该区域的金属端头与复合材料之间胶结强度很低,从而在水压爆破试验时,制件首先从金属端头脱落破坏(图 4 - 142),脱落后的金属端头表面上仍有未固化的树脂。φ150mm 容器水压爆破的残骸照片如图 4 - 143 所示。

表 4-38　缠绕 T700 复合材料 φ150mm 容器爆破
试验结果(设计压强 32.5MPa)

编号	1#	2#	3#	均值
爆破压强/MPa	28.8	26.1	26.7	27.2
纤维环向发挥强度/MPa	3482	3155	3228	3288
(PV/W)/km	30.9	27.6	28.3	28.9
环向纤维强度发挥率/%	71	64	66	67
破坏位置	封头、筒段	封头、筒段	封头、筒段	
注:3 个容器均完全从金属端头脱落,界面仍有未固化的树脂				

图 4-142　电子束固化 φ150mm 容器封头复合材料未固化现象

　　针对复合材料压力容器水压爆破试验中,其破坏位置为完全从金属端头脱落且界面仍有未固化的树脂的现象,进一步优化缠绕容器辐射固化工艺,以确保容器两端的椭圆形封头得到充分固化,同时在缠绕复合材料和金属封头之间不采用任何胶黏剂。实验表明,经过改进后缠绕 T700 复合材料压力容器爆破性能明显改善,试验结果见表 4-39。水压爆破形貌如图 4-144 所示。

表 4-39　改进后缠绕 T700 复合材料 φ150mm 容器爆破试验结果

编号	1#	2#	3#
爆破压强/MPa	34.1	21.3	34.7
纤维环向发挥强度/MPa	4122.4	—	4195.0
环向纤维强度发挥率/%	84.1	—	85.6
(PV/W)/km	46.5	—	46.5
破坏位置	筒段	筒段	筒段
注:2# 容器在水压实验时出现意外碰伤,导致低压爆破			

266

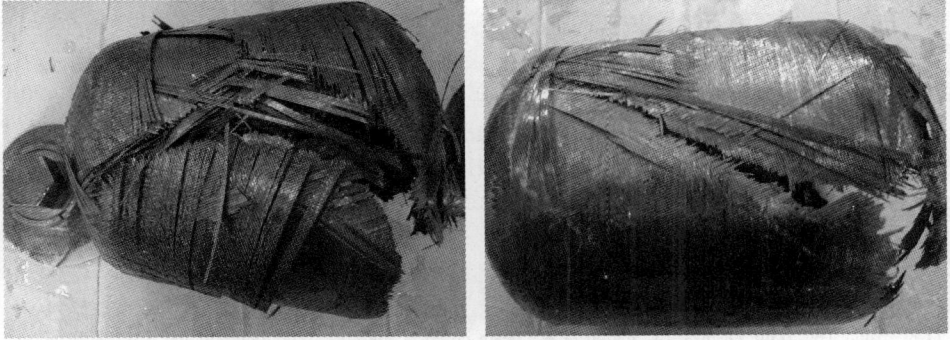

图 4 - 143　φ150mm 容器水压爆破的残骸照片

图 4 - 144　φ150mm 容器水压爆破的残骸照片

参 考 文 献

[1]　包建文,陈祥宝. 电子束固化树脂基复合材料进展[J]. 高分子通报,2002(2):69 - 72.

［2］ Crivello J V, Dietliker K. Photoinitiators for free radical cationic & anionic photopolymerization. London UK:John Wiley and Sons,1998(2nd edition).

［3］ Eur. Patent 0562.897.

［4］ 王德中. 环氧树脂生产与应用. 北京:化学工业出版社,2001.

［5］ 刘东元,等. 辐射化学实验方法. 北京:原子能出版社,1992.

［6］ 吴季兰,戚生初. 辐射化学. 北京:原子能出版社,1993.

［7］ 斯沃罗 A J. 辐射化学导论. 陈文琇,等译. 北京:原子能出版社,1985.

［8］ U. S. Patent 4167538.

［9］ U. S. Patent 4751258.

［10］ U. S. Patent 4880881.

［11］ Anna Yen, Ram Vastava. Evaluation of e – beam cured composites. 42nd International SAMPE Symposium,1997:498.

［12］ Larry A. Harrah, et al. electron beam manufacturable composites for space applications. N19980520101.

［13］ 陈绍杰. 复合材料设计手册,北京:航空工业出版社,1990.

［14］ 肖少伯,等. 碳/环氧波纹壳的研制. 宇航材料工艺,1993,(3):30.

第5章 复合材料自动铺带技术

5.1 概述

近几十年来,先进复合材料以其质量小、强度高、模量高、耐疲劳性好、结构功能一体化和设计制造一体化、易于成型为大型构件等优点,在航空航天、汽车、建筑等工业中得到了越来越广泛的应用。为提高战技性能,降低结构重量系数,先进军用飞机大量采用先进树脂基复合材料。如美国的 F-18E/F 大黄蜂战斗机的复合材料用量为 18%,F-22 战斗机的复合材料用量为 24%,JSF 联合战斗机的复合材料用量达 25%;欧洲联合研制的 EF-2000 阵风战斗机的复合材料用量高达 43%。大型客机的复合材料用量也已达到约 50%,图 5-1 为波音 787飞机所采用的各种材料的应用部位和比例。复合材料用量已经成为衡量飞机先进性的一个重要标志。

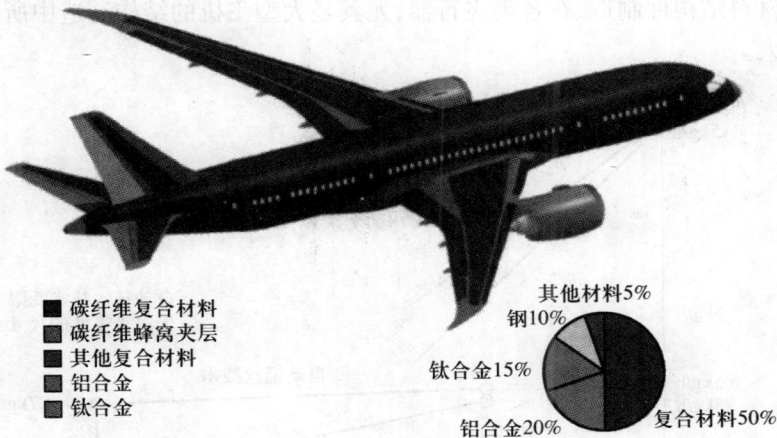

图 5-1 波音 787 飞机各种材料应用部位和比例

然而,随着复合材料应用的日益增加,复合材料构件应用成本过高逐渐成为先进树脂基复合材料广泛应用于航空、航天、兵器和舰船等领域内的主要障碍。在先进复合材料结构的成本组成中,制造成本占据了大部分(图 5-2)。因此,复合材料应用的低成本技术也得到了各个国家越来越高的重视,低成本制造技

269

术得到了快速发展,如自动铺放技术(包括自动铺带技术和自动铺丝技术)、液态成形技术(如树脂传递模塑技术 RTM、树脂膜渗透技术 RFI)、非热压罐固化技术(如电子束固化技术、紫外光固化技术、真空固化技术)等。

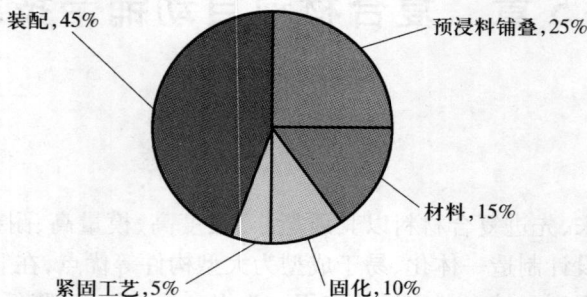

图 5-2 复合材料成本分解

目前,复合材料低成本化技术和自动化技术已成为实现复合材料大量应用的关键。而复合材料自动铺放是复合材料低成本化和自动化的重要方向之一。自动铺放技术是发达国家近 30 年来发展和广泛应用的一种复合材料自动化制造技术,包括自动铺带技术和自动铺丝技术。这两项技术的共同优点是采用预浸料,并能实现自动化和数字化制造,高效高速。自动铺放技术特别适用于大型复合材料结构件制造,在各类飞行器,尤其是大型飞机的结构制造中所占比重越来越大。

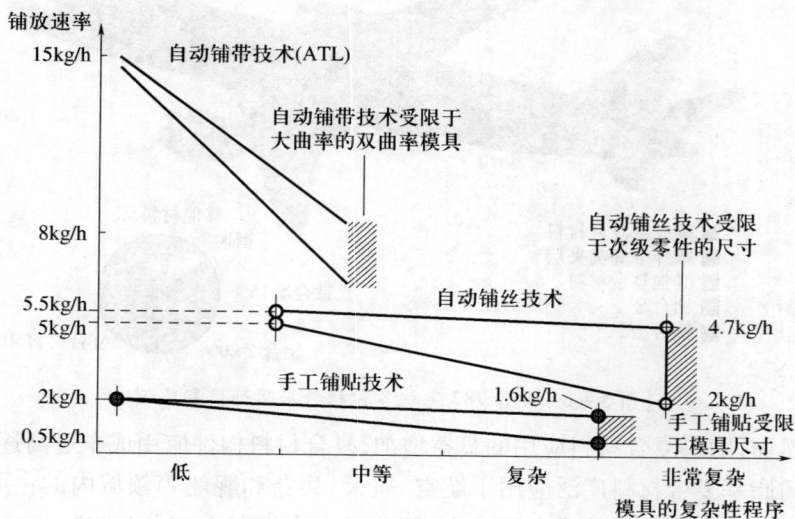

图 5-3 自动铺放技术和手工铺贴工艺制造效率方面的比较[3]

270

在树脂基复合材料制备工艺中采用自动铺带技术可以提高生产效率和减少原料浪费,从而降低复合材料构件的制造成本。有研究表明,手工铺叠复合材料效率为 1.36kg/h,而自动铺带技术能达到 6.81kg/h ~ 13.62kg/h;手工铺叠复合材料废料量为 15% ~ 20%,而自动铺带技术可以减少到 5% 左右。另外,自动铺带的定位精度高于手工定位精度的两个量级以上[1,2]。图 5 − 3 为自动铺放技术和手工铺贴工艺制造效率方面的比较。

自动铺带技术的基本特性:自动铺带技术就是采用数控铺层设备,通过数字化、自动化的手段实现复合材料预浸布、带的连续自动切割和自动铺放。主要工作过程为:将复合材料预浸料卷安装在铺放头中,预浸材料由一组滚轮导出,并由压紧滚轮或可随形机构压紧在工装或上一层已铺好的材料上,切割刀将材料按设定好的方向切断,能保证铺放的材料与工装的外形相一致。铺放的同时,回料滚轮将背衬材料回收。

美国 Vought 飞机制造公司从 20 世纪 60 年代最先开始研究自动铺带技术,并应用于 F − 16 机翼蒙皮的制造,随着复合材料在军机和民机上应用范围的不断扩大,在国防需求和经济利益的双重刺激下,专业设备制造商如 Cincinnati Machine 等公司纷纷开始研究自动铺带技术,极大地促进了自动铺带技术的实用化。从 20 世纪 80 年代起,美国相关复合材料制造厂商已应用自动铺带机生产军机如 B − 1 和 B − 2 轰炸机的机翼蒙皮,NavyA6 轰炸机机翼,F − 22 战斗机机翼和波音 777 飞机机翼、水平和垂直安定面蒙皮,军用 C − 17 运输机的水平安定面蒙皮,全球鹰 PQ − 4B 大展弦比机翼,波音 787 翼面蒙皮等。90 年代后,西欧开始研制生产自动铺带机,西班牙成功研制的 11 轴自动铺带机和法国的双向铺带头技术。EADS − CASA 在欧洲最早使用自动铺带技术生产复合材料构件结构,如 A330 和 A340 水平安定面壁板、A340 − 600 尾翼壁板、Dornier728 喷气飞机的水平面和垂直安定面壁板以及翼梁,以及 A380 的水平安定面壁板和中央翼盒等。

自动铺带技术是欧美国家广泛发展和应用的自动化成形技术之一,集预浸带剪裁、定位、铺叠、压实等功能于一体,且具有工艺参数控制和质量检测功能的集成化数控成形技术。它涉及自动铺放装备技术、预浸料切割技术、铺放 CAD/CAM 技术、自动铺放工艺技术、铺放质量监控、模具技术、成本分析等多个研究方向[4]。

(1) 自动铺放装备技术:精密机械设计与制造,专用开放式数控系统,成形温度与压力在线测控,自动铺放头,柔性压辊。

(2) 预浸带/丝切割技术:超声切割技术,两步法铺带数控切割。

(3) 铺放 CAD 技术:铺放轨迹生成,覆盖性分析与边界处理技术,基于

Fiber steer的结构优化,铺层仿真技术。

（4）铺放 CAVI 技术:干涉检验与避碰,后置处理与铺层代码合成,加工仿真。

（5）预浸带/纱技术:专用预浸带/丝制备与质量控制,专用材料系统及其黏—温特性设计与控制,预浸带/丝可变形性及其控制。

（6）自动铺放工艺技术:铺放间隙容差设计,材料体系铺放参数及其控制,铺放工艺规范。

（7）铺放质量测控:铺放间隙测控,预浸带/丝质量控制。

（8）模具技术模具结构设计,模具浮动定位技术,基于自动铺放的模具优化。

（9）成本分析工艺效率优化,自动铺放成本分析与优化。

（10）一体化协同设计技术:应用数字化技术实现结构设计、材料、工艺与工装模具的协同设计,实现最优化。

装备技术是工艺技术研究的先决条件,CAD/CAM 软件技术是基础,材料工艺技术则是应用的关键[5]。

按工作方式划分,自动铺带系统可分为一步法和两步法两种[6]。一步法是指预浸带的切割和铺叠在同一铺带头上完成;两步法是指预浸带的切割和铺叠分开实施,即不在同一头上完成。这两种方法都能满足一般产品的加工要求,相对而言,一步法采用自适应压靴成形、产品适应性好,预浸带直接切割成形、一次定位、可以实现较高的机械定位精度,是国际自动铺带的主流;对于复杂形状铺层,两步法比一步法更容易实施,且铺放效率较高,但采用两步法的设备一般比一步法的设备价格昂贵,更适于定型产品大批量制造。

按所铺放构件的几何特征,自动铺带机分为平面铺带（FTLM）和曲面铺带（CTLM）两类。FTLM 有 4 个运动轴,采用 150mm 和 300mm 宽的预浸带,主要用于平板铺放,CTLM 有 5 个运动轴,主要采用 75mm 和 150mm 宽的预浸带,适于小曲率壁板的铺放,如机翼蒙皮、大尺寸机身壁板等部件。

可见,自动铺带技术包括材料技术、装备技术和工艺技术等多个方面,涉及材料、机械、电子、计算机等多种专业和学科。与传统的复合材料构件热压罐成型采用的预浸料手工铺贴技术相比,它具有以下优点:

（1）提高复合材料裁片外形、纤维方向等几何参数的精确度和铺叠位置、方向、角度的准确性,从而避免了手工铺贴产生的偏差,如产品出现缺陷的概率大、零件制造质量重复性差、质量分散性大,以及尺寸精度和铺放位置准确度不能满足大尺寸、高精度零件制造的要求等问题。

（2）在提高铺贴质量的同时,大幅度地节省原材料,降低制造成本。

（3）可更自由地设计铺层,发挥复合材料可设计性优势,在应力梯度和应力异常的区域选择性铺放补强,可实现整个结构的零剩余强度,从而大大减轻结构重量[7]。

5.2 复合材料自动铺带技术的发展

5.2.1 国外的研发与应用情况

1. 自动铺带设备

20 世纪 60 年代初,在无纬布预浸带出现后不久,为加速铺层的工艺过程开发了自动铺带机。美国第一台计算机数字控制的(CNC)的龙门式铺带机就是根据美国空军材料实验室的计划,由通用动力公司与 Conrac 公司合作开发的,于 80 年代正式用于航空复合材料构件制造,自动铺带技术从此发展成为被最广泛使用的大型复合材料构件制造技术。90 年代后,西欧开始研制生产自动铺带机。

自动铺带机一般由多坐标铺带头(见图 5 - 4、图 5 - 5)、高速移动横梁、龙门式定位平台等部分组成。除了传统数控机床 X,Y,Z 三坐标定位以外,还有绕 Z 轴方向的转动轴 C 轴和绕 X 轴方向摆动的 A 轴,构成五轴联动,以满足曲面铺带的基本运动要求[6]。

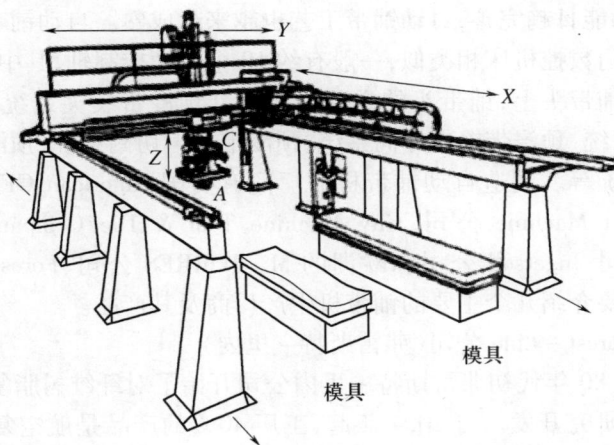

图 5 - 4　典型的铺带机结构示意图

自动铺带技术采用带离型纸的单向预浸带(300mm,150mm 和 75mm 宽三种规格),预浸带的剪裁、定位、铺叠、辊压均采用数控技术自动完成;多轴龙门式机械臂完成铺带位置的自动定位;铺带头上装有预浸带输送和预浸带切割系统,根据待铺放构件边界轮廓自动完成预浸带特定形状的切割;预浸带在压辊作用下沿设定轨迹铺放到模具表面。

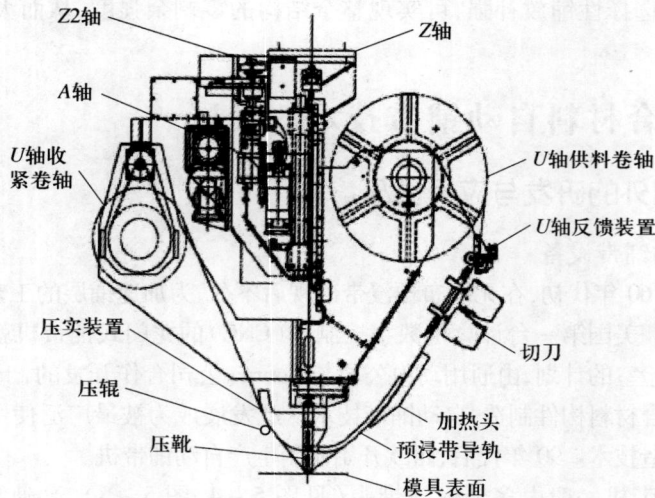

图 5 - 5　典型的铺带头示意图

铺带机属于技术含量比较高的专用设备,世界上只有为数不多的几家公司掌握核心技术。目前,自动铺带技术为了适应不同种类的航空复合材料构件的需求,铺带机功能日趋完善,自动铺带工艺也越来越成熟。自动铺带机的主体结构与桥架式龙门数控机床相类似,一般有约 10 个运动控制轴,其中有 4~6 个集中在核心部件铺带头上,铺带头的主要构成包括预浸带装夹系统、衬纸回收系统、缺陷检测系统、预浸带输送导向系统、预浸带超声切割系统、预浸带加热系统和柔性压实系统等。制造自动铺带机的厂商有美国 American GFM Corporation 公司、Cincinnati Machine 公司、City Machine Tool & Die Company 公司、ITW Workholding公司、Ingersoll 公司和欧洲的 M. TORRES 公司、Forest - Line 公司等[8]。下面简要介绍几个主要的铺带机生产厂商及其产品。

1）法国 Forest - Line 公司(弗雷斯特 - 里内)

在 20 世纪 80 年代初弗雷斯特 - 里内公司开始了对纤维树脂复合材料切割和铺设设备的研究开发。自 2004 年起,工厂 40% 的产品是航空复合材料的切割与铺带设备,主要用户均为欧洲及日本的一二级飞机制造企业,这些企业为空客 A380,A400M 和波音 787 进行部件生产和分包。

弗雷斯特 - 里内在自动铺带技术(ATL)方面,共有三类产品可提供给世界级的航空航天制造企业：

（1）单工序铺带机 WR ATLAS(Advanced Tape Laying System—先进铺带系统)。

（2）双工序下料机和铺带机 ACCESS(Advanced Composite Cassette Edit/Shear System - 先进复合材料料带编辑/剪切系统)及 ATLAS。

274

（3）双工位头铺带系统 Dual System。

上述三种自动铺带设备的主要特点如下：

（1）单工序铺带机 WR ATLAS。这类产品同其他几家同类产品制造商的设计思想一样，是在同一个铺带设备上将切割工序和铺设工序集合起来。其优点为不需另备一台下料机，缺点为需要人工干涉，生产效率低，且需要在铺设过程中停止铺设专门去排除废料。

弗雷斯特 - 里内公司的 ATLAS 铺带机采用数控五轴联动（X、Y、Z、B、C）高架龙门移动结构设计，标准 X 轴行程 8.3m，可扩长，Y 轴行程可任选 4.15 m/5m/6.5m，Z 轴行程可任选 520mm/750mm/1000mm/1200mm，B 摆动轴 ±30°，C 旋转轴 ±200°。$X/Y/Z$ 轴均采用直线电机驱动，X/Y 轴速度 60m/min，加速度 1.5m/s^2，Z 轴 15m/min，B 轴转速 16000°/min，C 轴转速 40000°/min。其铺带头专为实现层铺高生产率而设计的，供料盘直径 675mm，带料可达 800m ~ 900m，允许使用 50mm/150mm 宽带料，支持 0°/±45°/90° 四种标准角度铺带方向。同时，设计有双超声波剪切刀和凹凸轮廓层铺自适应系统选件[9]。

（2）双工序下料机和铺带机 ACCESS 和 ATLAS。命名为"ACCESS - AT-LAS"（复合材料的自动切割 - 铺设系统）的"双工序"系统，是一种将复合材料带料剪裁工序和带料自动层铺工序分开的复合材料构件制造技术，故称为"双工序"或称"两步法"自动铺带系统，意思是切割和铺设是在两台独立的机床上进行的。双工序系统在两台专业设备上完成作业：料带在"ACCESS"机床上（见图 5 - 6）进行预切割管理和下料切割，然后将切好的料带（见图 5 - 7）放置于"ATLAS"机床上进行铺设[9]。

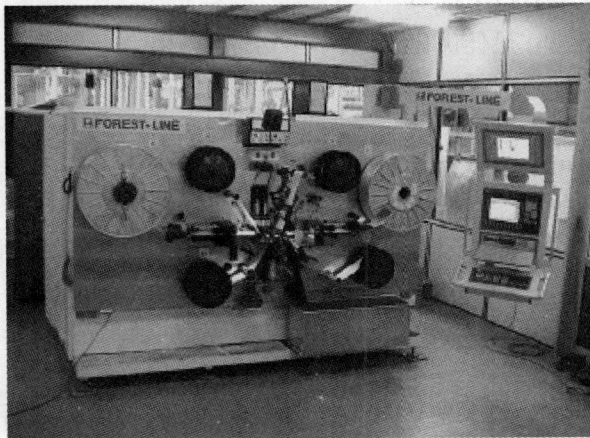

图 5 - 6　ACCESS 下料机

图 5 – 7　在 ACCESS 下料机上得到的各种形状的预浸带

双工序下料机 ACCESS 为第一道切割工序,它除了使用两把超声波刀切割各种所需的料带之外,还有以下重要功能:

①排出全部废料;

②分离背衬纸上的废料以方便铺设;

③录像控制和图像分析,以保证预浸质量;

④将被切割好的料带重新卷起,贴上标签,制成已切割成型的料带卷。

ACCESS 机床生产出的切割料带卷被贴上不干胶条形码标签,当此带卷被安装在双工序铺带机 ATLAS 机床上时,机床可自动识别并调入相关铺设软件。机床的 PLC 管理的带子铺设顺序被置于零件程序中,实现零件可追溯性功能。它可以保证每个零件都使用正确的预浸带并按照其设计程序进行铺设。由于此铺带机只进行料带铺设工序,这种工序相对简单,所以能快速完成零件,并能帮助优化料带铺设,从而提高生产率。

双工序工艺具有以下优势:

①零件严格遵守最佳优化设计,不多切也不少切料片;

②需要局部加强的部分可在主铺带工序中完成(包括间隔性局部加强),不需人工干预;

③废料重量可从总重量的 10% 减少到 5%;

④实际生产的零件重量可达最小,完全符合零件初始设计要求;

⑤该设备使用了由该公司熟练掌握的直线电机和扭矩电机技术,使生产率进一步提高。

通常,一台 ACCESS 设备可支持多台 ATLAS 铺带机运行,形成一种复合材料构件多机生产制造环境。

(3)双工位头铺带系统 Dual System。随着飞机新设计和新加工工艺的出现,对复合材料结构的制造也提出了新的要求。拥有众多重达 400kg ~ 1000kg 碳纤维结构件的宽体飞机的出现,引导飞机制造商和设备供货商更换机床和加工工艺。

双工位头系统就是在这种情况下诞生的。在双头铺带系统中,同一个铺设头上同时配备了一个单工序铺带头和一个双工序铺带头(图5-8)。单工序铺带头使用简单、可靠且价格便宜,用来切割和铺设简单外形的料带,且料带之间不产生废料。双工序铺带头用来铺设已经在另一台ACCESS下料机上预切和管理过的复杂外形料带。这两个头都由同一个机床鞍板支撑,并同时作为铺带装置针对不同的零件铺层进行交替铺设。此系统的生产铺设能力从250m/h预浸料带增大到800m/h~900m/h[10]。

图5-8 弗雷斯特-里内公司的双工位头铺带系统的集成

机床的直线轴配备了直线电机驱动,进给速度高达60m/min,可是噪声很小(75dB),机床的机械磨损程度也减少了很多[10]。

根据欧洲用户的实际使用数据的对比,在采用双工位头系统后:2001年某国外用户典型机翼实验样板生产率提高4倍;2004年某国外用户实际机翼板件生产率提高1.9倍;2004年某国外用户实际垂直尾翼板件生产率提高2.5倍。

具体而言,双工位头系统的优势体现在以下方面:

(1) 高生产效率;

(2) 双头工艺可同时在同一个头上分别铺设两种不同宽度的带子,而不需要停机进行彻底换带,铺设300mm带的高生产率再加上铺设150mm带时的低

277

废料率,能够实时加工成符合零件轮廓的型面,真正实施自动、高效的加工;

(3)已切割好的复杂形面成型料带是由一台不在线的 ACCESS 机床来准备的,因此,可靠迅速的铺设操作 = 工艺事故的消除 = 高价值零件的保证;

(4)可使用任何预浸料材料(不同的纤维、树脂、材料厚度等);

(5)可在同一个零件上同时使用几种不同类型的预浸料(不同的密度、厚度)并以经优化的铺带速率,制造出符合设计要求的零件;

(6)在铺带头上有两个卷轴料带供给,减少铺带中断时间和卷轴的更换次数;

(7)全自动化工艺,不需要连续人工监控或停机以等待手工干预(如废料清除);

(8)不需要加热系统;

(9)专门的"铣床"设计经验,具有高精确度,可获得更高的刚性和更强的压实力;

(10)采用直线电机驱动,噪声小,速度快且可靠性好[10]。

弗雷斯特 – 里内公司的自动铺带机床最早在法国南特空客飞机制造厂应用于 ATR 飞机复合材料机翼构件的制造,之后又继续应用在 A340 – 600 龙骨梁、A380 中央翼盒和军用运输机 A400M 中央翼盒等复合材料构件的生产。据报道,目前南特空客飞机制造厂已配置有 6 台 ACCESS 设备,9 台 ATLAS 铺带机[9,10]。

法国达索飞机公司在 20 世纪 80 年代初就已经开始使用自动铺带机了,从那时起,4 台弗雷斯特 – 里内的设备(2 台 ACCESS,1 台 ATLAS,1 台 LINEAR ATLAS)负责生产幻影 2000,"阵风"(Rafale)及"隼"(Falcon)的一些相关部件[10]。

弗雷斯特 – 里内公司于 2004 年和日本三菱重工(MHI)以及富士重工(FHI)签订了合同,为其提供 3 台 ACCESS 下料机和 5 台 LINEAR ATLAS 铺带机。整套设备包括 CAD/CAM 软件和给 MHI 和 FHI 专家的培训/支持。这两家公司在 2006 年初期开始使用这些机床为波音新一代"梦想"787 生产碳纤维机翼和中央翼盒。铺设机翼的每台机床长度均约为 40m,宽度为 8m,铺设复合材料以形成机翼板件的上下表面,由于在机床的轴上都安装了直线电机,这些机床以 60m/min 的速度移动着它们重达 25t 的主床体[10]。

2)美国的 MAG Cincinnati Machine 公司(马格·辛辛那提)

辛辛那提机床公司从 1982 年起开始研发生产复合材料自动加工设备,主要包括 2 个系列:自动复合材料铺带机和自动复合材料缠绕机[11]。作为航空业领先的机床设备供应商,马格·辛辛那提公司迅速抓住这个机遇,于 1983 年成功

278

地向用户提供了首个自动铺带系统。目前，马格·辛辛那提公司已成为航空业数控复合材料加工机床的领跑者。

辛辛那提公司的自动铺带机的品牌是 Charger（见图 5 - 9），意为"强壮的千里马"，它可以铺 75mm、150mm 或 300mm 无纬预浸带。Charger 型面铺带机可以铺达 250 锐角的特型铺层，它应用的是 CNC10 轴龙门型系统，可自动下料、压实预浸带。该系统应用了独特的侧面加载头，可提供能快速更换宽 300mm、直径 650mm 的铺层辊[12]。

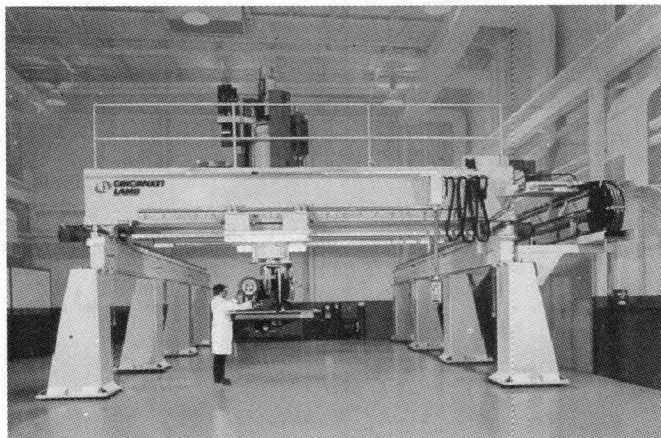

图 5 - 9　辛辛那提公司的 Charger 自动铺带机

除了通用的铺带机外，辛辛那提公司还开发出形状相同或相似的用于大批量生产的专用铺带机如为沃特飞机公司开发了平面铺带机（见图 5 - 10），用于制造长的平面构件。该机有 18.5m 长的平面钢制真空台以及用于将构件从一端运输到另一端的伺服系统，铺带速度达 30.48 m/s 以及 22.7kg/h ~ 27.2kg/h。启动停车精度为 ±0.75mm[12]。

辛辛那提公司还开发了小型平面铺带机（SFTL），用于生产长且窄的平面构件、多件铺层和板，隔膜成形蒙皮等，典型用途有大梁、桁条、梁、框、襟翼及蒙皮。它还提供长且窄的结构件，专门满足飞机用的复合材料桁条、大梁及梁。这种机器可用于宽 300mm 的预浸带，其特点是配有能力高的铺带头、大能量运载结构及支承结构，既可铺无纬带，也可铺织物。

辛辛那提高/低导轨式自动铺带机主要包括 2 种类型：4 轴平面铺带机（Flat Tape Laying Machine FTLM）及 5 轴曲面铺带机（Contour Tape Laying Machine CTLM）。该设备由 PC 机控制，X 轴方向每 3.6m 处 X 轴行程可增长 30.5cm，以增加 X 轴方向运动的柔性；龙门宽度可调，标准机型为 508cm；10 个轴，其中 5

个置于龙门上,5个置于头部,Z轴节拍可根据实际应用进行适当的调整,A轴位于带料头部,可实现曲面零件的铺覆;横梁导轨高度根据实际需要设定。平面铺带机可用于对平面、厚度可变的7.6cm及15.2cm带料铺覆加工,用户主要为欧美飞机制造商。曲面铺带机(见图5-11)可实现全曲面或局部曲面零件的铺覆加工,该机型有2种形式,其中一种可实现尺寸分别为7.6cm及15.2cm带料的同时铺覆,另一种可实现尺寸为15.2cm及30.5cm带料的同时铺覆。用户遍布于美国、欧洲、日本、印尼等国家及地区[11]。

图5-10 辛辛那提公司的平面铺带机

图5-11 辛辛那提公司的曲面铺带机

图 5 - 12 所示为马格·辛辛那提公司称为高级曲面型铺带机(High Contour Tape Layers HCTL)[6]的 CHARGER 系列 Version 5 新一代 CTLM。该 HCTL 采用低导轨龙门移动结构,导轨高度可按用户实际需求设计。因此和辛辛那提公司早期的自动铺带机比,具有更好开放性、快速性和结构刚度,更适合于各种平板、轮廓和变几何形状的中大型尺寸飞机碳纤维/环氧树脂复合材料构件自动层铺加工,铺带速度可达 50m/min。机床设计有 10 个 NC 控制轴,其中 5 个(X、Y、Z、A、C)用于机床坐标轴联动运动控制,5 个用于铺带头带料层铺控制,机床配置新一代 CNC 控制系统 CM - 100。X 轴基本行程为 3.6m,可倍增加长,同时每 3.6m 处可增长 300mm 以增加 X 轴方向运动的柔性;龙门宽度可调,标准机型为 5m,Z 轴节拍可根据实际需要调整,A 轴位于铺带头部,可实现曲面层铺,横梁导轨高度根据实际需要设定。HCTL 铺带头重配安装与操作容易,允许快速简单地从侧面装载宽 300 mm 直径达 650mm 带料盘,铺带头硬件设计使得 150mm 或 300mm 宽带料盘更换快速。铺带头还设计有一 20kHz 超声波切刀选件,切厚达 15 mm。因此,该选件使用户可直接在 ATL 机床上对复合材料工件进行切割,实现剪切和铺带工序在同一台机床上操作,不需要在专门复合材料切割机床上进行切割工序操作,避免了可能的转序等待及在复合材料切割机上加工时的重新装夹定位,从而可缩短复合材料构件生产周期。应指出的是,当进行零件切割时需要暂时停止铺带运行,从而导致铺带生产率有所降低。但如前所述,由于不需要转工序进行切割操作,因而复合材料构件制造的生产率仍可被提高[9]。

图 5 - 12   辛辛那提公司新一代的曲面型铺带机

经过 20 多年的发展,辛辛那提公司复合材料加工设备全球市场占有率达 80%,其中铺带机销量逾 40 台,有 15 个不同用户。这些设备主要用于生产机身零部件、机翼蒙皮、发动机进气罩、机头、垂尾和平尾等。波音公司已经购置辛辛那提自动铺带机逾 20 台，主要用于军事飞机、商用飞机的生产，用于波音 777 和波音 787 客机中央翼盒、机翼蒙皮等整体复合材料构件的层铺生产[9]。辛辛那提公司自动铺带机设备也提供给空客公司，空中客车公司及其欧洲合作伙伴购买了 10 台这类铺带机用于生产 A320、A330、A340、A380 及 A400M，包括制造机翼桁条、梁、蒙皮及升降舵、尾翼蒙皮、平尾、发动机短舱、机身蒙皮及机腹整流罩等。其中空客公司利用平面及曲面自动铺带机生产 A330/ A340 尾翼蒙皮，蒙皮长 9m，宽 2m，重 200kg。Nashville 航空结构公司利用自动铺带机生产空客 A330/ A340 机翼外副翼，降低了 70% 人工时间[11,12]。美国 Vought 航空公司 Dallas(达拉斯)工厂装备有辛辛那提公司大型双龙门结构双铺带头的 CTLM，用于生产 C -17 军用运输机水平稳定翼蒙皮壁板，壁板长 12.9m，厚 15 mm，翼根部宽 3.6m，翼尖处板厚仅 2.5mm，每架飞机需 4 块(上下各 2 块)，可一次同时铺放 2 个零件，年生产量约 60 块[13]。

3）西班牙 M – Torres 集团公司

M – Torres 集团公司自 20 世纪 80 年代后期以来就开始向航空工业提供设备和系统。TORRESLAYUP 自动铺带机研制于 90 年代中期，1995 年投入使用。复合材料带卷开卷处理、带网的校准、带卷张力控制、带料切割、带料衬纸回绕处理等，都是 M. Torres 公司的专长[14]。

TORRESLAYUP 铺带机具有一系列的优点，并且包含了带卷处理的工艺特色：既能使其生产效率达到最大化，又能使加工出的工件产品质量最佳[14]。主要包括以下几个方面：

（1）TORRESLAYUP 铺带机可以避免在铺带过程中进行任何调整，而这种调整在同类设备上属于常规操作。

（2）TORRESLAYUP 铺带机随机提供了非常高级的编程软件以及模拟仿真软件包，该软件包在 CATIA 环境中运行，极大地方便了用户的编程作业。

（3）M – Torres 公司拥有先进的编程软件（TORLAY），该软件是首个早在 20 世纪 90 年代中期就能够为编程人员提供可视化铺层编程能力的软件，它可以使编程人员在设备实际投入复合材料加工之前就能对程序进行修改和优化，使铺层工艺实现最优化[14]。

虽然 M – Torres 公司不制造标准设备，而只根据每个项目生产定制化的设备，以满足客户的技术规格要求，但是这种对自动铺带机需求量很大的局面使得 M – Torres 公司几乎是以一个产品系列号来提供 TORRESLAYUP 铺带机的[14]。

由于 TORRESLAYUP 铺带机在实际应用中表现出众，证实了显著的高性能，空客公司与 M – Torres 公司签署了合同，委托其制造用来生产 A – 350 客机机翼的所有铺带设备。在该项目的初始阶段,总计需要 10 台 TORRESLAYUP 铺带机[14]。

在 A - 350 机翼项目对铺带机提出需求之前,M - Torres 公司就已经具备这种新的技术,即 TORRESLAYUP 铺带机能够加工出形状比常规曲面半径更小的曲面,但仍具备最宽 300mm 带料加工的生产效率。这就是 M - Torres 几年前开发的多带技术(见图 5 - 13),该技术的主要内容是对生产进行优化(采用最宽的 300mm 复合材料),将带料分成多条,例如 4 条,每条宽 75mm[14]。

这项新技术可同时并且独立对 4 条 75mm 宽的带料进行开卷、校准、缺陷检测、带料切割、铺带和衬纸回绕工作。与标准的 300mm 带宽带料相比较,这项技术具有最高的铺带加工生产率,而铺带曲面半径可以更小。由于半径相对较小,所以能够铺放出本来只有 75mm 宽的带料才能形成的曲面[14]。

图 5 - 13　TORRESLAYUP 多带铺带头

对于蒙皮的加工,由于蒙皮的某些区域是半径比较小的曲面,为避免产生褶皱,需要采用窄带料;又由于工件非常大,不仅需要很长很宽的铺带机,而且需要很高的铺带生产效率,以实现加工过程合理化,并要求所需的投资能够承受。M - Torres公司的 TORRESLAYUP 多带铺带机可以满足这些要求,这也就是空客公司决定在该应用领域选用 TORRESLAYUP 铺带机的原因[14]。

除了新型 TORRESLAYUP 多带铺带头的新颖特色外,二维的超声波切割系统也在很大程度上使得 M - Torres 的铺带机声誉鹊起,得到客户格外的青睐。这套装置已成功安装在大多数 TORRESLAYUP 铺带机上。此外,如果在新型

TORRESLAYUP铺带头上和传动链 A 轴后面安装超声波切割装置,该设备就可以当成三维切割系统来使用。在设备处于铺带位置时,切割装置与铺带头垂直,通过将铺带头转动90°,超声波切割装置即能抵达铺带层的切割位置,这样就可以进行固体层压材料的三维切割[14],见图5-14。

图5-14 三维超声波切割装置

图5-15所示即为西班牙 M-Torres 公司制造的配有11个数控轴的开放低轨高速龙门移动式 TORRES-LAYUP 铺带机。该自动铺带机机床采用模块化设计,可根据用户需求进行配置。使用75mm/150mm/300mm 标准宽度复合材料带料。机床 $X/Y/Z$ 轴行程3000mm~5000mm/1000 mm~6000mm/300 mm~1500mm, C 轴±185°, A 轴±22.5°;线性轴进给速度15m/min~45m/min,定位精度±0.08 mm,配有两个超声波小型切刀用于带料切割。此外,铺带头上设计有内装式带料缺陷检测系统,并设计有构件轮廓检查的激光光幕装置等选件。M.Torres 铺带头能提供最大的压紧能力,不需频繁使用抽真空方法来取得最佳压紧效果[9]。

目前,M-Torres 公司已有多台 TORRESLAYUP 铺带机用于波音787的零部件加工,空中客车公司也向 M-Torres 公司订购了多台 TORRESLAYUP 铺带机[14]。

4)美国 Ingersoll 公司

美国 Ingersoll 机床公司也是 ATL/AFP 设备制造商之一。图5-16为该公司制造的 ATL 机床,该机床使用25mm/75mm/150mm 宽带料,可用于平面或简

图 5 – 15　现代化的 TORRESLAYUP 铺带机在生产使用中

单曲面类复合材料构件铺放加工,也是采用数控五轴联动(X、Y、Z、A、C)高架龙门移动结构设计,X/Y 轴进给速度 30m/min,Z 轴 15m/min,A 轴 10r/min 和 C 轴 20r/min。铺带头也是特别为实现层铺高生产率而专门设计的,包括直径 635mm 供料盘、双向带料进给驱动和张力控制、背带回收卷轴、尾带剥离器、尾带压紧辅助装置、带料加热系统、激光坐标校准系统、T 轴带料校准、双超声波剪切刀具、可编程压力控制的贴合层压装置、激光靶针、电子带料跟踪、自动化电子导向系统和可实现快速带宽变化超调等[9]。

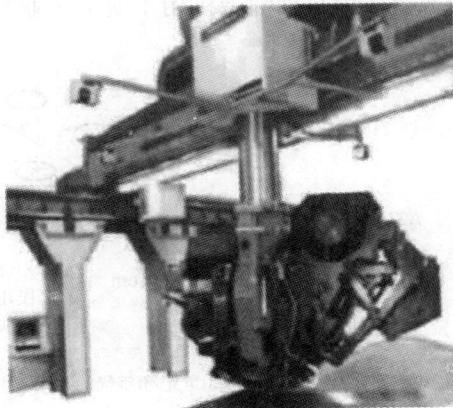

图 5 – 16　Ingersoll 公司的自动铺带机[9]

2. 自动铺带复合材料

应用于自动铺带技术的先进树脂基复合材料主要为耐高温、高韧性环氧复

285

合材料和双马复合材料,如 AS4/3501 – 6、IM7/977 – 3 以及 IM7/5250 – 4 等,表 5 – 1 为采用自动铺带技术制备的部分复合材料的主要性能。

表 5 – 1　自动铺带技术制备复合材料的主要性能

力 学 性 能	AS4/3501 – 6	IM7/977 – 3	IM7/5250 – 4
0° – 常温拉伸性能			
强度/MPa	1949.7	2510	2747
模量/GPa	131	162	157
0° – 常温压缩性能			
强度/MPa	1407	1680	1642
模量/GPa	119.3	154	150
90° – 常温拉伸性能			
强度/MPa	52.1	64.1	72.1
模量/GPa	9.9	8.34	9.5
开孔拉伸强度/MPa	439.5	332	350
冲击后压缩强度 MPa	156	193	187.6 ~ 201

3. 自动铺带复合材料应用

20 世纪 80 年代,自动铺带机主要用于军用航空复合材料构件的制造,而近年来,自动铺带机越来越多地用于民用航空复合材料构件的制造,今后这种趋势还将继续。目前,在世界范围内自动铺带机用于航空工业复合材料构件制造的状况见图 5 – 17。

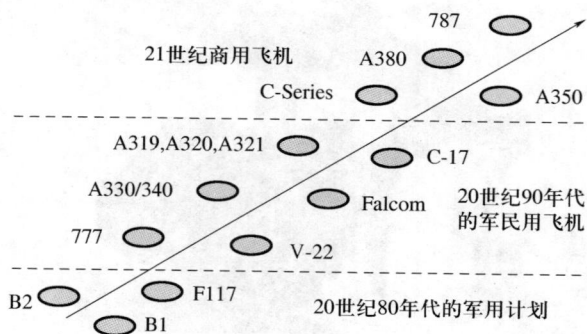

图 5 – 17　自动铺带在航空工业的应用简况

波音商用飞机是世界航空界使用自动铺带机的先驱者。早期自动铺带机起源于美国 Vought 公司,用于铺放 F – 16 战斗机的复合材料机翼。随着飞机复合材料用量的增加,80 年代,波音为大型复合材料结构(B-2 隐形轰炸机项目)大力投资自动铺带系统。波音 777 商用飞机采用全复合材料尾翼,并采用自动铺带机制造水平和垂直安定面蒙皮壁板。Vought 飞机公司应用自动铺带机生产包括军用 C-17 运输机的水平安定面蒙皮、全球鹰 PQ-4B 大展弦比机翼。EADS-CASA 在欧洲最早使用自动铺带技术生产复合材料构件结构,如 A330 和 A340 水平安定面壁板、A340-600 尾翼壁板、Dornier728 喷气飞机的水平面和垂直安定面壁板以及翼梁,以及 A380 的水平安定面壁板。表 5-2 和图 5-18 ~ 图 5-24 分别为采用自动铺带技术制造的飞机典型复合材料构件。

表 5-2　采用自动铺带技术制造的飞机典型复合材料构件

公司	机 型	零件
美国波音	A6 Intruder	机翼壁板
	F22 Raptor	机翼壁板
	波音 777	水平和垂直安定面壁板
	波音 787	机翼壁板
西班牙 CASA	A330	水平安定面壁板
	A340-600	水平安定面壁板,升降舵壁板
	Dornier 728Jet	水平和垂直安定面壁板
	Eurofighter	机翼壁板
	A380	水平安定面壁板
Vought Aircraft	C-17 Military	水平安定面壁板
Aerostrutures	A330/A340	机翼零件
	Gulfstream Ⅳ	机翼零件
S. A. B. C. A	DassaultFalcon	水平安定面壁板
	F-16	垂直安定面壁板

图 5-18　采用自动铺带制造的空客
A380 中央翼盒壁板[7]

图 5-19 空客西班牙采用自动铺带工艺制造平尾、方向舵

图 5-20 采用自动铺带制造波音 777 水平安定面蒙皮

图 5 – 21　波音在 Seattle 工厂的自动铺带机

图 5 – 22　空客西班牙公司采用平面铺带机和曲面铺带机制造的 A330/A340 尾翼
（蒙皮长度达到 9m，宽度达 2m，重量为 200kg）

　　表 5 – 3 为应用自动铺带机的主要公司。从表 5 – 3 中可以发现，国外复合材料的研制和制造厂商应用自动铺带技术十分普遍。事实上，自动铺带技术已经成为大型复合材料构件的最主要制造技术。

图 5 − 23　Nashville 航空结构公司利用自动铺带机生产空客 A330／A340 外副翼

（尺寸为 11.6m × 1.2m）

表 5 − 3　应用自动铺带机的主要公司

公 司 名 称	位　　置		数　量
波音	北美	塔尔萨	21
洛克希德 − 马丁		纳什维尔	2
美国宇航中心		航空实验室	1
奥特飞机制造公司		德可萨斯	1
辛辛那提机械公司		辛辛那提	1
贝尔直升机公司		德可萨斯	3
达索	欧洲和亚洲	法国	2
埃林飞机制造公司		意大利	2
马德里飞机制造公司		西班牙	4
荷兰航空公司		荷兰	1
现代		韩国	1
川崎		日本	1
富士重工		日本	1
英国宇航中心		英国	1
戴姆勒 − 克莱斯勒公司		德国	2
塔机械公司		西班牙	1

图 5 - 24 比利时 SABCA 公司采用自动铺带机生产达索商务机的水平安定面蒙皮

5.2.2 国内的研究状况

国内自动铺带技术起步于"十五"初期,南京航空航天大学设计了具有 3 轴平移、双摆角运动的 5 轴台式龙门机械臂,研制了力矩电机收放 - 步进电机驱动的预浸带输送,预浸带气动切割与超声辅助切割,主 - 辅压辊成型等技术。应用开放式数控系统技术开发出 5 轴联动,3 轴随动切割和温度与压力控制的自动铺带控制系统软硬件,实现了预浸带定位、剪裁、热压铺叠基本功能。根据微分几何理论证明了在可展曲面上"自然路径"与测地线的等价性,应用弧长展开变换方法构造了柱面铺带轨迹算法,进而开发了基于 AutoCAD 环境,具有机器代码生成等和自动铺带仿真的自动编程软件,实现了给定形状、给定铺层构件的铺带轨迹生成与后置处理与加工指令生成[15]。

2004年起南京航空航天大学与中航工业北京航空材料研究院联合开发自动铺带技术,2005年研制成功国内第一台自动铺带原理样机(图5-25)。在自动铺带原理样机及工艺研究基础上,南京航空航天大学继续开发,设计了中型5轴龙门及其与主轴联动的综合运动试验平台,完成了基于UMAC的多轴多任务开放式数控系统软硬件;研制预浸带双模式精确进给与张力控制技术,提高送带精度达到0.1mm,与数控系统定位精确协调,铺带精度可达0.2mm;研制了分体压靴与弹性压辊组合施压及根据模具特征的压力自适应调节控制技术,实现了任意曲面自适应均匀加压及其精确控制;研制了5轴双超声切割系统技术,实现了复杂产品外廓预浸带切割;研制了预浸带缺陷激光监测技术可以检测3mm×3mm的夹杂、研制了基于预浸带各向异性折光和数字图像方法的预浸带铺叠间隙测控技术,识别精度达到0.1mm,实现了自动铺带在线质量检测与测控;以航空航天设计制造环境CATIA为平台,提出"自然路径"的直接计算方法、提高了铺带轨迹计算的精度和速度,达到国外同类自动铺带软件水平;并根据圆锥体的特殊性、在国际上首次提出了锥形体自动铺带方法;还根据弹塑性理论提出了基于预浸带有限变形的带隙容差分析新方法,提高了可铺性、实现了复杂曲面和外形构件的数字化设计[15]。

图5-25 国内第一台自动铺带原理样机

北京航空材料研究院利用自动铺放样机开展了复合材料预浸料自动铺带工艺适宜性研究(图5-26),探索了表征复合材料预浸带铺带适宜性的方法,建立了自动铺放预浸带超声分切装置样机(图5-27),实现了预浸料的超声分切。研制出了适于自动铺带的中温环氧、高温环氧复合材料预浸带体系(图5-28),开展了基于自动铺带的材料性能研究和工艺研究、基于自动铺带的复合材料构件成型模具设计研究和制造,采用中温环氧预浸带实现了某型无人机前翼外段

图 5 – 26   采用自动原理样机进行预浸带的铺带工艺试验

图 5 – 27   含超声切割系统的窄带预浸料分切样机

壁板蒙皮的自动铺带制造。

中航工业北京航空制造工程研究所通过引进铺带头关键技术,通过消化吸收相关关键技术研制出了大型工业化自动铺带机,用于新一代飞机和大型飞机的机翼及壁板类复合材料构件研制[5]。北京航空制造工程研究所研制的大型复合材料自动铺带设备由多坐标铺带头、高速移动横梁、高架桥式定位平台等组成,如图 5 – 29 所示。除了传统数控机床 X,Y,Z 三坐标定位以外,还有绕 Z 轴方向的转动轴 C 轴和绕 X 轴方向摆动的 A 轴,五轴联动以满足曲面铺带的基本运动要求。

（1）自动铺带机联动坐标及行程范围：X – 20000mm；Y – 6500mm。

（2）自动铺带机坐标速度：X、Y – 60000mm/min。

整机的技术水平和性能指标达到了国外同类设备水平,能够满足新型飞机研制中大型复合材料构件的研制需求。北京航空制造工程研究所也研制出了适

图 5-28　不同宽度的复合材料自动铺放预浸带

图 5-29　北京航空制造工程研究所的大型多坐标自动铺带机

于自动铺带的高温环氧和双马复合材料预浸带体系,开展了基于自动铺带的材料性能和工艺研究(见图 5-30)。

2007 年,哈飞集团从西班牙 M-Torres 公司购买了国内第一台复合材料自动铺带机,开展了复合材料自动铺带制造技术应用研究,并与空客公司合作,进行 A320 方向舵前、后梁的生产。该设备采用龙门式结构,主要包括带装夹和释放(开卷)系统、衬纸带回卷系统、带缺陷检测传感系统、带对中和导向系统、切带系统、铺带和压实系统、工作区域安全系统、铺带监控系统、带卷装卸系统、工

图 5 - 30 典型蒙皮自动铺带

装定位及自动补偿系统等[7]。随后,成飞、沈飞、西飞也相继从国外进口了自动铺带机,开始开展相关的自动铺带工艺研究工作。

国内同时开展自动铺带技术与应用研究的还有武汉理工大学和天津工业大学等。武汉理工大学对自动铺带的数控系统、成形机构和人机界面等进行研究工作,并在 Pro/E,Solid - works,OpenGL 软件平台上对其成型机理进行设计和仿真验证[4]。天津工业大学以直升机 ZSF 的主旋翼大梁自动铺带为应用背景,开展自动铺放成形技术的研究工作。在 Pro/E 工程软件平台上进行大梁自动铺带系统的机构概念设计和仿真验证,并采用西门子 840D 系统实现此铺带系统的插补运算和控制、龙门架移动和横梁移动的同步驱动等功能;采用其内置 PLC 完成铺放设备外围动作[16 - 20]。

5.3 复合材料自动铺带技术新进展

先进复合材料在航空航天器的大量应用直接推动了自动铺带技术的发展。国外自动铺带技术朝着提高铺放生产率、降低设备费用、制造方法多元化方向发展。

5.3.1 自动铺带设备

目前,对自动铺带机床技术发展最主要的目标是提高铺放生产率和降低设备费用,且主要呈现在两个不同发展方向以适应两种不同复合材料铺放应用领域需求[9]。

（1）大型复杂复合材料构件铺放制造设备进一步朝向高速化、自动化和集成复合化方向发展,以提供高生产率、高自动化、高性能和宽铺放应用范围的自动铺放机床。

（2）中小型复合材料构件铺放制造设备而向具体应用，朝着模块化、自动化和小型柔性化方向发展，以提供高生产率、高自动化、低费用和有限铺放应用范围的自动铺放机床。

1. 多带铺带机

这种铺带机可以用于解决大而厚的零件制造所产生的问题。需要采用75mm 和 50mm 的带宽，因为零件表面曲率需要这种窄带，以避免在铺带过程（转向的需要）中产生褶皱[21]。

多带铺带机的首次应用是在 A – 350 机翼（图 5 – 31）的制造过程中。此机翼蒙皮有 33m 长，8m 宽，125 层厚。这就需要很高的材料铺放速率以保证合理的制造时间。TORRESLAYUP 标准铺带机曾是机翼蒙皮制造最好的解决方案，然而对于表面曲率相当尖锐的机翼表面设计，只能采用 75mm 宽的带子进行铺敷。但如果采用这种窄带，则生产率大大降低，制造此蒙皮所需要的时间会大大增加，并且也需要大大增加铺带机的数量以满足月产13 架机的生产任务。在此背景下，多带铺带机作为解决特殊问题的正确方案被提了出来[9,21]。

图 5 – 31 M – Torres 公司的多带铺带机

多带铺带头具备对 4 条 75mm 带宽的带子同时进行开卷和铺敷的能力。这样，多带铺带机的生产效率与采用 300mm 带宽的整条带子的生产效率就等同了。多带铺带机的最大优点是能铺敷需要 75mm 甚至 50mm 带宽的高转向曲面表面，这是 300mm 和 150mm 带宽铺敷设备所不能铺敷的。此外，由于多带铺带机数条带的宽度之和仍是 300mm，所以该设备还能保持与标准铺带头铺敷一条

296

300mm 带宽时相同的生产效率。换言之，多带铺带机既保持了 300mm 带宽铺带机的高的生产效率，又兼顾了 75mm 或 50mm 窄带所具备的很高的转向能力[21]。

多带铺带机的另一个优点是：它可以使用一条标准的 300mm 带宽的带子，或使用两条 150mm 带宽的带子，或 4 条 75mm 带宽的带子，这样在很大的范围内满足了生产效率和转向的需求。所以说，多带铺带机不仅具有常规铺带机的能力，又具有很高的曲面控制能力和很高的生产效率[21]。

2. 集成化多铺带头 ATL 设备

ATL 机床的加工能力在很大程度上取决于铺带头的性能。配置窄带铺带头的 ATL 适合相对复杂的准平板类复合材料构件的制造，但铺放生产率较低；而配置有宽带铺带头的 ATL 适合简单平板类复合材料构件的制造，但其铺放生产率通常比配置窄带铺带头的 ATL 要高。对一个普通传统的 ATL 机床而言，通常很难在制造复合材料构件复杂度与高铺放生产率两者间得到兼顾。因此，为能实现高生产率制造不同类型复合材料结构件，往往需要购置不同规格铺带头的 ATL 机床，这对许多用户而言不仅其费用是很大的负担，而且还要占用更多的车间场地和维护费用。因此，如何在提高 ATL／AFP 机床铺放生产率同时又扩展制造复合材料构件适用范围则是人们所迫切希望的，也是目前大型复杂 ATL／AFP 设备发展的一种基本趋向。

一种最简单的方法是将不同带宽规格的铺带头集成在一台 ATL 机床上，形成集成化多铺带头 ATL 设备来实现满意的高铺放加工能力。Forest - Line 公司推出的双铺带头结构的铺带机 ATLAS 就是采用这种复合铺放技术的高铺放生产率的 ATL 机床。图 5 - 32 为 Forest - Line 公司双铺带头 ATL，同时

图 5 -32　双铺带头铺带机

配置了前面已介绍过的该公司一个单工序铺带头和一个双工序铺带头,前者可直接用于制造(切割与铺放)简单轮廓外形的复合材料构件铺层,允许使用最大带宽300mm,后者则可用于制造(采用独立预先剪裁)复杂轮廓外形的复合材料构件铺层,允许使用最大带宽150mm,实现了"双铺带工艺"。实际上,装备有这种双铺带头的ATLAS铺带机,配合Forest-Line公司ACCESS机床即构成了多机生产复合材料构件的制造环境,因而可快速实现复杂形状构件的层铺制造。

3. 适用型ATL/AFP设备[9]

要求能够加工较宽范围零件和复杂形状的ATL/AFP机床,趋向于大型复杂并具有较高集成化自动化水平,但价格昂贵,通常一台设备需要近百万到数百万美元。显然,对制造简单的层压平板或中小型不太复杂的复合材料构件,大型复杂的ATL/AFP铺放设备显然是不经济的。因此,在市场需求推动下,一些制造商开发了一种比较简单的被称为面向零件的(part-purpose systems)铺放设备。这种铺放设备与可制造许多不同类型复杂复合材料构件的大型复杂ATL/AFP机床不同,它仅为制造有限范围且较简单的中小型尺寸复合材料整体构件提供友好的自动化解决技术,以提高其铺放生产率,大幅度减少设备费用。

这种面向零件的ATL/AFP设备铺放头一般又被称为适用型(或称恰好尺寸/恰当规模)ATL/AFP铺放头("right-sized" ATL/AFP head)。适用型ATL/AFP铺放头主要是为满足那些要求实现低曲率热固性复合材料零件高铺放生产率的用户而开发的,多采用模块化设计,操作方便,安装容易。适用型铺放头可安装在多种类型平台上,包括单丝缠绕装置、龙门式机器人、多关节机器人、用户化设计的适用性强的复合材料构件铺放机床等,因此其工作空间尺寸是完全可根据实际需要定制。实际上,配置有适用型ATL/AFP铺放头的复合材料构件铺放机床,可适应任意尺寸零件,从小尺寸飞机肋类零件到长的梁类零件,甚至数米长的飞机蒙皮零件。为叙述方便,这里将面向零件的铺放设备统称为适用型ATL/AFP机床。

图5-33为ADC公司推出的适用型ATL机床的铺带头及其铺放工艺原理示意图。和前面已讨论的大型复杂ATL铺带头相比,ADC适用型ATL铺带头要简单得多,尺寸也小。ADC适用型铺带头部件包括一个可变向控制的滚动卷轴(为确保正确送进以定位复合材料离开卷轴方向);一个精密机械斜导轨槽(用于维护预浸料在合适的位置);送进滚动卷轴收紧装置(即在送料时拉紧预浸料带,而若在超越模具时则松开预浸料带)。

Cincinnati公司为适市场需求也推出了CHARGER系列低费用适用型ATL

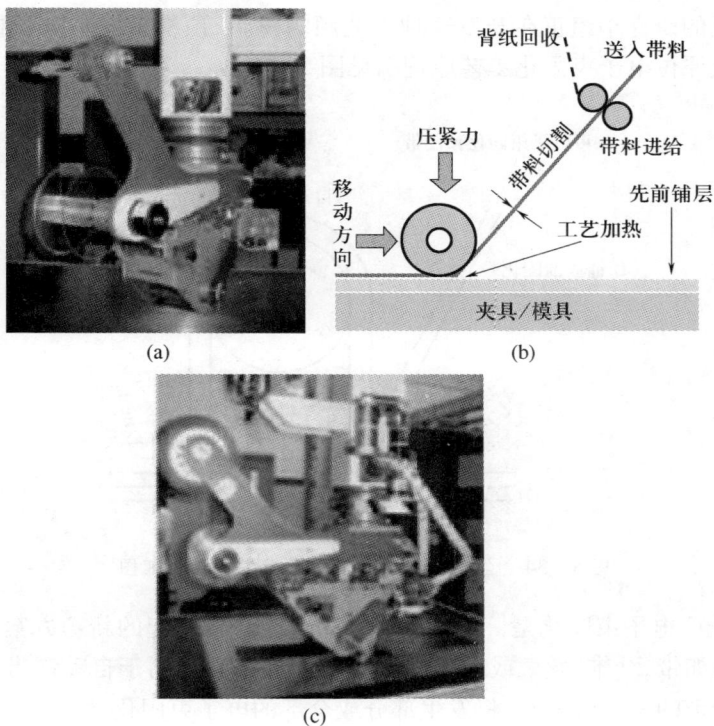

图 5 - 33 　ADC 公司适用型 ATL

(a) 铺带头；(b) 铺放工艺；(c) 加热/冷却装置。

新产品：小型平板铺带机（Small Flat Tape Layer, SFTL），（图 5 - 33（b））。SFTL 适应于制造窄长平板、层合板和皱纹板等复合材料构件。这种紧凑型 ATL 主要面向航空飞机长梁、筋板/盖板、桁条、层压板、框、襟翼和某些蒙皮等复合材料飞机结构件的铺放制造。SFTL 配置有一种简单高速铺带头，使用 300mm 宽单向预浸料带直接在机床整体结构的真空台面上制成平迭板，然后离线固化成型。Cincinnati 公司目前设计有两种规格：生产 1.2m 宽和 2.5m 宽层迭板。

5.3.2　自动铺带技术与其他工艺的结合

1. 自动铺带技术与电子束固化的结合

目前有一种将自动铺带与原位电子束固化结合起来的新工艺技术，对于降低复合材料结构、特别是大型整体结构的成本具有很大潜力。该项技术是由意

299

大利人发明的(美国专利5252265)。目前一个由美国科学研究实验室和诺·格公司组成的研究小组正在开发这种工艺用的树脂、预浸带以及电子枪技术[22]。自动铺放原位电子束固化工艺原理图见图5-34。

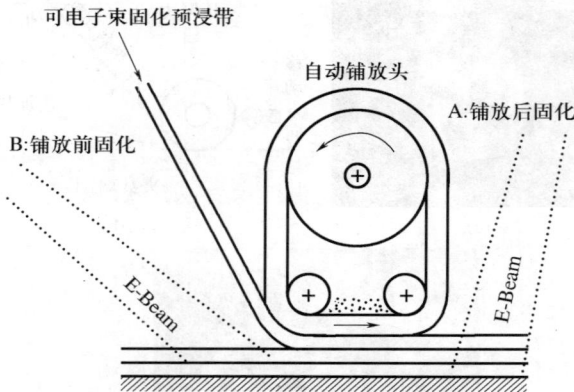

图5-34 自动铺放原位电子束固化工艺原理图[23]

"原位"电子束固化是一种将铺层与固化结合在一起的新颖方案,可用于各类预浸料如带、纤维、丝束或织物复合材料的加工。当用于自动铺带时,自动铺放头置于带的每一层上时,将发生部分或全部的电子束固化[22]。

据报道,NASA资助的"原位电子束固化自动铺带工艺"项目已采用该技术制造了一个C-17飞机的水平安定面,并对其进行了经济技术分析[23]。

自动铺带技术与电子束固化技术相结合,不仅可避免大型复合材料构件热压罐固化过程,而且可避免大规模的抽真空过程,可有效降低构件的生产成本。Daniel L Goodman和Catherine A Byrne等[24,25]对原位电子束固化在自动铺带技术中应用进行研究,指出此项技术在航空、航天以及运输工具中的复合材料大型构件生产中极具潜力,据工厂实践可降低成本10%～60%。

2. 自动铺带技术与热悬垂成型工艺的结合

英国GKN Aerospace公司(GKNA)采用自动铺带技术为A400M生产大梁,据称是采用碳纤维复合材料为大型运输机机翼制造的第一个主承力构件。该公司首先采用自动铺带机以大约18kg/h的速度制造一个平面的层压板结构(而如果采用手工制造其铺贴速度大约是1.5kg/h),然后采用热悬垂成型工艺在一个加热的模具上将平板成型为所需的"C"形大梁。图5-35为GKNA的自动铺带机,图5-36为热悬垂成型设备。

300

图 5 - 35 GKNA 的 TORRESLAYUP 自动铺带机

图 5 - 36 GKNA 的热悬垂成型设备

5.4 复合材料自动铺带技术国内发展趋势

复合材料自动化制造技术已经成为降低复合材料制造成本、促进复合材料广泛应用的关键,而自动铺带技术就是实现复合材料自动化制造的一个重要方向。目前国内复合材料在飞机上的应用水平逐渐提高,复合材料构件的大型化趋势日益明显,特别是随着我国大飞机工程的立项启动,考虑到经济性及与国外飞机的竞争力,大量应用复合材料已经成为大型飞机设计制造的发展趋势。国外几十年来对于自动铺带的研究与应用已经表明,自动铺带技术具有高效率、高质量和低成本的优点,适于铺叠强度要求高的大型构件,如机翼蒙皮、舵面等。

在自动铺带材料技术方面,三十多年来国内已经发展了可用于战斗机、运输机、无人机等领域的碳纤维增强中温环氧树脂预浸料、高温环氧树脂预浸料、双马树脂预浸料等一系列复合材料预浸料,它们的综合性能良好。在此基础上,近两三年来中航工业北京航空材料研究院和北京航空工程制造所对预浸带可铺性表征技术、预浸带分切技术等方面开展了大量的研究工作,目前两个单位已经研制出能够满足自动铺带要求的多个牌号复合材料预浸带,具备了一定的批量生产能力,为自动铺带技术在国内的发展奠定了良好的材料技术基础。未来需要进一步完善基于自动铺带的复合材料全面性能、实现预浸带的工程化制造,为基于自动铺带的结构设计提供依据和数据支撑,也为自动铺带技术的推广创造条件。

在基于自动铺带的大型复合材料构件设计方面,目前国内的研究才刚刚起步。由于在工艺上自动铺带具有与手工铺贴明显的区别:手工铺贴可以实现几乎是各种复杂结构的铺贴,而自动铺带需要综合考虑构件形状的复杂程度、铺层设计的复杂程度、变厚度区域和开口部位的铺层设计等相关因素,以保证预浸带铺放的位置精度和角度精度,因此需要针对自动铺带特点开展大型复合材料的构件设计技术研究,为自动铺带的工艺实现奠定设计基础。

在自动铺带工艺方面,国内各主要飞机制造厂均已购置了自动铺带机,为国内自动铺带技术的发展奠定了坚实的设备基础。今后需要针对不同的复合材料结构和铺层形式,对预浸带的张力、碾压力、铺带速率等工艺参数进行优化研究,既要确保铺放精度、减少预浸带浪费、纤维不出现重叠、预浸带间间隙控制在一定范围内,又要提高铺贴效率,保证构件质量,降低制造成本。

近年来,国内对于自动铺带技术的研究受到了越来越多的关注,在材料、设备、工艺等方面均取得了一定的成绩,但在面临大范围的工程化应用方面尚有较长的路要走。令人感到欣慰的是我们已经开始起步,有了一定的探索和积累,但同时也发现了一些问题。只有不断地在应用中发现问题、解决问题,国内的自动铺带技术才会不断发展。而只有充分发挥自动铺带的优势,才会更好地促进国内复合材料构件制造的自动化和低成本化,拓展复合材料的应用水平,提升武器装备能力。

参 考 文 献

[1] Saveriano J W. Automated contour tape laying of composite materials. National SAMPLE Technical Conference. Cincinnati, Cincinnati Machine,1984;176-182.

[2] Shaw M G. Tape laying large composite structures. Cincinnati, Cincinnati Machine, 2004.

[3] COHEN L J. Commercial Aviation, Defense and Aerospace Applications-Observations and Thoughts On Staying In Business[EB/OL]. www. hitco. com/carbon2007presentation. Pdf .

[4] 张建宝,肖军,文立伟,等. 自动铺带技术研究进展. 材料工程,2010, (7) :87 – 91.

[5] 肖军,李勇,李建龙. 自动铺放技术在大型飞机复合材料结构件制造中的应用. 航空制造技术, 2008, (1) :50 – 53.

[6] 周晓芹,曹正华. 复合材料自动铺放技术的发展及应用. 航空制造技术, 2009 年增刊:1 – 3,7.

[7] 徐福泉,高大伟,杨楠楠. 复合材料自动铺带技术应用及方案示例. 航空制造技术,2009, (22) :50 – 54.

[8] 王天玉,梁宪珠,杨进军. 飞机复合材料构件自动铺带/丝束铺放典型设备. 航空制造技术,2008, (4) :42 – 44.

[9] 林胜. 自动铺带机/铺丝机(ATL/AFP)——现代大型飞机制造的关键设备(下). 世界制造技术与装备市场,2009, (6) :78 – 83.

[10] 薛企刚. 高效、全自动的碳纤维复合材料铺放设备. 航空制造技术,2008, (4) :53 – 56.

[11] MAG 辛辛那提公司. 用先进的技术和设备装备航空制造业. 航空制造技术,2008, (10) :52 – 53.

[12] 陈亚莉. 确定航空复合材料结构大趋向的铺带机及纤维铺放机. 航空维修与工程,2009, (6) :60 – 61.

[13] 林胜. 自动铺带机/铺丝机(ATL/AFP)——现代大型飞机制造的关键设备(中). 世界制造技术与装备市场,2009, (5) :90 – 95.

[14] 丁锗. TORRESLAYUP 自动铺带机. 航空制造技术,2007, (1) :108 – 109.

[15] 肖军,李勇,文立伟,等. 树脂基复合材料自动铺放技术进展. 中国材料进展. 2009, 28 (6) :28 – 32.

[16] 李开越,高殿斌,杨涛,等. 航空用预浸纤维带铺放装备设计[J]. 机械设计, 2008, (03) :60 – 62.

[17] 杨涛,高殿斌,李开越,等. 840D 复合材料铺放系统及其控制策略[J]. 宇航材料工艺, 2008, (03), 34 – 36.

[18] 王朝纲. Z8F 型机大梁带铺放机总体概念设计[D]. 天津:天津工业大学,2007.

[19] 杨涛,李开越,姜锋,等. 大梁带复合材料铺放系统设计及其仿真[J]. 玻璃钢/复合材料,2008, (03) :43 – 47.

[20] 李开越. 大梁带铺放机的概念设计与运动仿真[D]. 天津:天津工业大学,2008.

[21] 丁锗. 碳纤维预浸料单向带铺敷解决方案. 航空制造技术,2008, (11) :52 – 53.

[22] 陈亚莉. 低成本复合材料技术的发展(二). 航空工程与维修,2001, (2) :28 – 29.

[23] 包建文,陈祥宝. 复合材料辐射固化技术与传统工艺的结合. 宇航材料工艺,2000, (5) :19 – 22.

[24] Goodman D L. Byme C A, Moulton R, et al. Autornated Tape Placement with In – situ Electron Beam Cure[R]. the 44th International SAMPE Symposium and Exhibition, 1999.

[25] VASILE C, KULSHRESHTHA A K. Handbook of Polymer Blends and Composites[M]. Smithers Rapra Technology, 2003.

第 6 章　自动丝束铺放技术

6.1　国外趋势

6.1.1　技术概况

　　20 世纪 70 年代，美国航空制造业结合缠绕技术和自动铺带技术的特点开始研发复合材料自动丝束铺放技术[1-4]。研究之初，主要满足复合材料机身制造的需求，针对缠绕技术的局限（纱线轨迹必须满足"周期性、稳定性、不架空"的缠绕规律，线型、厚度变化受限，因此仅适于凸回转体和特定的凹面）和自动铺带技术的不足（铺放轨迹必须遵守"自然线"、等带宽铺放，因此仅适于铺放小曲率壁板、机翼等）进行相应改进，融合缠绕技术和自动铺带技术各自的优点而创新的新型成形技术，如图 6 - 1 所示。

　　自动丝束铺放成形与传统的机械加工成形有较大的相似之处，都是将加工点（切削点或铺放点）依照设计的轨迹完成运动，但在加工点上的运动方式不尽相同。机械加工成形时，刀具或切削点的运动轨迹是不断将原材料或毛坯切削到指定的形状及厚度，是将原材料不断减薄的过程；而自动铺放成形的铺放点运动轨迹是根据指定的模具形面，将原材料（预浸丝束）按铺层设计层层堆砌（需压实）到预定形状及厚度的过程，这与机械加工过程正好相反，而且各预浸丝束需要进行独立控制（输送或切断），因此，自动丝束铺放的硬件和软件要求与机械加工颇为不同。

　　正是由于这些特点，自动丝束铺放与机械加工一样，具有极强的加工（铺放）适应能力，可实现包括如开口、加强等细节结构的复杂制件的精确铺放。事实上，若不计铺放时间的前提下，自动丝束铺放技术在理论上可实现与机械加工类似复杂的制件，如图 6 - 2 所示的是 Ingersoll 公司所做的铺丝，可实现缠绕和自动铺带技术难以实现的各种复杂形状的准确铺放。

　　自动丝束铺放技术是近些年来发展最快、最有效的复合材料自动化制造技术之一，可大大降低人工成本，该技术也可归属于复合材料低成本制造技术范畴。

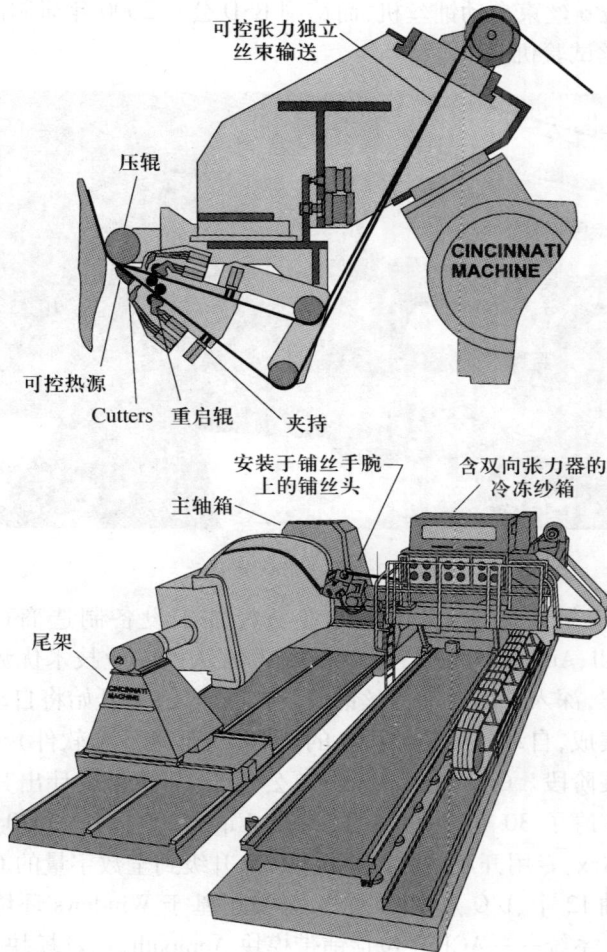

可控张力独立
丝束输送

压辊

CINCINNATI
MACHINE

可控热源
Cutters 重启辊 夹持

安装于铺丝手腕
上的铺丝头
主轴箱

含双向张力器的
冷冻纱箱

尾架

图 6-1 自动丝束铺放设备

6.1.2 国外技术发展趋势

　　自动丝束铺放的核心技术是自动丝束铺放设备的研制和相应材料体系开发,而铺放设备的研制尤以丝束铺放头的设计及制造为重。国外最早研制的有波音、Hercules 公司等,20 世纪 80 年代开始设备、工艺与材料研制等诸项工作,波音公司工程师 Quentin Wood 提出的 AVSD 铺放头(Automated Variable Strand Dispensing Head)方案解决了预浸纱切断、重送和集束压实的问题,并在 1985 年研制出了第一台原理样机。法国宇航公司(Aerospatial)在 1996 年研制出欧洲第一台6轴4工位6丝束自动铺丝机,而德国BSD公司2000年研制出7轴3丝束热塑性窄带铺丝试验机[5-12]。

图6-2 复杂形状的铺放

20世纪80年代后期,美国的专业数控加工设备制造商(如 Cincinnati Machine、Ingersoll、Autodynamic 公司)利用自身强大的专业技术优势和对自动铺带机的开发积累,深入开展自动铺丝铺放设备的研发,并开始将自动铺丝与自动铺带技术有效集成,自动丝束铺放设备的研制(包括硬件和软件)与应用由此进入了崭新的发展阶段。Cincinnati Machine 公司于1989年设计出其第一台自动铺丝机,陆续申请了30余项专利,机型从 Viper1200、Viper3000 逐步升级到 Viper6000、T - Rex,专用开放式数控系统 A975 升级到全数字量的 CM100(控制轴47个、运动轴12个、I/O点1500个),开发了基于 Windows 环境的自动铺放专用 CAD/CAM 系统——ACES(包括铺带模块 Acrapath、铺丝模块 Acraplace、绘图模块 Acragraph、后处理模块 Acraposter 等),2000年后开发了 ACES 与 CATIA 的接口,使其功能日臻完善、应用范围日趋扩大。Ingersoll 公司购买 Alliant 公司专利后、订制 FANUC 专用数控系统,于1995年推出其第一台自动铺丝机,并开发了自动铺放 CAD/CAM 系统 CPS。近几年来 Ingersoll 公司研制出多种新型自动铺丝系统,工作范围更宽、效率更高。如2005年研制出的 VAFPM 型(垂直铺丝)铺丝机(见图6-3)铺放效率达到 30. 87kg/h,接近自动铺带的成型速度(32. 69kg/h),既可以用于机身铺放,也可以用于机翼铺放;铺放机翼时比自动铺带减少材料消耗10%左右。其他公司,包括设备制造商、飞机部件制造商和研究机构不断开发自动铺丝技术,包括双向铺丝头技术、Fiber steer 设计分析技术、自适应压辊技术、热塑性自动铺丝技术、超声固结成形技术、在线电子束固化

306

技术等。

20世纪90年代由专业软件制造商在高端CAD/CAM环境(CATIA、UG)下进一步开发 CAD/CAM 软件(如美国 Vistage 公司的 FiberSim 中的 Fiber Placement的 CAD 模块),将自动铺放技术与其他复合材料成形技术集成为先进复合材料数字化制造系统。

图6-3　VAFPM型自动铺丝机

6.1.3　国外应用状况

自动铺丝技术已经在发达国家航空航天复合材料构件制造中大量应用,包括 F-22 战斗机平尾枢轴(工时由728h 降到163h、废料由97 磅降到7 磅、零件数由221 个降到5 个)、C-17 运输机的混杂复合材料发动机短舱、F/A-18E/F 战斗机的平尾外板和GE90 航空发动机的风扇叶片与加筋复合材料机匣、A320 系列和340 系列客机机翼内连杆、Bell/BA-609 倾转旋翼机机身壁板、Atlas 5 型 运载火箭防护罩等。

自动铺丝技术最先应用的是 V-22 倾转旋翼飞机的整体后机身(见图 6-4)。原后机身由 9 块手工铺叠的壁板装配构成,改为整体铺丝后,减少了34%的紧固件、53%的工时,废料率降低了90%;后机身的研制成功推动了自动铺丝在 V-22 的应用,主起舱门、储油箱、旋翼整流罩等多个部件均采用自动铺丝制造。

307

图 6 - 4　V22 后机身

　　自动铺丝典型的应用是第四代战斗机,包括 S 形进气道和翼身融合体机身。如美国 F - 35 的 S 进气道和中机身翼身融合体蒙皮均采用自动铺丝技术完成(见图 6 - 5),其 S 进气道材料为碳纤维增强双马来酰亚胺,模具重达 24t,是目前世界上最重的殷钢模具,可以实现每天一件的产量。

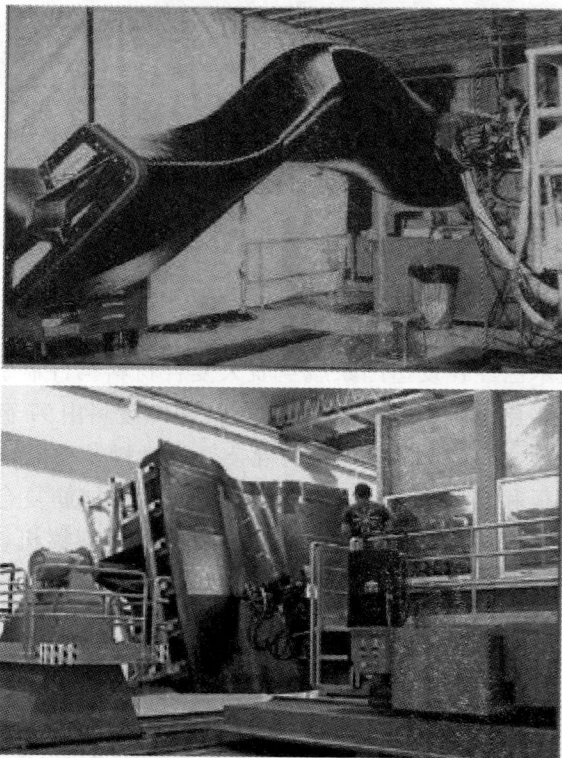

图 6 - 5　F35 进气道和中机身蒙皮

自动铺丝技术在商用飞机的范例包括 Premier Ⅰ 和霍克商务机的机身部件。如图 6-6 所示,机身采用整体成型蜂窝夹层结构,取消了框架和加强筋,前机身从雷达罩壁板一直延伸到后压力仓壁板,长 8m,包括行李舱、座舱和驾驶舱;后机身从后压力壁板延伸到机尾,大约 5m 长;比铝合金机身减重 273kg(40%)。

图 6-6 Premier Ⅰ 商务机

自动铺丝技术波音 787 机身的应用最具有划时代意义。不仅在大型商用机机身首次全部采用碳纤维复合材料,而且用分段整体制造(图 6-7 是 2004 年 12 月下线的 47 段机身段演示验证试验件),20m 长的机身段一次成形,整体对接装配,堪称是复合材料制造技术和飞机制造技术的里程碑。

图 6-7 波音 787 机身自动丝束铺放应用

6.2 自动丝束铺放设备

根据自动丝束铺放成形的特点,自动丝束铺放设备需要实现持续地对预浸丝束的输送、精确定位、准确铺层、压实、准确切断、重启再输送等动作,其中起决定性作用的部分是丝束铺放头。设备主要包括硬件及软件两大部分。

6.2.1 硬件设备

自动丝束铺放技术对硬件的要求主要在铺放的自由度、铺放最小曲率半径、位置精确度、最大铺放速度、预浸丝束装载量等,是自动丝束铺放设备的基础。

1. 铺放自由度

具备足够多的自由度才能实现各种复杂曲面及变截面制件的铺放。一般地,自动丝束铺放设备至少具备 7 轴联动能力,即主轴转动、小车(或支臂)的三轴平动、铺放头的摇摆、俯仰、转动,有些自动丝束铺放设备具备更多的自由度,可实现更为复杂制件的铺放。

Cincinntai Machine "Viper"自动铺丝系统有七个运动坐标系,并采用 CNC 控制。该机器包含 3 个位置坐标轴(机架、倾斜、横向),3 个方位坐标轴(偏转、俯仰、转动)和模具芯轴旋转坐标轴。在铺放丝束时,这些坐标轴可保证铺丝头垂直于工件表面。设备具有 24 个双向电子可编程张力控制器,安装在空调储纱箱中。这些张力控制器控制丝束独立输送,并精确保持其张力。铺丝头安装在机器手腕的末端。铺丝头精确地铺放、切断、夹持和重启单根预浸丝束。

2. 最小铺放曲率半径

设备的铺放曲率半径主要取决于压辊直径、宽度和压辊的设计。受到压辊直径、丝束铺放方向等的影响,制件的负曲面的铺放更难以实现,如图 6-8 所示。

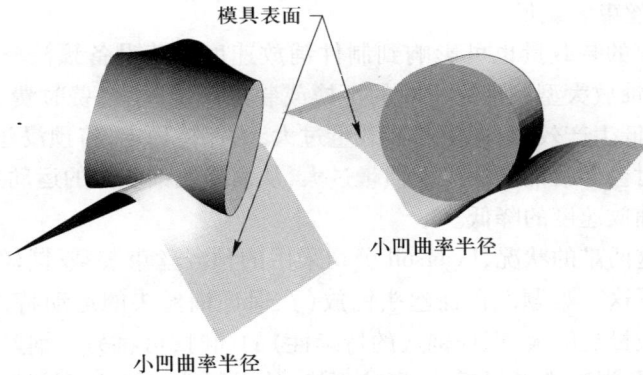

图 6-8　小曲率半径曲面

Cincinnati Machine、Ingersoll 等公司都针对最小铺放曲率半径进行了不同的压辊设计,如采用小直径压辊可实现更大曲率的铺放,或另采用了独立子压辊,各子压辊间采用柔性连接,这些方法都可大大提高制件的铺放曲率尤其是负曲面的曲率。

3. 位置精确度

铺放设备对丝束位置的控制能力直接影响到制件的质量,是铺放设备优劣的主要标志之一。丝束铺放位置精确度不但取决于硬件,还取决于软件。

位置精确度首先需要在硬件上得到保证,是丝束铺放的基本能力。机械加工设备的位置精确度取决于很多方面,如设备的设计、设备零件的加工和装配质量、驱动电机的控制精度等。而对于自动丝束铺放设备而言,还有一个最重要也是独特的能力,各丝束的独立切断及重启精确度。对于工程应用的丝束铺放设备,一般至少具备 8 丝束独立控制能力,由于制件铺放的需要,需要 8 根丝束在

311

任何位置切断,且可独立地在任何时间和位置上重启铺放,其间不能有孔隙或空转,而且该设备应该适应各种黏度类型的预浸丝束,这对于铺放机构的设计和制造水平提出了极高的要求。

4. 最大铺放速度

为实现复合材料的规模化制造,必须大力提高丝束铺放设备的最大铺放速度。为实现该目标,Cincinnati Machine、Ingersoll 等公司不断改进设计方案,采用了如在铺丝设备上增加丝束数量(最多可达 48 根预浸丝束)、增加预浸丝束宽度(最初宽度为 3.2mm,后一般都改为 6.4mm 甚至 12.8mm)、双向铺放(取消空载回程)、提高设备高速运行稳定性等方法,使工业用自动丝束铺放设备的铺放能力得到了大大提高,目前可达到 45.4kg/h 的水平,已接近或达到自动铺带的水平。

5. 预浸丝束装载量

预浸丝束的装载量也可影响到制件铺放速度。若设备预浸丝束装载量过小,会导致在铺放大型制件时不断的更换或装载预浸丝束,费时费力;且设备不断重启,将降低生产效率;同时若装载量过大,为保持稳定,将预浸丝束直接装载在铺丝头上时会导致铺丝头运动惯量过大,从而降低铺丝头的运动速度,从而导致最大丝束铺放速度的降低。

为解决这两难的状况,Ingersoll 公司采用的预浸丝束装载/铺丝头模块化设计有效解决了这一难题。在铺丝头铺放(在保证铺丝头的运动特性前提下,预浸丝束的装载量足够大,保证铺放的持续性)的同时,可将另一铺丝头重新装载并准备好,在预浸丝束耗尽后,可迅速更换,使得制件的铺放可持续不断进行,提高生产效率(见图 6 - 9)。

图 6 - 9　双铺丝头设计

6.2.2 铺放软件

自动丝束铺放软件与丝束铺放设备硬件本身同样重要,没有足够的软件支持,将无法充分发挥丝束铺放的功能甚至无法实现丝束铺放。良好的软件不仅需要为铺放功能的实现提供驱动,还要求应该具有界面友好、操作方便可靠等。

软件最基本的功能是准确驱动设备硬件做出正确响应,同时尽可能地降低故障率。在此基础上,优秀的自动丝束铺放软件还应具备多项必不可少的功能:与绘图软件的接口或转换,铺丝路径生成与检查,图形仿真和铺丝模拟,制件外形是否超出设备能力范围的自检,故障报警与自停及故障位置重启功能、避免碰撞等,实现自动丝束铺放设备较顺利地可重复的实现复杂制件的制造,如图6-10所示。对于复杂制件,强大的软件功能可以大幅度提高复杂制件首次铺放成功率,从而减少材料或时间上的浪费,实现灵活制造。

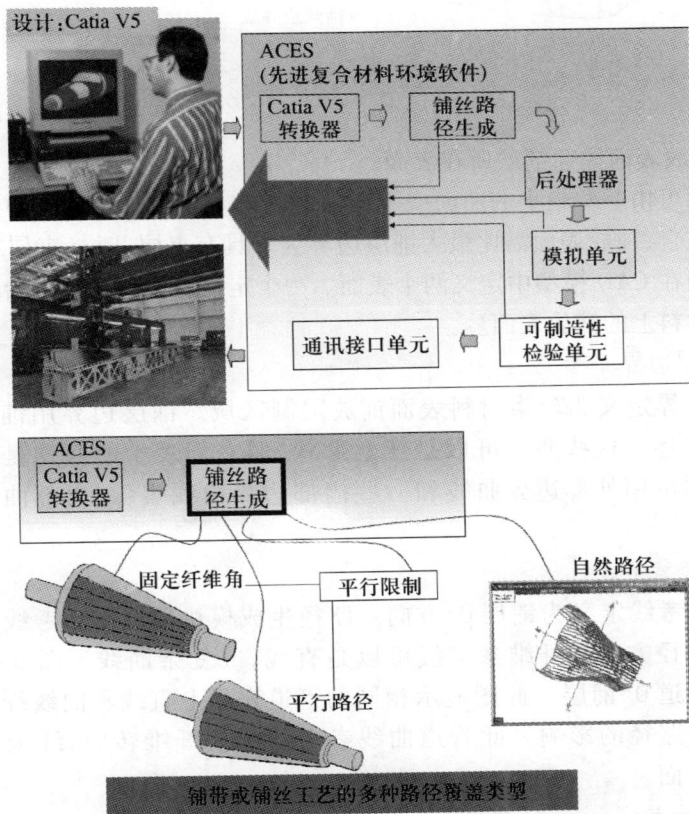

图 6-10 铺丝软件示意

1. 与绘图软件的接口或转换

编制工件程序,构件几何形状必须用 CAD 系统描述。工件模具必须包含几何描述的铺放表面、铺层边界、纤维参考曲线、铺放起始点和模具定位点等。这些元素需用合适的标志标明,转换程序才能识别 CAD 数据,并输入到离线程序系统中,如图 6-11 所示。

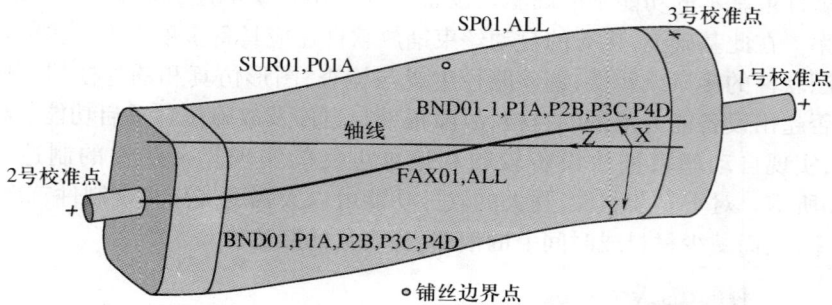

图 6-11　CAD 标记

1)铺放表面描述铺层所在表面

此表面可由一些较小的曲面或平面组成。单个表面边缘间必须连续,不存在间隙和重合,铺放表面需比最大铺层边界大。具有夹层芯材(夹层结构)的复杂工件必须在 CAD 模型中定义两个表面。一个定义表面是铺放起始表面,另一个是芯层材料上的铺放表面。

2)铺层边界

铺层边界定义为丝束材料表面铺放限制区域。铺层边界用铺放表面的复杂曲线描述。这些曲线可以是任意形状,但它们表示的必须是闭合限制区域。铺层可用外部边界曲线和一些内部边界曲线表示,内部曲线代表铺层内孔洞。

3)纤维参考线

纤维参考线定义为铺层 0°方向。路径生成模块用纤维参考线确定给定铺层纤维路径方向。纤维参考线可以是直线,或复杂曲线。图 6-12 所示的是 S 形管道 0°铺层。此图显示相同的管道表面上直线和曲线纤维参考线对自动铺丝路径的影响。此管道曲线参考线能使纤维转向,纤维可紧密贴合于管道表面。

4)起始点

起始点是铺层的起点。每个铺层需要一个起始点,纤维路径规划便从此点

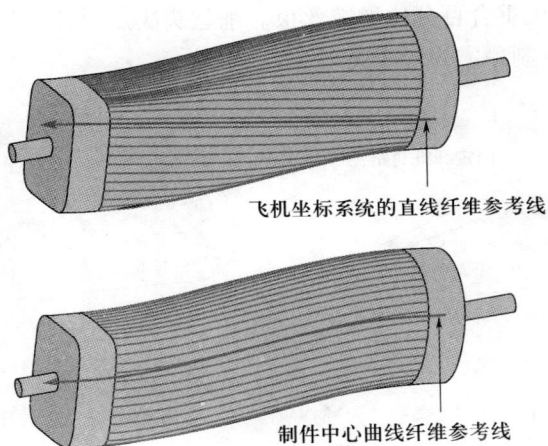

飞机坐标系统的直线纤维参考线

制件中心曲线纤维参考线

图 6 - 12　直线和曲线参考线

开始。值得注意的是,相同方向铺层通过在铺层纤维路径法线方向上偏移 1.5 倍的丝束宽度使各层相对应丝束交错排列。此交错排列确保进程形成的间隙和重合位置不在铺层法线方向上排列。若不交错排列,间隙和重合的堆积将导致工件外表面凹凸不平。

　　类似于 CAD 系统描述,模具表面定位点用于芯模坐标系统和机械系统的转换。此过程可采用"3D 框架定位"法或"芯模轴线定位"法。

　　芯模表面与其转轴的关系未完全确定的情况下,应采用"3D 框架定位"法。此技术要求设计者在 CAD 模型中的芯模表面设计 3 个框架定位点,并在真实模具上相应标出定位点。

　　芯模表面与其转轴的关系精确标定的情况下,应采用"芯模轴线定位"法。此定位技术要求设计者在 CAD 模型轴中心线上设计两个定位点。第 3 个点要求位于 CAD 模型表面,并在真实模具上相应标出定位点。

　　2. 铺丝路径生成与检查

　　纤维路径生成模块读入铺放表面、纤维参考线、起始点、纤维角和其他参数,并自动以纤维路径布满铺层区域。它也决定哪根丝束在什么时间铺放或切断。纤维路径生成模块允许使用者具有生成各种类型的纤维路径的功能,如固定纤维角、平行路径或固定螺旋路径,如图 6 - 13 所示。

　　(1) 固定纤维角。为生成固定纤维角铺层,每条路径中心线将保持设定纤维角,不出现转向现象。若从路径一端到另一端纤维带铺放宽度改变,纤维带将聚合或发散。这将引起纤维带存在重合区。为改良重合的影响,纤维带自动按照使用者设定的丝束重合百分比增减丝束。铺丝头决定在任何位置增减丝束性能,路径间的间隙限制最大为丝束宽。

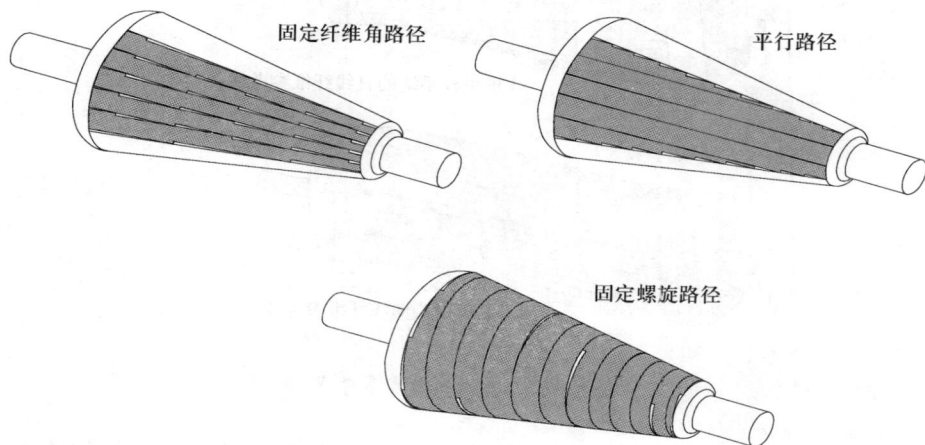

图 6-13　纤维路径覆盖类型

（2）平行路径。铺层平行路径法在铺层起始点铺放第一路径。第一路径使用固定纤维角铺放法。所有连续路径铺放在前一条路径旁边。完成后,因为没有间隙,铺层不用增删丝束控制重合区的大小。平行铺放路径的缺点在于铺层不能完全依照设定纤维角。若铺放表面从路径一端到另一端不断变化,进程将偏离设定纤维角。若纤维角偏离不会导致工件性能变差,平行路径可优先选择。在铺放夹层结构时,其芯材上部具有正向薄层,在表面铺层与芯材接触处,不残留间隙是重要的,因为这将使芯部材料暴露在外。采用固定纤维角铺放时,间隙将在轮廓表面出现。由于铺放机不必因增减丝束减速,平行路径铺放比固定纤维角铺放速度更快。

（3）固定螺旋路径。此种铺放法仅适合闭合曲面铺放。此法在工件表面单独路径盘旋铺满。固定螺旋铺层纤维角非常接近90°。此类纤维路径非常适合闭合曲面,如锥体、圆柱和管道。因为固定螺旋路径是连续的,此种纤维路径具有最高的单位时间自动铺丝量。采用固定螺旋路径铺放丝束时,其单位时间铺放产量是固定0°纤维角铺放的2倍。

进程纤维角由芯模表面所在点决定,如图6-14所示。纤维参考线在此点表面标出投影线。投影线标定出方向向量,并标出0°纤维角方向。投影线随点在表面移动而不断变化。此点运动轨迹是铺放路径中心。

316

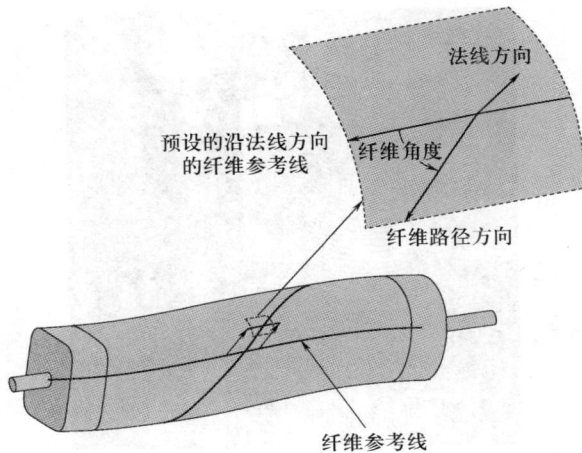

图 6 - 14　纤维角度

6.3　预浸丝束

6.3.1　对预浸丝束的要求

　　自动丝束铺放用预浸丝束适用于航空应用的各种预浸料,包括碳纤维、玻璃纤维及芳纶纤维等增强各种树脂基体预浸料。预浸丝束的质量是自动丝束铺放制件质量的基础,因此,预浸丝束和自动丝束铺放设备本身同样重要。国外在发展自动丝束铺放技术从开始就是分为设备和预浸丝束制备技术两大主要方向。

　　为获得高质量的自动丝束铺放制件,对预浸丝束的要求包括宽度精确度、树脂含量控制精度、黏性以及长度,其中宽度精确度和树脂含量控制是最重要的要求。

　　目前,制备预浸丝束主要采用两种方法:直接预浸法、分切法,如图 6 - 15 所示。两种方法各有优缺点。直接预浸法是将纤维束直接预浸树脂并通过整型制备预浸丝束,可很方便地获得连续长度的预浸丝束,对设备的要求不高,但树脂含量和丝束宽度较难控制,对于成形高质量的制件有不利影响;分切法是在传统预浸料的基础上进行准确分切得到,对于树脂含量和丝束度可进行较为精确的控制,但分切可能引起丝束产生毛边或断丝,同时在树脂预浸效果控制和制备连续长度的预浸丝束也较为困难,这对分切和复绕设备提出了较高的要求。从国内外的研究结果和应用状况来看,直接预浸法主要用于预浸/缠绕成形技术,偶见用于自动丝束铺放;分切法更适合于自动丝束铺放,可实现复杂制件的精确铺放。表 6 - 1 是两种方法的主要区别。

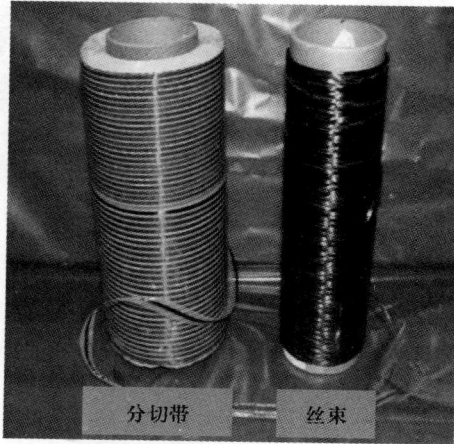

图 6-15 预浸丝束

表 6-1 直接预浸法和分切法比较

直接预浸法	分 切 法
宽度变化	宽度公差可严格控制
可能粘辊	不粘辊
大卷装无接头	制备大卷装有接头
无背衬材料	有背衬材料,需要额外的装置去除背衬膜
低成本	成本高
退绕力变化	低退绕力
无毛边	分切过程会产生毛边,可能堵塞铺丝头
纤维连续	分切时可能切断纤维
横截面变化	具有规则的矩形横截面

6.3.2 预浸丝束的质量控制

预浸丝束的质量好坏直接影响制件的质量,预浸丝束的质量主要包括宽度精度、预浸均匀度、黏度、树脂含量、长度等。

1. 宽度精度

宽度精度的控制是自动丝束铺放用预浸丝束质量好坏的最为重要的标志。对于自动丝束铺放用预浸丝束,目前较常见的丝束宽度是 3.2mm(0.125 英寸)和 6.4mm(0.25 英寸)。宽度精度对制件的质量影响很大,例如,丝束正好是 3.2mm 宽,丝束之间无间隙;当丝束宽度为 2.5mm,则丝束间有 0.7mm 的间隙;

318

当丝束宽度为3.8mm,则丝束间有0.6mm的重叠。自动丝束铺放一般要求丝束宽度公差控制在±0.2mm以内。对于分切法而言,宽度精度可控制较为严格,只要分切设备设计合理,完全可满足制件铺放的需要(见图6-16),一般可达到±0.01mm以内。

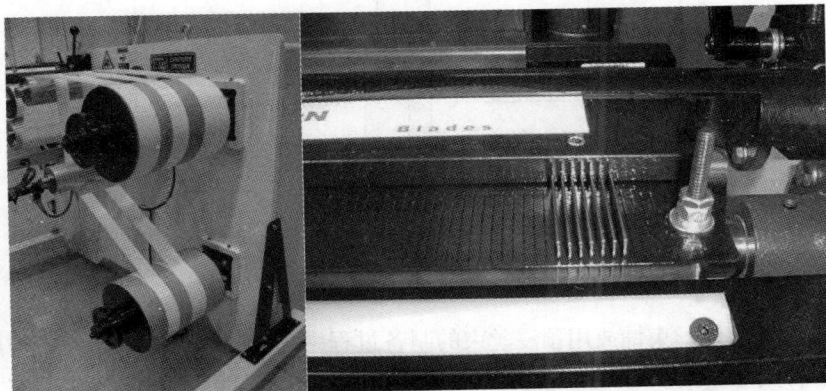

图6-16 分切设备

而直接预浸法在宽度精度上的控制则要难得多。在直接预浸法中,预浸丝束是纤维束预浸后直接进行压平并整型得到,因此宽度主要决定于整型工序。而在整型过程中,纤维束和树脂在整型温度下本身是柔性的,整型后会产生宽度的变化,从而造成预浸纤维束宽度精度下降。图6-17所示为直接预浸法预浸丝束的宽度柱状分布图,经过较严格的整型宽度控制,宽度在3.2mm±0.5mm范围。

2. 树脂含量及均匀度

树脂含量准确且均匀是对于所有预浸料的要求,对于自动丝束铺放用预浸丝束而言,不仅有手工铺层预浸料相同的树脂含量要求,而且还需要树脂尽量充分浸渍纤维。

在手工铺层预浸料,一般不严格要求预浸料的中间层必须充分浸渍树脂,而且甚至对于某种树脂体系,为了改善手工铺层的铺覆性和固化时利于从预浸料干纤维间排气,使预浸料的中间层少浸渍树脂;但对于自动丝束铺放用预浸丝束而言,若预浸丝束中间存在干纱,会在铺丝过程中导致很严重的问题:如在退绕时很容易导致预浸丝束从中间劈裂;干纤维毛边会在铺丝头上聚集引起堵塞;切断/重启时由于预浸丝束劈裂导致重启失效;预浸丝束在压辊压紧后离开时劈裂甚至掉落。这些问题不但会使得铺丝过程花费更多的时间,而且会影响制件的铺层质量。

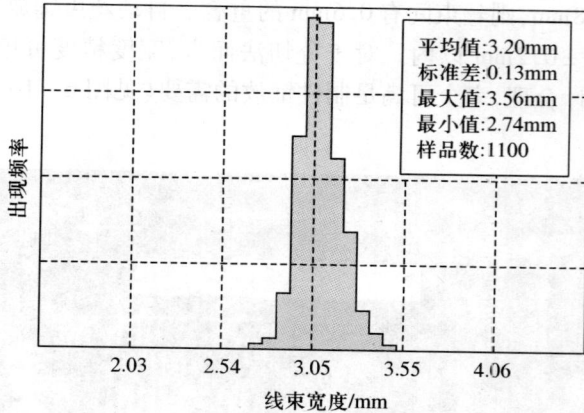

图 6 – 17　直接预浸法预浸丝束宽度柱状分布图

　　因此,在自动丝束铺放用预浸丝束的制备过程中,应优化预浸参数,使得树脂充分浸渍纤维,尽量减少干纤维的存在,这对于后续加工过程具有较大的影响。

　　3. 黏性

　　在铺放过程中,应尽量保持较低的退绕张力,较高的张力会导致在铺放负曲率曲面时更容易出现架桥。因此,为保证具有较低的退绕力,如果在使用黏性较大的材料体系时需要低温储存以降低黏性,但在铺放和压辊压实时可能需要进行加热使其变软。虽然目前的自动丝束铺放设备都具备这些功能,但该过程对于提高制件质量并不是很有利,如可能产生材料的吸湿。因此,在开发自动丝束铺放用预浸丝束或优化预浸树脂体系时需要考虑这一因素。

　　4. 长度

　　为保证铺丝过程的连续性和铺放速度,预浸丝束需要尽量长,一般要求应用大卷装。国外的标准大卷装芯子为 ϕ3 英寸 ×11 英寸,以 IM7 12K 3.2mm 为例,卷装重量为 5 磅(2.3kg),换算长度为 11000 英尺(3350m)。

　　这种大卷装对于直接预浸法制备不存在问题,但对于分切法就需有较多接头。由于分切法是在制备传统预浸料基础上分切制成,预浸料需要背衬材料并卷装,卷装长度一般不会超过 200m,除非采用在线分切,否则不能直接分切成连续长度;但在线分切方式存在的不稳定因素较多,很难进行精确控制。因此,较为稳妥的做法是采用传统预浸料分切后,进行一次精确复绕(图 6 – 18 是复绕设备及复绕示意),大大提高卷装,并可进行再整型,提高预浸丝束质量,所付出的代价是存在一些预浸丝束搭接接头,而存在这些接头在工艺和设计上一般都是可允许的。

320

图 6 - 18　复绕设备及复绕示意

6.4　成形模具

自动丝束铺放用模具类似自动铺带模具,不仅需要为铺放提供成形曲面,使得自动丝束铺放可顺利进行,还可能需要完成固化(热压成形)和脱模的需要。根据制件的不同,可采取铺层和固化模具分开的方式,也可采取铺层和固化共用模具形式,这两类模具的差别如表 6 - 2 所列。

但对于类似于进气道的封闭回转体结构制件,则只能采用分体式模具,结构相当复杂,具有较大难度。

表 6 - 2　模具差异

铺放/固化一体模具	铺 放 模 具
模具铺放型面确定制件表面	模具固化模具型面确定制件表面
铺放及固化无差别	铺放及固化若有差别会导致褶皱

铺放/固化一体模具	铺放模具
脱模或装卸时无制件变形	脱模或装卸时某些部分会变形
制备多个制件时,需要额外时间在设备上装卸模具	无需多次装卸模具
除非具有自校准功能,在设备上安装模具需要重新校准	不需要重新校准
可应用于任何制件形状	不能在超过180°的制件上应用,脱模时不能造成制件的扭曲

对于自动丝束铺放用模具的设计和制造,主要关注以下几个方面:

6.4.1 精确定位

对于自动丝束铺放用模具需要进行精确定位,如果没有精确的定位,也必须有准确的测量数据,并将准确的模具外形数据传递到铺丝设备的定位系统进行相应的数据处理,以防止设备与模具碰撞。

铺丝设备主轴一般为旋转轴,模具安装的初始位置很重要,因此模具安装在铺丝设备上时,需要进行校准。所谓校准,是指保证模具的初始位置与传递到铺丝设备的外形数据一致,一般可设定 3 个以上的校准点(见图 6 - 19)。一般而言,模具越大则定位数据的精确度需要更高。

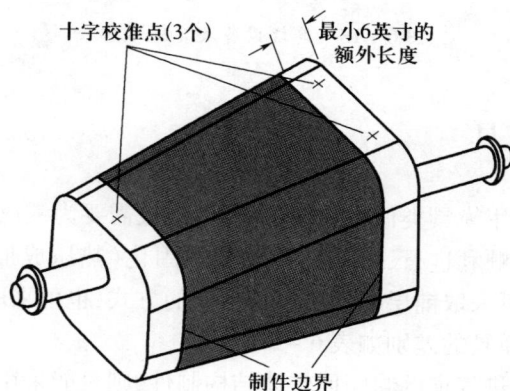

图 6 - 19　自动丝束铺放模具示意图

6.4.2 模具设计要求

自动丝束铺放用模具不仅需要为铺放提供成形曲面,使得自动丝束铺放可顺利进行,还可能完成固化(热压成形)的需要和脱模的需要。模具的精确数模必须传递至带有铺丝设备的坐标定位系统的铺放软件进行相应数据处理,并保证模具的初始位置与传递到铺丝设备的外形数据完全一致,防止铺丝头与模具相撞引起事故。对于仅曲面复杂不需要主轴旋转的平板类制件,虽然模具相对简单,但仍需保证模具的刚度和位置准确;但对于如进气道这类整体化回转半封闭式制件,由于存在着脱模困难的问题,模具的设计和制造的难度就大大增加。制造制件的非对称性旋转,若模具刚度不够可能造成模具的扭曲引起铺层错误;另外存在自动丝束铺放设备的主轴承重有限和脱模问题,因此不能采用完全实体钢模,必须采用组合式分体模具形式。

模具设计时需要特别注意模具的表面硬度、偏载可能造成的模具偏差、由模具重量和自身的转动频率造成的模具抖动。

模具表面硬度应较高,以防止铺丝头在压实纤维时,模具表面回弹至原先的位置时造成纤维屈曲,这会引起制件的承载能力下降。在满足铺放(铺放表面不能产生变形)和固化时压力要求(一般小于1.5MPa)的前提下,尽量减重,既满足铺丝设备的承重要求,又可提高铺丝过程和模具旋转稳定性。

而在制备非对称件时可能造成模具重量的偏载,若模具重量较大且在主轴转动较快时,可能引起模具扭曲或实际位置发生变化,这会造成自动丝束铺放发生错位而发生错误;另外,两端夹持较长制件的模具时可能由自重较大产生模具的中心下垂,如果出现这种情况,也会造成自动丝束铺放错误。因此,模具的旋转稳定性须进行校核。同样的原因,模具的支撑及装卡方式同样重要,若在铺放过程中发生装卡松动从而造成模具的位置变化,将不但使得铺丝错误,而且可能对铺丝头可能造成硬件伤害,因此必须在模具设计上保证模具的支撑及装卡。

解决该问题的途径是降低模具的转动惯量,同时提高模具的刚度,尽量减少这类扭曲到可接受的程度。具体方法可适当降低模具重量;在模具表面硬化处理;模具的支撑轴设计尽可能大而厚。

与一般的自动铺带模具类似,另外需要在模具的两端留出足够的空间用于铺丝头回转以及真空袋的封装,一般留出152mm(6英寸)左右。

6.4.3 模具材料及形式选择

自动丝束铺放用模具材料及结构形式根据制件外形及具体要求进行选择。一般对于外形复杂的开放式制件与自动铺带模具类似,而对于封闭式复杂结构制件的模具设计需要同时考虑铺放、固化和脱模,相对难度较大。

模具材料可采用铝合金、模具钢、殷钢、复合材料等,这些材料各有自己的特点,根据需要进行选择;模具形式可分为阴模、阳模、组合模,根据制件的特点和装配要求选择;为提高制件的生产效率和降低成本,还可将同一制件的模具分为铺放成型模具和固化专用模具,但一般对于封闭式制件这种方法难以实现。

6.5　国内自动丝束铺放技术进展

国内较早就对自动丝束铺放技术进行了技术跟踪和探索研究,一些高校(如南京航空航天大学、西北工业大学、哈尔滨工业大学、武汉工业大学等)开展了一些理论和实验室研究。自动丝束设备、工艺技术及相应的预浸丝束制备等技术都没有进行过系统研究,这为该成型技术的工程化应用带来了很大难度。目前,国内未研制出一台能够完全满足工程应用的自动丝束铺放设备,而必要的配套技术,如丝束预浸技术、驱动软件、铺放工艺和模具设计技术等的研究也不多,这主要是因为国内缺乏必要的丝束铺放设备作为研究平台,无法做到对自动丝束铺放技术系统深入的研究。

2009 年,北京航空材料研究院和南京航空航天大学共同研制了国内首台自动丝束铺放设备工程样机(见图 6 - 20),具备 8 丝束 3mm 宽预浸丝束独立控制能力,可读取 CATIA、UG 等数模、初步具备单层铺丝轨迹生成与仿真、NC 代码自动生成与后处理、铺层集成与加工仿真等功能。

图 6 - 20　北京航空材料研究院研制的自动丝束铺放设备

北京航空材料研究院在 2007 年开展了自动丝束铺放用预浸纱制备工艺探索研究,预浸丝束的制备工艺和质量控制获得了技术突破,自动丝束铺放预浸纱可满足自动丝束铺放工艺和图6-20的丝束铺放设备的要求,图6-21为研制的预浸丝束。在与预浸丝束研制的基础上,系统研究了复合材料自动丝束铺放工艺技术。图6-22和图6-23为单向平板自动丝束铺放状况以及固化后平板;图6-24为该平板的超声检测情况。

图6-21　自制预浸丝束

图6-22　自动丝束铺放平板过程

在突破单丝束铺放工艺的技术上,在8丝束自动丝束铺放设备上已经实现了8丝束独立控制,并完成了平板、变曲率波纹板(见图6-25)、进气道(见图6-26)等典型样件的铺放工艺研究,实现了封闭复杂回转体(进气道)的各铺层方向的自动铺放、局部增减丝束等,具备了对该类制件的可靠重复自动铺放能力。

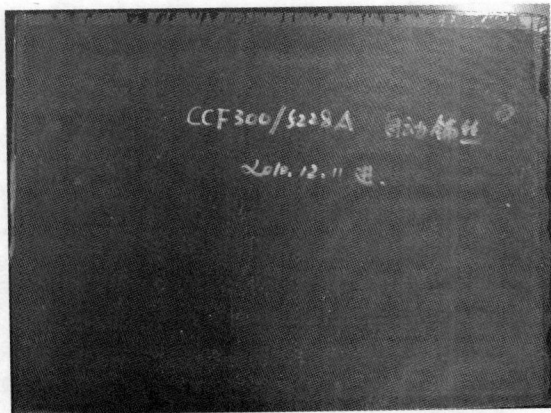

图6-23　自动丝束铺放复合材料平板

图 6-24　自动丝束铺放平板超声检测图

图 6-25　变曲率波纹板的铺放

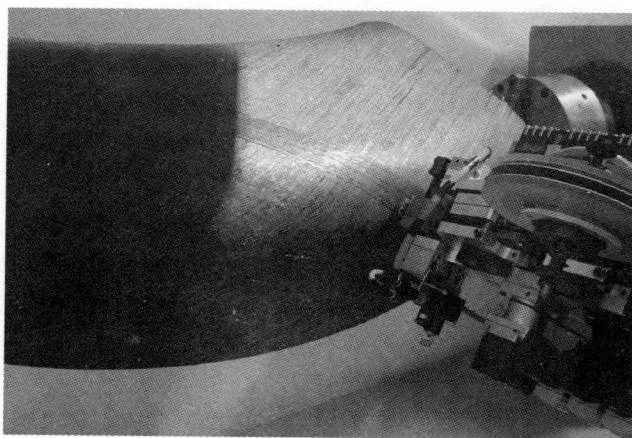

图 6-26　封闭复杂回转体(进气道)的铺放

参 考 文 献

[1] 张丽华,范玉青. 复合材料在飞机上的应用评述. 航空制造技术,2006, 3(64 – 66).

[2] 肖军,李勇,李建龙. 自动铺放技术在大型飞机复合材料结构件制造中的应用. 航空制造技术, 2008, 1:50 – 53.

[3] 富宏亚,韩振宇,陆华. 纤维缠绕/铺带/铺丝成型设备的发展状况. 航空制造技术,2009, 22:43 – 46.

[4] 周焱,安鲁陵,周来水. 复合材料自动铺丝路径生成技术研究. 航空精密制造技术,2006, 2: 39 – 41 .

[5] Mark A. Lamontia, Ralph D. Cope, Mark B. Gruber, and Brian J. Waibel. Stringer, Honeycomb Core, and Tigr Stiffened Skins, and Ring Stiffened Cylinders Fabricated from Automated Thermoplastic Fiber Placement and Filament Winding. JEC 2002 .

[6] Barth, James R. Fabrication of Complex Composite Structures Using Advanced Fiber Placement Technology. 35th International SAMPE Symposium, 2 – 5 April 1990.

[7] Enders, Mark L. and Hopkins, Paul C. Developments in the Fiber Placement Process. 36th International SAMPE Symposium, April 1991.

[8] Enders, Mark L. The Fiber Placement Process. International Conference on Composite Materials (ICCM/8), July 1991.

[9] Evans, Don O. Vaniglia, Milo M. and Hopkins Paul C. Fiber Placement Process Study. 34th International SAMPE Symposium, 8 – 11 May 1989.

[10] Evans, Don O. Design Considerations for Fiber Placement. 38th International SAMPE Symposium, 10 – 13 May 1993.

[11] Evans, Don O. Productivity Factors for Fiber Placement. SME Composites ' 96 Conference, 22 – 24 January 1996.

[12] Nguyen, Ly D. , Retz, Kevin M. Dynamic System Characteristic of Fiber Placement Tooling for Aircraft Fuselage Shell. SAMPE Technical Conference, 5 – 7 November 1996.

[13] Evans, Don O. Programming of Fiber Placement Machines. SME Composites ' 97 Conference, 20 – 22 January 1997.

[14] Retz, Kevin M. Premier 1: Success with Fiber Placement. SME Composites ' 98 Manufacturing and Tooling Conference, 9 – 12 February 1998.

[15] Benjamin, William P. Fiber Placement The Path To Affordability. SAMPE Journal, May/June 1996:10 – 16.